分布式优化、学习理论与方法

陈为胜　著

科学出版社

北京

内 容 简 介

本书旨在介绍作者及其研究团队在分布式优化与学习理论方面的最新研究成果. 全书共 7 章, 第 1、2 章为绪论和相关数学基础; 第 3、4 章为连续时间和基于采样数据的分布式优化算法; 第 5、6 章分别为基于群体智能的分布式优化算法和分布式机器学习算法; 第 7 章为基于自适应神经网络输出反馈控制的分布式合作学习方案设计. 本书主要关注从分布式技术中总结出来的理论与方法方面的问题, 但相关研究结论可以为解决通信网络、电网、燃气网、交通网等相关的网络优化问题提供借鉴和指导.

本书适合通信、计算机、机器学习、数据处理、自动控制等相关专业的本科生、研究生、教师及相关工程技术人员学习或参考.

图书在版编目(CIP)数据

分布式优化、学习理论与方法/陈为胜著. —北京：科学出版社, 2019.1
ISBN 978-7-03-059764-9

Ⅰ. ①分…　Ⅱ. ①陈…　Ⅲ. ①机器学习-研究　Ⅳ. ①TP181

中国版本图书馆 CIP 数据核字(2018) 第 261786 号

责任编辑: 宋无汗　李　萍　孙翠勤 / 责任校对: 郭瑞芝
责任印制: 吴兆东 / 封面设计: 迷底书装

科学出版社 出版
北京东黄城根北街 16 号
邮政编码: 100717
http://www.sciencep.com
北京厚诚则铭印刷科技有限公司印刷
科学出版社发行　各地新华书店经销
*
2019 年 1 月第　一　版　开本: 720 × 1000　1/16
2025 年 1 月第六次印刷　印张: 12 1/2
字数: 252 000
定价: 90.00 元
(如有印装质量问题, 我社负责调换)

前　言

进入 21 世纪以后, 随着数字化技术与网络化技术的普及, 人类进入一个全新的时代. 其中, 以去中心化为代表的分布式技术已经成为这个时代的代表性的创新技术之一, 如大数据的分布式储存技术、飞行器分布式编队、区块链技术等. 这些新型技术相应地延伸出一些急需解决的新的基础理论问题, 这正是本书的研究出发点.

分布式优化问题是传统优化问题的进一步延伸, 是从当前工程实践中的分布式技术问题中抽象出来的, 如无线通信网络中的功率分配问题和电网中的最优调度问题等. 这些问题都涉及网络化系统的优化问题, 对应的最优解与网络拓扑、目标函数等都有关系. 与以往优化问题最大的不同是, 优化求解被具体到每个节点上, 而优化目标函数是全网的目标函数, 但每个节点却不知道全网的目标函数. 需要说明的是, 这与传统的并行优化和并行计算是不同的, 尽管有时候也有一些文献称并行优化为分布式优化.

分布式储存技术是大数据储存的典型技术之一, 这必然会导致大数据的分布式处理. 例如, 语音识别问题是把样本分布式储存后, 在每个处理器中进行小样本训练, 通过网络进行信息交互后, 最终达到和集中训练一样的效果. 这一问题是典型的分布式学习问题之一, 分布式学习问题是当前机器学习问题的进一步拓展, 它可以看作是分布式技术在人工智能领域的一个应用, 也可以看作是分布式优化的一个应用方向.

本书的研究成果得到多个研究机构的支持, 其中特别感谢国家自然科学基金面上项目 (61673308,61673014)、教育部新世纪优秀人才支持计划 (NCET-10-0665) 和西安电子科技大学华山学者支持计划. 感谢团队老师李靖、戴浩、房新鹏在统稿等方面所做的大量工作, 感谢博士生艾武、刘加云、高飞, 硕士生任鹏飞、花少勇、马建宏在相关内容的研究方面所做的工作, 感谢硕士生岳永凯、任广山、郑羽丰、刘孟辉在书稿整理方面所做的贡献, 还有其他对相关研究提出建设性意见的同行, 在此一并致谢!

本书作者长期从事分布式优化、学习与控制理论和方法领域的研究工作, 本书是作者及其团队成员多年来在这一领域的相关研究成果的工作总结和提炼. 由于作者水平有限, 书中难免存在不足之处, 恳请广大读者批评指正.

作　者

2018 年 7 月于西安

目　录

符　号　表

$\mathbb{R}$	全体实数组成的集合
$\mathbb{R}_{\geqslant 0}$	全体非负实数组成的集合
$\mathbb{Z}_+$	全体正整数组成的集合
$\mathbb{N}$	全体自然数组成的集合
$\mathbb{R}^n$	全体 n 维实向量组成的集合
$\mathbb{R}^{m\times n}$	全体 $m\times n$ 维实矩阵组成的集合
1_n	分量都是 1 的 n 维向量
0_n	分量都是 0 的 n 维向量
I_n	n 阶单位矩阵
$A\otimes B$	矩阵 A 和 B 的克罗内克积
$x^{\mathrm{T}}y$	欧氏空间中的向量 x 与 y 的内积
$\\|x\\|$	向量 x 的欧氏范数, 即 $\sqrt{x^{\mathrm{T}}x}$
$\\|A\\|$	矩阵 A 的欧氏范数
$f(x)$	实函数
$\nabla f(x)$	函数 $f(x)$ 的梯度, $x\in\mathbb{R}^n$
$\nabla^2 f(x)$	函数 $f(x)$ 的 Hessian 矩阵, $x\in\mathbb{R}^n$
$\partial f(x)$	凸函数 $f(x)$ 的次梯度, $x\in\mathbb{R}^n$
inf	取下确界
$\forall$	任意
$\in$	属于
$\subset$	包含于
$\arg\min_X f(x)$	在集合 X 上的 $f(x)$ 的全局最小值点
$\sigma_{\min}(A)$	矩阵 A 的最小奇异值

$\rho(A)$	矩阵 A 的谱半径
$\lambda_{\min}(A)$	矩阵 A 的最小特征值
$\lambda_{\max}(A)$	矩阵 A 的最大特征值
$E(f)$	函数 f 的期望值
$\mathrm{conv}(c)$	集合 c 的凸包
$\mathrm{span}\{1_\mathrm{n}\}$	由 1_n 张成的零子空间

缩略语表

ADMM	alternating direction method of multipliers	交替方向乘子法
ATC	adapt-then-combine	先自适应后组合
CL	centralized learning	集中学习
CTA	combine-then-adapt	先组合后自适应
DAC	distributed average consensus	分布式平均一致性
DCA	distributed cooperative adaptation	分布式合作自适应
DCL	distributed cooperative learning	分布式合作学习
DCOP	distributed convex optimization problem	分布式凸优化问题
DL	decentralized learning	分散学习
D-PSO-ON	distributed particle swarm optimization over networks	基于网络的分布式粒子群优化算法
DSM	distributed sub-gradient method	分布式次梯度方法
FBF	fuzzy base function	模糊基函数
FLS	fuzzy logic system	模糊逻辑系统
FMF	fuzzy membership function	模糊隶属度函数
LASSO	least-absolute shrinkage and selection operator	最小绝对收缩和选择算子
LMS	least-mean square	最小均方
LSR	local silencing rule	局部终止规则
MAS	multi-agent system	多智能体系统
MCR	misclassification rate	误分类率
MSE	mean square error	均方误差

NCS	networked control system	网络化控制系统
NDCS	networked distributed control system	网络化分布式控制系统
NN	neural network	神经网络
P2P	peer-to-peer	点对点
PSO	particle swarm optimization	粒子群优化算法
RBF	radial basis function	径向基函数
RVFL	random vector functional-link	随机向量函数链接
SD-ET-ZGS	sampled data based event-triggered zero gradient sum	基于采样数据的事件驱动零梯度和
SNR	signal-to-noise ratio	信噪比
SVM	support vector machine	支持向量机
UES	uniformly exponential stability	一致指数稳定性
ULES	uniformly locally exponentially stable	一致局部指数稳定
UUB	uniformly ultimate boundedness	一致最终有界
WSN	wireless sensor network	无线传感器网络
ZGS	zero gradient sum	零梯度和

第1章 绪 论

1.1 分布式优化理论

在对网络化多智能体系统的研究中, 分布式优化问题[1] 越来越受到广大学者的关注, 并逐渐成为一个新的极具挑战性的研究领域, 分布式优化问题的研究在机器学习[2-4]、计算机网络的资源配置[5] 和传感网络的源定位领域[6] 都有着广泛的应用, 如无线网络中节点的公平资源配置问题和大规模机器学习的问题, 最终都会转化为一个分布式优化问题. 分布式优化问题是在传统优化问题的基础上加入了网络环境, 这里的网络指的是多个处理节点构成的物理网络, 每个节点对应多智能体系统中的一个决策个体. 这些节点通常不是集中在一起, 而是在空间上分散在多个地点, 处在通信范围内的节点自然形成连接, 可以进行信息传输. 节点之间的通信通常采用异步方式, 并不要求系统同步, 因此在应用场景上更加广泛.

分布式优化问题是将整个网络系统复杂的大规模优化问题分布到多个节点上进行分布式优化计算. 这里的分布式是指各节点不需要知道全局信息, 而只需要根据获得的局部信息, 通过一定的协调机制和规则, 独立地进行各自的优化和决策, 最终实现整个网络系统的优化目标. 分布式优化问题的典型特征是将求解基于全局信息的大规模复杂问题的过程, 转化为求解基于局部信息的较小规模优化问题的过程. 这种“分而治之”的求解过程虽然降低了各节点要掌握全局信息的要求, 但也使得问题求解受到网络特征的影响更加明显, 同时也使得分布式优化比传统优化要复杂得多, 需要在整个系统的通信、计算、控制三个方面做整合和协调. 为了完成共同的目标, 节点之间需要通过网络进行信息传输, 这必然耗费大量的网络资源. 因此, 如何在实际应用中设计有效的通信机制以降低资源消耗，逐渐成为分布式技术研究的热点. 另外, 由网络引起的通信约束, 如连接拓扑的变化、对分布式优化算法的设计、收敛性分析及性能都带来了很大的挑战.

1.1.1 多智能体系统的分布式凸优化

在优化理论的发展过程中, 有一类特别有趣的问题是分布式多智能体优化, 这类问题产生的动机来自于无线传感网络中估计环境参数或解决某些类似温度和源定位. 例如, 含有 N 个传感器的无线传感网络的参数估计问题[6] 最终可以转化为一个分布式优化问题, 其中目标函数 $f(\theta)$ 具有下面的形式:

$$f(\theta)=\frac{1}{N}\sum_{i=1}^{N}f_i(\theta),$$

其中, θ 是被估计的未知参数; $f_i(\theta)$ 是仅依赖于传感器 i 的测量数据的局部目标函数, $i=1,2,\cdots,N$. 例如, $f(\theta)$ 和 $f_i(\theta)$ 可以分别取作下面平均值函数:

$$f(\theta)=\frac{1}{mN}\sum_{i=1}^{N}\sum_{j=1}^{m}(x_{ij}-\theta)^2, f_i(\theta)=\frac{1}{m}\sum_{j=1}^{m}(x_{ij}-\theta)^2,$$

其中, x_{ij} 是在第 i 传感器得到的第 j 个测量值.

注意到以上给出的分布优化问题的特点是其目标函数是各个节点局部目标函数的和[6-31], 具体描述为: N 个相互协作的个体组成一个动态网络化系统, 这个系统可以用一个网络来表示, 每个具有决策能力的个体对应网络中的一个节点, 每个节点都有自己专属的目标函数 $f_i:\mathbb{R}^n\to\mathbb{R}$, 但整个网络的目标函数 $F(x)$ 是 N 个局部目标函数的和, 即 $F(x)=\sum_{i=1}^{N}f_i(x)$. 因此, 所有节点的共同的任务是找到一个最优值 x^*, 即来求解下面的优化问题:

$$x^*=\arg\min_x\sum_{i=1}^{N}f_i(x). \tag{1.1}$$

注意到该问题中每个节点 i 仅知道自己的目标函数 f_i, 因此对每个节点来说, 都不可能单独计算出 $F(x)$ 的最优值 x^*, 这就需要节点之间通过网络与其他节点之间相互交流信息, 并利用自身的信息和接收到的邻近节点的信息调整自身的状态, 协作完成整个网络系统的目标.

如果局部目标函数都是凸的, 则 $F(x)$ 也是凸的, 这时称式 (1.1) 为分布式凸优化问题. 像式 (1.1) 这样的无约束、可分离、凸一致性优化问题, 在传感网络上的参数估计、集群和密度估计、能源来源定位等[6,32-34] 方面都有广泛的应用. 例如, 估计一个声源的位置[6] 是生物和军事应用中的一个重要的问题, 在这类问题中, 声源被描述为监测区域的一个未知的位置 θ. 假设传感器均匀地分布在一个边长大于等于 1 的正方体中或分布在一个立方体中, 每个传感器节点知道自身的位置 $r_i(i=1,2,\cdots,N)$, 然后对节点 i 的第 j 个信号强度进行测量, 应用等向性能量传播模型得

$$x_{ij}=\frac{A}{\|\theta-r_i\|^\beta}+\omega_{ij},$$

其中, A 是正常数; 对所有的节点 $i, \|\theta-r_i\|>1$; 指数 $\beta\geqslant 1$, 描述了声信号通过传播媒介的衰减特性; ω_{ij} 是独立同分布的零均值、方差为 σ^2 的高斯噪声. 则声源的最大似然估计是求解下面的优化问题:

$$\theta^*=\arg\min_{\theta}\frac{1}{mN}\sum_{i=1}^{N}\sum_{j=1}^{m}\left(x_{ij}-\frac{A}{\|\theta-r_i\|^\beta}\right)^2.$$

截至目前, 已经涌现了大量的分布式优化算法来求解优化问题式 (1.1). 下面将结合现有的几类经典的分布式优化算法, 简要分析分布式优化算法的研究现状.

1.1.2 几类经典的分布式优化算法

在分布式优化理论研究方面, 众多著名学者如 Nedić等 [20, 21]、Bertsekas 等 [35-37]、Nesterov [38] 、Boyd 等 [39] 和 Tsitsiklis 等 [40] 都做了大量的开创性工作, 他们的研究为分布式优化理论奠定了坚实的基础. 本小节将简要介绍三类分布式优化算法: 第一类是离散时间分布式次梯度算法; 第二类是连续时间和离散时间辅助变量算法; 第三类是连续时间零梯度和算法.

1. 分布式次梯度算法

按照现有的文献, 可以粗略地把次梯度算法分为两类: 一类是增量次梯度算法[6,16,18-21,32]; 另一类是一致性次梯度算法[15,17,22-31,33]. 在增量算法中, 节点之间需要存在一个环状的路径, 最优值的估计值按照环状的路径通过网络在节点之间传递直到得到最优解. 然而, 在网络中确定一个覆盖所有节点的循环路径是非常困难的, 尤其在一个分散的去中心化网络中. 另外, 当环状路径上的任何一条边出现故障时, 数据的传送就会中断, 算法的迭代过程就会停止. 一致性次梯度算法是一种

结合了经典次梯度算法和多智能体一致性算法[41-45] 的网络优化算法, 一经提出就受到广泛的关注. 它有两种不同的形式, 其中一种是由 Nedić 等在文献 [17] 中首次提出的, 算法的描述如下:

$$x_i(k+1) = \sum_{j \in \mathcal{N}_i} a_{ij} x_j(k) - \alpha_i(k) d_i(k), \tag{1.2}$$

其中, k 是非负整数; $x_i(k)$ 是节点 i 在时刻 t_k 储存的最优值 x^* 的一个估计; a_{ij} 是对应于一个无向通信拓扑的行随机矩阵 A 的第 i 行第 j 列的元素; $\mathcal{N}_i$ 表示节点 i 可以接收到信息的节点的集合, 或称为节点 i 的邻居节点的集合; 实标量 $\alpha_i(k)$ 是迭代步长, 且满足 $\sum_{k=0}^{\infty} \alpha_i(k) = \infty$ 和 $\sum_{k=0}^{\infty} \alpha_i^2(k) < \infty$; 向量 $d_i(k)$ 是节点 i 的目标函数 f_i 在 $x_i(k)$ 处的一个次梯度, 即 $d_i(k) \in \partial f_i(x_i(k))$. 显然, 如果 f_i 是可微的, $d_i(k)$ 就是函数 f_i 在 $x_i(k)$ 处的梯度, 即 $d_i(k) = \nabla f_i(x_i(k))$.

注意到当所有的 f_i 都等于 0 时, 式 (1.1) 和式 (1.2) 就简化成一致性问题[41, 44]. 式 (1.2) 的迭代过程可以解释为两步: 第一步叫做一致性项, 节点 i 用自己当前的估计值和从周围邻居节点接收到的局部估计值组成一个凸组合 $\sum_{j \in \mathcal{N}_i} a_{ij} x_j(k)$, 组合的系数就是行随机矩阵 A 相应的元素 a_{ij}. 一致性项的作用在于处理节点对优化问题的信息不完整的不足. 第二步, 将一致性项得到的凸组合 $\sum_{j \in \mathcal{N}_i} a_{ij} x_j(k)$ 沿着负次梯度方向迭代更新. 以上迭代过程不断更新, 在梯度项 $\alpha_i(k) d_i(k)$ 的作用下, 所有节点信息或状态值 $x_i(k)$ 最终一致收敛于全局目标函数的最优值 x^*. 另外一种形式是由 Johansson 等在文献 [15] 中提出的. 这种形式的两个步骤和式 (1.2) 正好相反, 它先把对最优值的估计值沿着负次梯度方向迭代, 然后再与周围相邻节点分享迭代后的结果, 算法具体表示如下:

$$x_i(k+1) = \sum_{j \in \mathcal{N}_i} a_{ij} \big[x_j(k) - \alpha_j(k) d_j(k) \big], \tag{1.3}$$

其中, 向量 $d_j(k)$ 是节点 j 的目标函数 f_j 在 $x_j(k)$ 处的次梯度, 即 $d_j(k) \in \partial f_j(x_j(k))$, $\partial f_j(x_j(k))$ 表示函数 f_j 在点 $x_j(k)$ 处的次微分; 其他参数和符号的解释及满足的条件都和式 (1.2) 相同. 文献 [31] 对这两种不同形式的一致性次梯度算法在收敛误差和收敛速度等方面做了比较, 证明了式 (1.3) 比式 (1.2) 在性能上要好一些.

虽然以上的次梯度算法在比较弱的假设条件下可以求解优化问题式 (1.1), 但算法的收敛性却受到步长选择的牵制. 一般来说, 步长有三种选择方式: 常值步长[21]、衰减步长[17] 和动态步长[21]. 常值步长一般不能保证收敛性, 即使能保证收敛性, 也只能收敛到最优值的一个邻域, 而不是最优值. 而且, 步长越大收敛的邻域就越大, 而步长越小又会导致收敛速度越慢. 一般来说, 为了保证算法收敛的最优性, 步长设计要保证渐近收敛到零, 也就是满足 $\lim_{k\to\infty}\alpha_k=0$, 但该条件势必然会带来收敛速度过慢的弊端. 对于动态步长, 虽然可以参与调节算法的收敛性, 但步长的动态性依赖于全局信息, 这必然导致网络开销提高. 不合适的动态步长会导致不好的算法收敛性能, 但选择一个合适的动态步长又不是一件简单的工作. 或者说, 能够得到较好的收敛性能, 但不能保证一定能收敛到最优解集上.

随着分布式优化的深入发展, 近些年来, 很多研究成果对这两种基本的一致性次梯度算法进行了变形和推广, 以便解决更一般的分布式优化问题, 或适用于更一般的网络环境, 如等式/非等式约束分布式优化[27-30,46]、随机分布式优化[22, 25, 26, 47]、基于量化信息的分布式优化[24, 48] 以及基于时变通信拓扑的分布式优化[33].

2. 辅助变量算法

为了克服衰减步长带来的弊端, 文献 [11] 提出了一种基于辅助变量的连续时间动态算法和带有常值步长的离散时间迭代算法来求解式 (1.1), 作者还证明了这种带有常值步长的辅助变量离散时间迭代算法比带有衰减步长的离散时间次梯度算法有效得多. 首先给出连续时间辅助变量算法的具体表示形式:

$$\begin{cases}\dot{x}_i(t)=\sum\limits_{j\in\mathcal{N}_i}a_{ij}(x_j(t)-x_i(t))+\sum\limits_{j\in\mathcal{N}_i}a_{ij}(z_j(t)-z_i(t))-g_i(x_i(t)),\\ \dot{z}_i(t)=\sum\limits_{j\in\mathcal{N}_i}a_{ij}(x_j(t)-x_i(t)),\end{cases}\tag{1.4}$$

其中, 向量 x_i 和 z_i 分别是节点 i 的状态和辅助状态; a_{ij} 是网络拓扑无向图加权邻接矩阵 A 的第 i 行第 j 列的元素; $\mathcal{N}_i$ 表示节点 i 的邻居节点的集合; 向量 $g_i(x_i(t))$ 是节点 i 的目标函数 f_i 在点 $x_i(t)$ 处的次梯度. 通过式 (1.4) 可以看到, 每个节点用到自己的状态 x_i 和辅助状态 z_i, 邻居的状态和辅助状态以及局部目标函数 f_i 的次梯度, 因此式 (1.4) 是分布式的. 在每个时刻, 信息交流和计算分两个阶段演化. 在第一个阶段, 节点之间交流状态 x_i 并计算辅助状态 z_i; 在第二个阶段, 节点交流辅助状态 z_i 并更新状态 x_i.

事实上, 通过式 (1.4) 可以看到, 辅助变量算法的基本机制是通过辅助变量的演化来控制次梯度的和始终保持为零, 使得系统的状态在最优解集内. 辅助变量算法和次梯度算法的主要不同点在于, 式 (1.1) 的最优解是辅助变量算法式 (1.4) 的平衡点. 这个特点使得式 (1.4) 可以应用控制理论来分析其渐近收敛性, 而文献 [8] 的方法仅能建立局部平均状态的收敛性. 此外, 不同于文献 [8] 和 [17], 建立离散时间模型时可以不受衰减步长的限制. 下面给出离散时间辅助变量迭代算法:

$$\begin{cases} x_i(k+1)=x_i(k)+\beta\sum\limits_{j\in\mathcal{N}_i}a_{ij}(x_j(k)-x_i(k)) \\ \qquad\qquad +\beta\sum\limits_{j\in\mathcal{N}_i}a_{ij}(z_j(k)-z_i(k))-\beta\alpha g_i(x_i(k)), \\ z_i(k+1)=z_i(k)+\beta\sum\limits_{j\in\mathcal{N}_i}a_{ij}(x_j(k)-x_i(k)), \end{cases} \tag{1.5}$$

其中, k 是非负整数; $\beta>0$ 和 $\alpha>0$ 是保证算法收敛性的设计参数. 注意到这里应用 β,α 作为局部梯度的常值步长. 另外, 其他符号的解释和式 (1.4) 相同. 同样可以看出, 在每个时间间隔, 信息交流和计算分两个阶段进行: 在第一个阶段, 节点之间交流状态 x_i 并计算辅助状态 z_i; 在第二个阶段, 节点交流辅助状态 z_i 并更新状态 x_i.

文献 [10] 基于这种算法设计思想研究了强连通有向拓扑上的分布式优化问题, 首先把一致性项转化成一个线性等式约束条件 $(\mathcal{L}\otimes I_n)x=0$, 其中, $x=[x_1^{\mathrm{T}},x_2^{\mathrm{T}},\cdots,x_N^{\mathrm{T}}]^{\mathrm{T}}$, $\mathcal{L}$ 为网络拓扑图的拉普拉斯矩阵, 然后构造拉格朗日函数分析算法的收敛性. 事实上, 当网络拓扑图是固定强连通时, 条件 $(\mathcal{L}\otimes I_n)x=0$ 等价于 $x_1=x_2=\cdots=x_N$. 因此, 式 (1.1) 等价地转化为下面的带约束问题:

$$\min_x \tilde{f}(x)=\sum_{i=1}^N f_i(x_i),\quad \text{s.t. } (\mathcal{L}\otimes I_n)x=0. \tag{1.6}$$

文献中提出的求解式 (1.6) 的算法如下:

$$\begin{cases} \dot{x}=-\alpha(\mathcal{L}\otimes I_n)x-(\mathcal{L}\otimes I_n)z-\nabla\tilde{f}(x), \\ \dot{z}=(\mathcal{L}\otimes I_n)x, \end{cases} \tag{1.7}$$

其中, $z=[z_1^{\mathrm{T}},z_2^{\mathrm{T}},\cdots,z_N^{\mathrm{T}}]^{\mathrm{T}}$, $\alpha>0$ 是控制参数. 虽然这类加入有关图信息约束的算

法可以在一定拓扑假设和适当参数下很好地求解式 (1.6), 但在分布式环境研究中还是存在一定的局限性, 主要原因是它不能拿来处理切换拓扑的情况. 辅助变量算法虽然摒弃了衰减步长带来的弊端, 但由于辅助变量的加入, 必然会导致通信量和计算量的增加, 进而也会加大网络资源的消耗.

3. 零梯度和算法

为了解决衰减步长和辅助变量带来的问题, 同时还要保证算法的渐近收敛性, 文献 [9] 提出了一类连续时间分布式优化算法——零梯度和算法. 在这个算法中要求每个节点的局部目标函数 f_i 二阶连续可微、强凸且存在满足局部 Lipschitz 条件的 Hessian 矩阵 $\nabla^2 f_i(x)$. 根据这一假设, 全局目标函数 $F(x)$ 的解是唯一的. 基于零梯度和算法, 非线性网络化动态系统沿着一个不变的零梯度和流形滑动并且渐近收敛于式 (1.1) 的最优解 x^*. 文献 [9] 不但系统地给出了创建零梯度和算法的方法, 而且证明了算法的渐近收敛性和紧集上的指数收敛性, 并给出了收敛速度的上下界, 连续时间零梯度和算法的具体描述如下：

$$\begin{cases} \dot{x}_i(t) = \varphi_i(x_i(t), x_{\mathcal{N}_i}(t); f_i, f_{\mathcal{N}_i}), \quad \forall t \geqslant 0, \forall i \in \mathcal{V}, \\ x_i(0) = \chi_i(f_i, f_{\mathcal{N}_i}), \quad \forall i \in \mathcal{V}, \end{cases} \tag{1.8}$$

其中, $x_i(t)$ 是节点 i 的状态, 代表未知最优解 x^* 的一个估计; $x_i(0)$ 是节点 i 的初始状态; $x_{\mathcal{N}_i}$ 是邻居的状态集向量; $f_{\mathcal{N}_i}$ 是局部目标函数 $f_j(x)$ 构成的函数集, $j \in N_i$; φ_i 是依赖于 $f_{\mathcal{N}_i}$ 和 f_i 的关于 $x_i(t)$ 和 $x_{\mathcal{N}_i}$ 的局部 Lipschitz 函数; $\chi_i(f_i, f_{\mathcal{N}_i})$ 表示节点 i 的初始状态的函数. 局部 Lipschitz 函数 φ_i 和初值 χ_i 需要满足如下三个条件:

$$\sum_{i\in\mathcal{V}} \nabla^2 f_i(x_i)\chi_i(f_i, f_{\mathcal{N}_i}) = 0, \quad \forall x \in \mathbb{R}^{nN}, \tag{1.9}$$

$$\sum_{i\in\mathcal{V}} x_i^{\mathrm{T}} \nabla^2 f_i(x_i)\varphi_i(x_i(t), x_{\mathcal{N}_i}(t)) < 0, \quad \forall x \in \mathbb{R}^{nN} - \mathcal{Q}, \tag{1.10}$$

$$\sum_{i\in\mathcal{V}} \nabla f_i(\chi_i(f_i, f_{\mathcal{N}_i})) = 0, \tag{1.11}$$

其中, $x = [x_1^{\mathrm{T}}, x_2^{\mathrm{T}}, \cdots, x_N^{\mathrm{T}}]^{\mathrm{T}}$; $\mathcal{Q} = \{[x_1^{\mathrm{T}}, x_2^{\mathrm{T}}, \cdots, x_N^{\mathrm{T}}]^{\mathrm{T}} : x_1 = x_2 = \cdots = x_N\}$ 为一致性向量集合. 事实上, 如果每个节点的初始值取为其目标函数 f_i 的最优值 x_i^*, 那么

式 (1.11) 自然满足. 这点是可以做到的, 因为 x_i^* 仅依赖于 f_i, 所以只需每个节点在算法开始前首先求解自己的凸局部最优问题 $\min_{x\in\mathbb{R}^n} f_i(x)$, 而且局部最优解是唯一的. 作为一种连续时间动态优化算法, 零梯度和算法的优点在于其收敛性可以用经典的 Lyapunov 稳定性理论分析. 基于零梯度和算法, 每个节点从自己的局部最优解出发, 和周围邻居相互交流信息, 相互协作, 始终保持整个网络系统沿着一个不变的零梯度和流形滑动. 从这点来看, 零梯度和算法的收敛速度相比以上其他算法要快些. 当然, 这个算法对目标函数光滑性和初值的非任意性选取的要求, 说明了该算法具有一定的局限性.

1.1.3 通信环境对分布式优化的影响

网络环境的变化势必会给分布式优化的研究带来一定的影响：网络环境与网络资源是优化的基础, 优化问题的求解是整个网络的目的. 信息通过网络在局部决策个体间传输, 网络环境的变化或不稳定决定着个体获取信息的安全性和完整性, 进而影响到个体基于信息所做的控制执行的稳定性和有效性. 由网络通信环境引起的问题一般包括网络延迟、拓扑时变、数据丢包、量化误差、网络带宽的限制等, 基于这些问题的处理推动了分布式优化研究的进展, 丰富了分布式优化理论的成果. 另外, 为了完成全局的一个优化目标, 能够通信的局部决策个体之间相互交流信息, 在网络中会形成庞大的信息流. 然而, 这样的现象在一些无线传感网络里是不希望出现的, 原因是组成这些网络的传感器、处理器以及各种执行器件可能是微小的、廉价的, 也就意味着每个决策个体的通信能力是有限的. 因此, 把决策体之间的通信次数尽可能地降低是至关重要的. 值得一提的是, 事件驱动机制为此类问题的解决提供了很好的理论和设计框架. 如何设计基于事件驱动机制的分布式优化算法, 已经成为分布式优化领域的一个极具挑战的课题.

1. 时间驱动机制

对连续时间算法[9-11] 和离散时间算法[16-19,23-27] 来说, 通信和控制信号的驱动或更新在每个采样时刻都要发生. 这种控制和通信机制称为时间驱动机制, 也就是说, 网络中的数据采样、信息传输和执行器状态调节都是由时钟触发的, 如图 1.1 所示, 这种通信机制是受采样控制理论激发产生的. 鉴于时间驱动机制执行的简单性, 这种驱动可能有利于网络系统的建模与分析. 但在实际应用的网络系统中, 有许多实际的情况存在: 第一, 对一个通过通信网络连接的分布式完成多项任务的网络媒介来说, 带宽通常是不足的. 第二, 能量资源基本上是有限的, 这是由于系统节点通常是由能量受限的电池提供动力的装置, 尤其是在无线传感网络中. 第三, 从控制的角度分析, 当不需要矫正反馈信号时, 连续采样是浪费通信和计算资源的. 因此, 分布式研究中一个重要的问题是设计一种有效的通信机制, 来确定何时或以怎样的频率让每个自主体广播或传送当前的采样数据的远程控制器, 以便降低不必要的通信和计算资源.

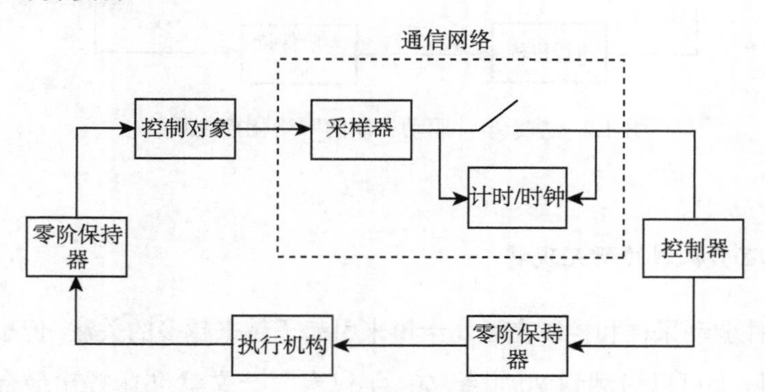

图 1.1 基于时间驱动机制的网络化控制系统

2. 事件驱动机制

为了解决以上时间驱动机制在实际应用中的问题, 一种新型的事件驱动机制 [49, 50] 被提出, 其中执行器的调节依赖于事先定好的一个条件, 如果条件满足, 则表示一个事件发生了或产生了一个驱动时刻, 然后通过网络广播当前的状态并传送给控制器, 否则系统的动态保持不变, 如图 1.2 所示. 事件驱动机制的最大优点就是既能保证目标系统的稳定性能, 又能提高网络资源利用的有效性. 举一个简单的事件驱动控制问题的例子: 目标是当时间趋于无穷时控制系统的状态在一个特定的区域, 也就是说, 当系统的状态离开预先设定的区域时, 调整控制输入, 否则控制输入不变. 按照这种方式, 状态通过相对较小的调节可以强制拉回到预设的区域. 然而, 当系统趋于平衡点时, 两次执行时间间隔越来越短, 在有限的时间段内, 这些时间间隔渐近的趋于零. 这种现象称为 Zeno 现象, 这在实际控制中是非常不希望出现的, 原因是它需要系统最终采样速度达到无限大. 因此, 要使得事件驱动机制应用的有效性, 必须保证采样间隔时间存在一个正的下界.

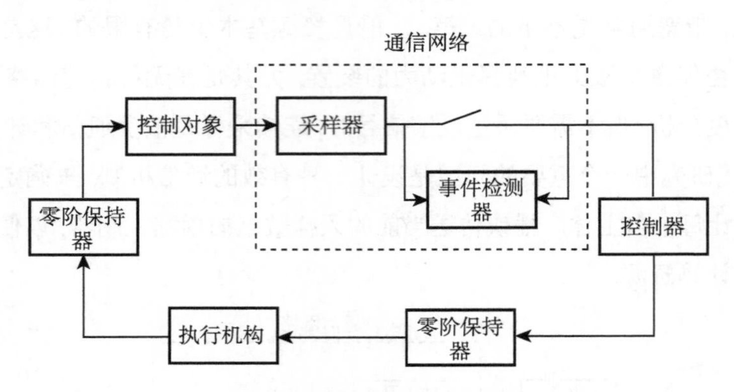

图 1.2 基于事件驱动机制的网络化控制系统

3. 事件驱动机制的研究现状

虽然事件驱动采样和控制在近几十年来引起了越来越多的关注, 但事件驱动机制的概念实际上可以追溯到 20 世纪 50 年代末[51]. 文献 [51] 提出最合适的采样机制是传输在连续采样中显著改变的那些数据. 如今, 已有大量的事件驱动机制方面的研究成果出现, 包括在网络化控制中的应用[52-69] 和多智能体系统一致性方面的应用[70-73]. 文献 [52]、[53] 假设测量误差满足输入状态稳定, 进而设计基于事件驱动的控制策略, 分别保证闭环系统是渐进稳定和指数稳定的. 文献 [54] 研究了线性和非线性系统的带有丢包和传输延迟的网络化分布式控制系统的控制问题, 提出了一种可以局部预测连续丢包次数允许的最大值和延迟允许的最大上界的事件驱动控制机制. 另外, 文献 [56] 是将事件驱动机制推广应用到离散系统上. 事实上, 离散事件驱动系统具有其潜在的优点, 如事件驱动时间间隔的最小下界不会短于采样周期, 而连续时间系统受系统参数设置复杂性的影响, 即使存在最小驱动时间间隔, 也是很难给出的.

在事件驱动机制中, 检测驱动条件是否满足, 取决于系统当前状态和传送给控制器的状态之间的误差的某个函数 (如误差的范数) 是否达到预先定义的临界值或阈值. 根据误差和临界值的不同定义, 产生了关于事件驱动机制研究的丰硕的成果.

在现有的文献中, 临界值的选择大致可以分为两类: 一类是依赖于状态的[59,70-72];另一类是不依赖于状态的[61, 73], 具体来说, 是常值[61] 还是依赖于时间[73]. 一般来说, 依赖于状态的临界值要比常值或依赖于时间的要好, 原因是在常值临界值的情况下, 系统的渐近稳定性一般达不到, 而对依赖于时间的临界值的情况, 收敛速度往往由外部信号决定[73]. 下面通过几种典型的误差和临界值定义形式, 简要回顾事件驱动机制在多智能体一致性问题中的研究现状. 从基本框架来看, 现有的事件驱动机制可以分为两类: 一类是周期驱动框架; 另一类是非周期驱动框架. 对于非周期框架, 误差一般定义为当前连续的状态值和最近的传送的状态之差, 即 $e_i(t)=x_i(t)-x_i(t_k^i)$, 其中, $t_k^i(k=0,1,\cdots)$ 表示节点 i 的驱动时刻. 文献 [71] 分别基于集中式和分布式事件驱动控制策略研究了一致性问题. 在集中式模式下, 系统仅有一个事件驱动检测器用来确定驱动时刻 $t_k(k=0,1,\cdots)$, 所有智能体在相同驱动时刻下同步广播自己的信息和更新控制输入. 在这种模式下, 控制器设计和驱动时刻定义如下:

$$u(t)=-\sum_{j\in\mathcal{N}_i}a_{ij}(x_i(t_k)-x_j(t_k)), \tag{1.12}$$

$$t_{k+1}:=\inf\left\{t>t_k\middle|\|e(t)\|^2>\sigma\frac{\|(\mathcal{L}\otimes I_n)x\|^2}{\|(\mathcal{L}\otimes I_n)\|^2}\right\} \tag{1.13}$$

其中, $x=[x_1^{\mathrm{T}},x_2,^{\mathrm{T}}\cdots,x_N^{\mathrm{T}}]^{\mathrm{T}}$; $e=[e_1^{\mathrm{T}},e_2^{\mathrm{T}},\cdots,e_N^{\mathrm{T}}]^{\mathrm{T}}$, $e_i(t)$ 表示状态误差, 定义为 $e_i(t)=x_i(t)-x_i(t_k)$; $t_k(k=0,1,\cdots)$ 表示所有节点的同步驱动时刻; $\mathcal{L}$ 为网络拓扑图的拉普拉斯矩阵; 参数 $\sigma\in(0,1)$.

不同于集中式模式下系统存在一个驱动中心来指导每个自主体的动态行为, 分布式模式下每个智能体独立安装驱动装置产生驱动时刻，用来确定何时给邻居传送它们的局部信息以及更新自己的控制输入. 因此, 节点之间的动态行为是异步的而不是同步的. 具体来说, 分布式模式下智能体 i 的测量误差定义为当前连续的状态值和最近传送的状态之差, 即 $e_i(t)=x_i(t)-x_i(t_k^i)$, 其中, $t_k^i(k=0,1,\cdots)$ 表示节点 i 的驱动时刻, 控制器设计和驱动时刻定义如下:

$$u_i(t)\ =\ -\sum_{j\in\mathcal{N}_i}a_{ij}(x_i(t_k^i)-x_j(t_{k'}^j)),\quad t\in[t_k^i,t_{k+1}^i), \tag{1.14}$$

$$t_{k+1}^i:=\inf\left\{t>t_k^i\middle|\|e_i(t)\|^2>\frac{\sigma_i a(1-a|\mathcal{N}_i|)}{|\mathcal{N}_i|}z_i^2(t)\right\}, \tag{1.15}$$

其中, $t_{k'}^j := \arg\min\{t - t_l^j | t > t_l^j, l \in Z^+\}$ 是距离时刻 t 最近的邻居节点的驱动时刻; $0 < a < 1/|\mathcal{N}_i|$; $z_i(t) = -\sum_{j\in\mathcal{N}_i} a_{ij}(x_i(t) - x_j(t))$. 从式 (1.14) 可以看到, 控制律的执行用到智能体当前驱动时刻的值和邻居最近的驱动时刻的值. 也就是说, 控制器不但在智能体自己的驱动时刻更新, 而且在其邻居的驱动时刻也更新, 而式 (1.15) 的检测需要邻居实时的信息, 这样使得每个智能体在每个采样时刻都要广播自己的信息以便确保它的邻居获知它的信息, 这种检测方式称为"连续监测". 相比时间驱动的情况, 式 (1.14) 的设计并没有减少采样次数和通信次数, 但减少了控制器的更新频率, 减轻了网络系统的计算负荷.

为了进一步减少控制器的更新, 文献 [72] 提出了一种新的事件驱动机制来求解一致性问题, 基于这种驱动机制, 控制器的更新只发生在智能体自己的驱动时刻. 在此框架下, 误差定义为

$$e_i(t) = q_i(t_k^i) - q_i(t),$$

其中,

$$q_i(t) = \frac{1}{|\mathcal{N}_i| + 1} \sum_{j\in\mathcal{N}_i} (x_j(t) - x_i(t)).$$

相应的控制器设计和驱动时刻定义如下:

$$u_i(t) = -\frac{\xi_i}{|\mathcal{N}_i| + 1} \sum_{j\in\mathcal{N}_i} ((x_i(t_k^i) - x_j(t_k^i)), \quad t \in [t_k^i, t_{k+1}^i), \tag{1.16}$$

$$t_{k+1}^i := \inf\left\{t > t_k^i \middle| \|e_i(t)\|^2 > \frac{\beta_i}{|\mathcal{N}_i| + 1} \sum_{j\in\mathcal{N}_i} ((x_i(t) - x_j(t))\right\}, \tag{1.17}$$

其中, 参数 $0 < \beta_i < 1$. 这种驱动机制的优点是控制器的更新只发生于节点自己的驱动时刻, 从而进一步降低了控制器更新的频率, 但缺点是式 (1.17) 仍然为连续监测, 节点需要实时获得邻居的信息, 同式 (1.15) 一样, 没有减少采样和通信.

由于没有减少采样次数和通信次数, 因此连续监测的事件驱动框架同样也会引起网络额外的能量消耗, 这一点和事件驱动的初衷是不相符的. 为了避免连续监测带来的问题, 越来越多的研究者尝试设计更恰当的事件驱动条件. 例如, 文献 [73] 提出了一种新型的不依赖于邻居实时信息的驱动机制, 并研究了一阶和二阶多智能体系统的一致性问题, 其中误差仍然定义为节点当前连续的状态值和最近传送的状

态之差, 即 $e_i(t)=x_i(t)-x_i(t_k^i)$, 控制器设计和驱动时刻设计如下：

$$u_i(t)=-\sum_{j\in\mathcal{N}_i}((x_i(t_k^i)-x_j(t_{k'}^j)),\quad t\in[t_k^i,t_{k+1}^i), \tag{1.18}$$

$$t_{k+1}^i:=\inf\left\{t>t_k^i\Big|\|\mathrm{e}_i(t)\|^2>c_0+c_1\mathrm{e}^{-\alpha t}\right\}, \tag{1.19}$$

其中, $c_0\geqslant 0$, $c_1\geqslant 0$, 且 $c_0+c_1>0$; $0<\alpha<\lambda_2(\mathcal{L})$, $\lambda_2(\mathcal{L})$ 是连通图的拉普拉斯矩阵的最小非零特征值. 可以看出, 这种驱动机制的优点在于驱动条件的检测不再依赖于邻居的实时连续信息, 而是依赖于外部输入信号, 从而减少了节点之间的通信次数. 但是, 由于参数的选择依赖于全局网络拓扑, 因此在任何时刻, 每个智能体必须获得全局网络拓扑信息.

同样为了克服连续监测带来的弊端, 文献 [62] 提出了一种分布式检测驱动条件的事件驱动方法:

$$u_i(t)=-\sum_{j\in\mathcal{N}_i}a_{ij}(x_i(t_k^i)-x_j(t_{k'}^j)),\quad t\in[t_k^i,t_{k+1}^i), \tag{1.20}$$

$$t_{k+1}^i:=\inf\left\{t>t_k^i\Big|\|e_i(t)\|^2>\frac{\sigma_i a(1-a|\mathcal{N}_i|)}{|\mathcal{N}_i|}\|z_i(t_k^i,t_{k'}^j)\|^2\right\}, \tag{1.21}$$

其中,

$$z_i(t_k^i,t_{k'}^j)=\sum_{j\in\mathcal{N}_i}(x_i(t_k^i)-x_j(t_{k'}^j)),$$

且 $t_{k'}^j$ 是邻居节点 j 距离 t 时刻最近的驱动时刻. 基于这种框架, 式 (1.21) 的检测是分布式进行的, 即在驱动条件中用到的不是节点实时的信息, 而是在分散的驱动时刻广播的信息. 在检测条件中, 只有邻居在驱动时刻的值, 而不是实时的邻居信息. 因此, 这一方法在减少控制器更新次数的基础上也节省了通信量.

除了上面依赖于时间和分布式检测的驱动条件外, Meng 等在文献 [70] 中提出了一种新的基于采样数据的事件驱动机制的思想, 即事件驱动条件是以周期的方式进行检测. 周期事件驱动框架的显著优点是事件驱动间隔的下界一定存在, 即采样周期. 因此, Zeno 现象自然能够被排除掉. 这种周期事件驱动条件的设计, 对减少邻居节点之间的通信量和事件检测传感器能量的消耗也是非常有益的. 具体来说, 周期驱动机制的误差定义为

$$e_i(t_k^i+lh)=x_i(t_k^i)-x_i(t_k^i+lh),\quad k=0,1,\cdots,\quad l=1,2,\cdots,$$

控制器设计和驱动时刻设计如下：

$$u_i(t) = -\sum_{j\in\mathcal{N}_i}(x_i(t_k^i)-x_j(t_{k'}^j)),\quad t\in[t_k^i, t_{k+1}^i), \tag{1.22}$$

$$t_{k+1}^i := t_k^i + h\inf\Big\{l : \Big|\|e_i(t_k^i+lh)\|^2 > \sigma_i\|z_i(t_k^i+lh)\|^2,\ \ l=1,2,\cdots\Big\}, \tag{1.23}$$

其中,

$$z_i(t_k^i+lh) = \sum_{j\in\mathcal{N}_i}(x_i(t_k^i+lh)-x_j(t_k^i+lh));$$

$t_{k'}^j$ 是邻居节点 j 距离 t 最近的驱动时刻; 采样周期 h 和参数 σ_i 分别满足 $0<h<\dfrac{1}{2\lambda_N(\mathcal{L})}$ 和 $0<\sigma_i<1/\lambda_N^2(\mathcal{L})$, 且 $\lambda_N(\mathcal{L})$ 为拓扑图拉普拉斯矩阵的最大特征值. 同样, 为了保证采样周期和参数的合理选择, 每个时刻全局网络拓扑信息对每个智能体是可得的.

4. 事件驱动分布式优化算法

虽然事件驱动机制在多智能体一致性中得到广泛的应用, 但只有少数工作把这种驱动机制应用到分布式优化问题中[74-76]. 从模型的角度看, 一个主要的原因是分布式凸优化问题的模型是非线性的. 因此, 现存的关于线性多智能体系统的事件驱动机制不能直接借鉴. 另一个原因是分布式优化问题中最终收敛的值是未知的, 这点不同于平均一致性问题. 文献 [74] 利用事件驱动机制研究了基于梯度的异步分布式优化算法, 其中目标函数对每个智能体都是已知的, 将决策变量分解使得每个节点恰好对应其中的一个分量, 然后所有节点合作找到优化问题的解. 类似于文献 [10] 中的辅助变量方法, 文献 [76] 提出了基于事件驱动机制的辅助变量优化算法, 并且在强连通平衡有向图下建立了算法的指数收敛性. 文献 [75] 提出了基于事件驱动的连续时间零梯度和算法与离散时间零梯度和算法, 并证明了在强连通平衡有向图下所提算法是指数收敛的.

基于上一小节的分析可以看出, 事件驱动分布式优化算法的研究还处在初步发展阶段, 如何设计兼顾系统性能和资源缺乏两者之间关系的事件驱动机制仍然存在很大的挑战. 鉴于分布式优化问题在网络化控制系统中存在广泛的应用性, 基于事件驱动的优化算法的研究必将成为研究的趋势和热点之一.

1.2 分布式学习理论

分布式环境下的学习问题近年来受到越来越多的关注. 该领域的研究主要集中于个体行为在地理上或逻辑上分散的智能体网络, 其中所有这些智能体通过合作执行它们的任务. 典型的例子有: 分布式分类[77]、声源定位[78]、目标跟踪[79] 和环境监测[80] 等. 特别是在大数据时代, 当通过网络相互连接的一组智能体 (或机器) 收集训练数据时, 会出现大量分布式学习问题.

1.2.1 分布式机器学习

大数据的出现颠覆了传统的数据存储和处理技术. 由于数据处理的分散性和实时性要求, 对于大数据挖掘和应用来说非常紧迫. 由于分布式算法通常比大型系统中的集中式解决方案更受欢迎, 许多研究工作致力于设计分布式学习系统的策略[4,81-90]. 与通常需要集中协调的并行算法[91-95] 不同, 分布式学习算法最显著特征是采用多智能体结构, 其中每个智能体只使用局部数据, 但通过与最近邻居的局部通信实现整个数据集上的学习[81,82,96]. 在分布式学习中, 不仅计算是分布式的, 而且通信也是分布式的. 完全分布式的学习算法具有以下特征[96]: ①训练数据由不同的智能体 (或机器) 获取, 并且每个智能体通过相同的算法处理数据; ②没有融合中心, 禁止集中挖掘分布式数据; ③智能体只能与它们最近的邻居进行通信, 但它们之间没有交换原始数据, 这对于安全性是至关重要的. 这种分布式学习算法的主要目标是让每个智能体获得一个相同的识别函数, 就像所有的训练集都是集中可用的一样.

由于总是发现学习问题通常是由经验风险最小化原则制定的, 因此需要尽量减少预期损失的近似值. 考虑一个由 V 个节点组成的网络, 每个节点 i 访问一个大小为 N_i 有标记的训练集 $\mathcal{S}_i=\{(x_{n,i},y_{n,i})\}_{n=1}^{N_i}$. 整个网络上的训练样本总数为 $N=\sum_{i=1}^{V}N_i$. 一个正则化的分布式监督学习问题的一般形式可以建模为

$$\min_{f\in\mathcal{H}_{\mathcal{K}}}\left(\sum_{i=1}^{V}\sum_{n=1}^{N_i}\ell(f(x_{n,i}),y_{n,i})+\lambda\varphi(f)\right),\tag{1.24}$$

其中, $\ell(\cdot)$ 是经验损失项; $\varphi(\cdot)$ 是正则化优化项; λ 是它们之间的折衷常数. 损失项

通常由凸函数来衡量, 正则化项常常受到范数的约束. 在分布式学习定义方面, 分布式学习技术需要一种新的设计方法来模拟智能体之间的通信. 针对这一问题, 已经开发了几种方法, 包括增量策略[85]、扩散策略[97-120] 、一致性策略[83, 96, 121] 和交替方向乘子法策略[89,90,97,98] . 特别地, 文献 [81] 讨论了分布式学习在无线传感器网络中的问题和挑战. 在文献 [85] 中, 使用增量技术解决了协同线性估计问题, 其中信息以顺序方式从一个智能体发送到相邻的智能体. 这种操作模式需要智能体之间的循环合作模式, 并且它往往需要最少量的通信和电力能源消耗[48]. 在文献 [4] 中, 引入了自适应扩散机制来优化对应于多个智能体的成本函数的和函数. 文献 [83] 提出了一种基于平均一致性的分布式传感器融合方案, 该方案被设计用于网络环境下经典的加权最小二乘估计. 在文献 [86] 中, 一种被称为八卦[104] 的特殊一致性算法被应用于解决分布式支持向量机. 交替方向乘子法[2] 则以分布式方式广泛地用于解决优化和学习问题, 被用于解决最小绝对收缩和选择算子[97]、支持向量机[84]、基追踪[98]、随机向量函数链接网络[89] 等分布式学习问题.

1.2.2　分布式合作自适应

在过去的几十年中, 由于具有很好的函数逼近能力, 基于径向基函数神经网络的自适应控制[105-123] 和基于模糊逻辑系统的模糊控制[124-127] 得到了广泛研究, 并取得了许多重要的成果. 对于单个体系统, 集中式自适应径向基函数神经网络控制方法通常假定控制器可以访问所有状态或输出. 例如, 文献 [111] 提出了一种称为自适应界化技术来处理逼近误差. 文献 [112] 构造了积分型李雅普诺夫函数, 克服了自适应径向基函数神经网络控制的奇异问题. 然后, 径向基函数神经网络控制方法扩展到输出反馈系统[113-115] 、时间延迟系统[116, 117]、离散时间系统[118-120] 和切换系统[122]. 对于大规模互联系统, 采用分散自适应径向基函数神经网络控制方法, 每个控制器只使用来自相应子系统的信息[123]. 对于多智能体系统, 由于每个智能体仅从邻居获取局部信息, 文献 [107]~[110] 提出了分布式自适应径向基函数神经网络控制方案来研究一致性和领导者–跟随者 (leader-follower) 的问题. 然而, 所有这些工作都只是考虑了控制性能, 而不是径向基函数神经网络在控制过程中的学习能力.

为了分析闭环控制系统中径向基函数神经网络的学习能力, Wang 等[128] 提出了一种新的径向基函数神经网络学习理论, 称为确定性学习理论. 正如文献 [128] 所提到的, 确定性学习理论的动机是“人类可以通过实践来学习”. 确定性学习理论的关键问题是在控制过程中建立径向基函数回归向量的持续激励条件, 然后证明跟踪误差不仅可以收敛到原点的邻域, 而且神经网络权值的估计也可以接近系统轨道的最优值. 因此, 恒定的神经网络权向量的学习知识很容易存储, 以便将来应用于相同/相似的控制任务. 确定性学习理论已进一步扩展到文献 [129] 和 [130] 中的更一般的系统, 并在文献 [131] 中分析了收敛速度. 目前, 确定性学习理论已被应用于动态模式识别[132]、故障检测[133] 和机器人控制系统[134]. 然而, 确定性学习只是利用受控系统的信息来设计学习规律. 一个人不仅可以从他自己的经历中学习, 也可以从其他人的经验中学习. 很明显, 这是一个合作的想法. 目前, 合作策略在其他领域得到了广泛的应用, 如多智能体系统的一致性[44, 135]、分布式优化[4, 136] 和分布式学习[81, 82]. 如何从合作的角度来解决多智能体系统中的确定性学习问题是一个有意义的问题.

1.3 本书内容安排

本书共 7 章. 第 1 章是绪论部分, 对分布式优化和学习理论进行了简要的介绍; 第 2 章为数学基础部分, 主要对图论、分布式一致性理论、系统的稳定性理论、模糊逻辑系统理论、径向基函数神经网络和书中用到的一些重要的引理等基础知识进行介绍; 第 3 章为连续时间分布式优化算法, 分别就固定拓扑和时变拓扑两种情形, 给出了相应的优化算法与收敛性分析, 并给出了仿真实例; 第 4 章为基于采样数据的分布式优化算法; 第 5 章为基于群体智能的分布式优化算法, 分别给出了一致性搜索、一致性评价和粒子群合作演化算法, 并给出仿真实例; 第 6 章为分布式机器学习算法, 给出了基于模糊逻辑系统的机器学习模型和分布式机器学习算法, 并通过仿真实例与现有的四种算法进行性能分析和比对; 第 7 章介绍基于自适应神经网络输出反馈控制的分布式合作学习方案, 首先给出了自适应神经网络输出反馈控制方案, 进而给出了基于此控制方案的分布式合作学习方案, 最后分析了闭环系统的稳定性和神经网络学习能力, 并给出了仿真实例.

第2章　数学基础知识

2.1　图论相关知识

分布式优化问题与其所处的网络密切相关, 网络的拓扑结构通常用图来表示. 图论是研究网络化多智能体系统的重要分析工具. 考虑网络中有 N 个智能体, 用 i 表示第 i 个智能体, $i=1,2,\cdots,N$. 如果当前时刻智能体 i 能接收智能体 j 的信息, 则称从智能体 j 到智能体 i 是有边连接的; 否则, 就称从智能体 j 到智能体 i 没有连接的边. 智能体之间交换信息, 就形成了通信网络拓扑. 本节给出图论中有关的基本概念、术语和基本结论.

2.1.1　代数图论

本书利用无向连通图 $\mathcal{G}\triangleq\{\mathcal{V},\mathcal{E},\mathcal{A}\}$ 对通信网络进行建模. 其中, 有限非空节点集 $\mathcal{V}=\{v_1,v_2,\cdots,v_N\}$, 边集合 $\mathcal{E}\subseteq\mathcal{V}\times\mathcal{V}$ 和相应的加权邻接矩阵 $\mathcal{A}=[a_{ij}]\in\mathbb{R}^{N\times N}$, $a_{ij}\geqslant 0$, $a_{ij}=a_{ji}$. 简单地, v_i 简写为 i, 在 $\mathcal{G}$ 中的一条边表示为一个无序对 $e_{ij}=(i,j)$. 当且仅当节点 i 与节点 j 之间存在通信时, $e_{ij}\in\mathcal{E}$, 节点 j 称为节点 i 的一个邻居, 于是 $a_{ij}>0$ 并且 $e_{ij}\in\mathcal{E}\Leftrightarrow e_{ji}\in\mathcal{E}$. 假设每个节点自身之间不存在通信, 则 $a_{ii}=0$.

$\mathcal{G}$ 的拉普拉斯矩阵定义为 $\mathcal{L}=[l_{ij}]\in\mathbb{R}^{N\times N}$, 其中 $l_{ij}=-a_{ij}(i\neq j)$, 且 $l_{ii}=\sum_{j=1}^{N}a_{ij}$. 节点 i 的邻居定义为 $\mathcal{N}_i=\{j\in\mathcal{V}\mid e_{ij}\in\mathcal{E}\}$. 此外, 由于 $\mathcal{L}=\mathcal{K}\times\mathcal{K}^{\mathrm{T}}$, 其中 $\mathcal{K}$ 是 $\mathcal{L}$ 的一个任意方向的关联矩阵, $\mathcal{L}$ 是半正定的. 因此, $\mathcal{L}$ 的特征值全部是非负的, 并且用符号表示为 $\lambda_1(\mathcal{L}),\lambda_2(\mathcal{L}),\cdots,\lambda_N(\mathcal{L})$. 假设 $\lambda_1(\mathcal{L})\leqslant\lambda_2(\mathcal{L})\leqslant\cdots\leqslant\lambda_N(\mathcal{L})$. 同时, $\mathcal{L}\times 1_N=0_N\Rightarrow\lambda_1(\mathcal{L})=0$. $\mathcal{L}$ 的零特征值个数等于 $\mathcal{G}$ 的连通节点数.

如果 $\mathcal{G}$ 是连通的, $\lambda_2(\mathcal{L})$ 是 $\mathcal{L}$ 所有特征值中最小的非零特征值, 且 $0=\lambda_1(\mathcal{L})<\lambda_2(\mathcal{L})\leqslant\cdots\leqslant\lambda_N(\mathcal{L})$, 则对于拉普拉斯矩阵 $\mathcal{L}$, 其特征值 $\lambda_i(\mathcal{L})$ 简写为 $\lambda_i, i=1,2,\cdots,N$.

2.1.2 固定拓扑

考虑一个有向加权图, 通常可以表示为 $\mathcal{G} = \{\mathcal{V}, \mathcal{E}, \mathcal{A}\}$, 其中 $\mathcal{V} = \{1, 2, \cdots, N\}$ 表示节点的集合, 每个节点对应网络化系统的一个子系统或智能体, $\mathcal{E} = \{(i,j), i, j \in V\} \subseteq \mathcal{V} \times \mathcal{V}$ 表示边的集合, $\mathcal{A} = [a_{ij}]_{N\times N}$ 是图的加权邻接矩阵. 一个加权图 $\mathcal{G}$ 用来模拟节点之间的相互交流, 表示节点的一个固定网络拓扑. 有序数组 (i,j) 表示连接节点 i 和节点 j 之间的一条边, $(i,j) \in \mathcal{E}$ 当且仅当节点 i 可以直接接收到节点 j 发送的信息, j 称为 i 的邻居. 对每个节点 $i \in \mathcal{V}$, 它的邻居的集合定义为 $\mathcal{N}_i := \{j \in \mathcal{V} : (i,j) \in \mathcal{E}\}$. 如果 j 是 i 的邻居, 则邻接矩阵中对应的元素 $a_{ij} \neq 0$ (通常设为 1); 否则, $a_{ij} = 0$. 如果一个图中每个节点都没有自环, 则称这个图是简单图. 在本书中除非特别说明, 假设所有图都是简单图.

对任意 $i, j \in \mathcal{V}$, 节点 i 的出度定义为 $\deg_{\text{out}}(i) = \sum_{j=1}^{N} a_{ij}$, 入度定义为 $\deg_{\text{in}}(i) = \sum_{j=1}^{N} a_{ji}$. 另外, 用符号 $\mathcal{N}_i^{\text{out}}$ 和 $\mathcal{N}_i^{\text{in}}$ 分别表示节点 i 可以接收到信息和可以发出信息的邻居的集合. 如果一个图的任意节点的入度和出度相等, 则称这个图为平衡图. 如果 $(i,j) \in \mathcal{E}$ 当且仅当 $(j,i) \in \mathcal{E}$, 则称该图为无向图, 这时邻接矩阵为对称矩阵. 显然, 无向图一定是平衡图. 图 2.1 给出了无向图、有向图和平衡图这三种网络典型拓扑图的形式.

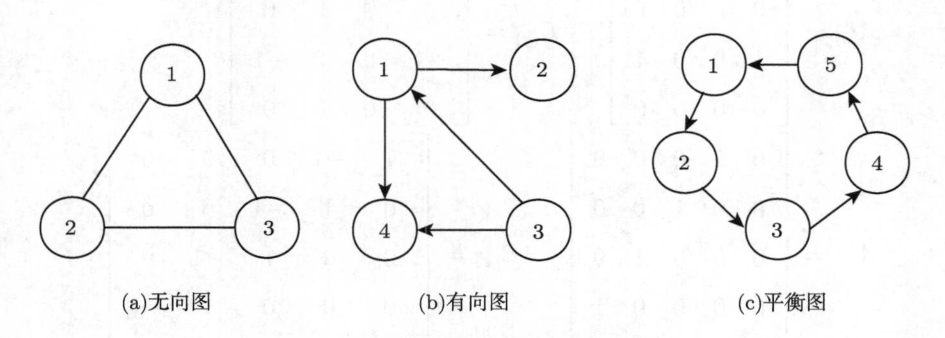

图 2.1 网络的典型拓扑图

进一步定义图的拉普拉斯矩阵为 $\mathcal{L} = \mathcal{D} - \mathcal{A}$, 其中 $\mathcal{D}$ 是由各个节点的出度作为对角线元构成的对角矩阵, $\mathcal{D} = \text{diag}\{\deg_{\text{out}}(1), \deg_{\text{out}}(2), \cdots, \deg_{\text{out}}(N)\}$. 从定义不难推出拉普拉斯矩阵的行和为零, 即对列向量 1_N, 有 $\mathcal{L}1_N = 0$ 成立. 对无

向图来说, 它的拉普拉斯矩阵为行和为零的对称矩阵, 即 $\mathcal{L}1_N = 0, 1_N^{\mathrm{T}}\mathcal{L} = 0$. 而且, 可以进一步证明无向图的拉普拉斯矩阵是半正定矩阵. 一个由边构成的序列 $(s_1, s_2), (s_2, s_3), \cdots, (s_{k-1}, s_k)$, 称为从节点 s_1 到 s_k 的一条有向路径. 如果对任意的节点 $i, j \in \mathcal{V}$, 都存在从 i 到 j 的有向路径, 则称该图是强连通图. 无向强连通图可简称为连通图.

性质 2.1 [41]　对于无向连接拓扑图, 其对应的拉普拉斯矩阵为 $\mathcal{L}$. 当且仅当该拓扑是连通时, $\mathcal{L}$ 只有一个零特征值, 且其余特征根都是正的.

性质 2.2 [10]　对于平衡连通拓扑图, 其对应的拉普拉斯矩阵为 $\mathcal{L}$. 当且仅当该拓扑是强连通时, $\mathcal{L} + \mathcal{L}^{\mathrm{T}}$ 只有一个零特征值, 且其余特征根都是正的.

图 2.1 中网络拓扑图 (a)、(b)、(c) 对应的邻接矩阵 (其中边的权值设为 1 或 0) 和拉普拉斯矩阵分别是

$$\mathcal{A}_{(a)} = \begin{bmatrix} 0 & 1 & 1 \\ 1 & 0 & 1 \\ 1 & 1 & 0 \end{bmatrix}, \quad \mathcal{L}_{(a)} = \begin{bmatrix} 2 & -1 & -1 \\ -1 & 2 & -1 \\ -1 & -1 & 2 \end{bmatrix};$$

$$\mathcal{A}_{(b)} = \begin{bmatrix} 0 & 1 & 0 & 1 \\ 0 & 0 & 0 & 0 \\ 1 & 0 & 0 & 1 \\ 0 & 0 & 0 & 0 \end{bmatrix}, \quad \mathcal{L}_{(b)} = \begin{bmatrix} 2 & -1 & 0 & -1 \\ 0 & 0 & 0 & 0 \\ -1 & 0 & 2 & -1 \\ 0 & 0 & 0 & 0 \end{bmatrix};$$

$$\mathcal{A}_{(c)} = \begin{bmatrix} 0 & 1 & 0 & 0 & 0 \\ 0 & 0 & 1 & 0 & 0 \\ 0 & 0 & 0 & 1 & 0 \\ 0 & 0 & 0 & 0 & 1 \\ 1 & 0 & 0 & 0 & 0 \end{bmatrix}, \quad \mathcal{L}_{(c)} = \begin{bmatrix} 1 & -1 & 0 & 0 & 0 \\ 0 & 1 & -1 & 0 & 0 \\ 0 & 0 & 1 & -1 & 0 \\ 0 & 0 & 0 & 1 & -1 \\ -1 & 0 & 0 & 0 & 1 \end{bmatrix}.$$

可以看出, 无向图的拉普拉斯矩阵是对称矩阵, 行和、列和均为零; 有向图的拉普拉斯矩阵行和为零但不是对称矩阵; 平衡图的拉普拉斯矩阵也不是对称矩阵, 但行和、列和均为零.

2.1.3 时变拓扑

如果连通拓扑图的边的集合 $\mathcal{E}(t)$ 和邻接矩阵 $\mathcal{A}(t)$ 都随时间变化, 则称该网络拓扑为时变拓扑, 记为 $\mathcal{G}(t)=\{\mathcal{V},\mathcal{E}(t),\mathcal{A}(t)\}$. 如果拓扑随时间在有限个可能的连通或非连通图之间切换, 则称该拓扑为切换拓扑, 记为 $\mathcal{G}_{\sigma(t)}=(\mathcal{V},\mathcal{E}_{\sigma(t)})$, 其中 $\sigma:t\to\mathbb{Q}$ 是分段常值的函数, $\mathbb{Q}$ 是所有具有节点集为 $\mathcal{V}$ 的可能的图组成的有限集合. 例如, 假设拓扑在三个拓扑图之间切换, 其中切换规则为

$$\sigma(t)=\begin{cases}1, & t\in\left[k\pi,k\pi+\dfrac{1}{3}\pi\right),\\ 2, & t\in\left[k\pi+\dfrac{1}{3}\pi,k\pi+\dfrac{2}{3}\pi\right),\\ 3, & t\in\left[k\pi+\dfrac{2}{3}\pi,(k+1)\pi\right).\end{cases}$$

相互切换的三个图的相应的邻接矩阵分别为下列的时变矩阵:

$$\mathcal{A}_1(t)=\begin{bmatrix}0 & 0 & |\sin t| & 0\\ 0 & 0 & 0 & 0\\ 0 & |\sin t| & 0 & 0\\ 0 & 0 & 0 & 0\end{bmatrix},$$

$$\mathcal{A}_2(t)=\begin{bmatrix}0 & 0 & 0 & 0\\ 0 & 0 & 0 & 0\\ 0 & 0 & 0 & 1\\ 0 & 0 & 1 & 0\end{bmatrix},$$

$$\mathcal{A}_3(t)=\begin{bmatrix}0 & |\cos t| & 0 & 0\\ |\cos t| & 0 & 0 & 0\\ 0 & 0 & 0 & 0\\ 0 & 0 & 0 & 0.\end{bmatrix}.$$

定义两个图 $\mathcal{G}_1=(\mathcal{V},\mathcal{E}_1)$ 和 $\mathcal{G}_2=(\mathcal{V},\mathcal{E}_2)$ 的并图为 $\mathcal{G}_1\bigcup\mathcal{G}_2=(\mathcal{V},\mathcal{E}_1\bigcup\mathcal{E}_2)$. 特别地, 用符号 $\mathcal{G}([t_1,t_2))$ 表示一段时间 $[t_1,t_2)$, $t_1<t_2\leqslant+\infty$ 上的图的并, 即 $\mathcal{G}([t_1,t_2))=\bigcup_{t\in[t_1,t_2)}\mathcal{G}(t)=(\mathcal{V},\bigcup_{t\in[t_1,t_2)}\mathcal{E}_{\sigma(t)})$. 如果在一段时间 $[t_1,t_2)$ 的并图是连通的, 则称 $\mathcal{G}(t)$ 是联合连通的. 而且, 如果存在一个正的常数 T 使得对任意的时刻 t, $\mathcal{G}([t,t+T))$ 是连通的, 则称 $\mathcal{G}_{\sigma(t)}$ 是一致联合连通的[137].

2.2 克罗内克积

定义 2.1 [138]　对于 $A \in \mathbb{R}^{m\times n}$ 和 $B \in \mathbb{R}^{p\times q}$, A 和 B 的克罗内克 (Kronecker) 积定义为

$$A \otimes B =: \begin{bmatrix} a_{11}B & \cdots & a_{1n}B \\ \vdots & & \vdots \\ a_{m1}B & \cdots & a_{mn}B \end{bmatrix} \in \mathbb{R}^{mn\times nq}.$$

性质 2.3　克罗内克积具有以下性质:

(1) $(A \otimes B)(C \otimes D) = (AC) \otimes (BD)$(假设 AC 和 BD 都是允许的);

(2) $A \otimes B + A \otimes C = A \otimes (B + C)$(其中 B 和 C 具有相同的维数);

(3) $(A \otimes B)^{\mathrm{T}} = A^{\mathrm{T}} \otimes B^{\mathrm{T}}$;

(4) $(A \otimes B)$ 的奇异值等于 A 与 B 的奇异值之积.

2.3 模糊逻辑系统

作为一个万能逼近器, 模糊逻辑系统能够以任意精度逼近任何实值未知连续函数, 即

$$f(x) = \hat{f}(x) + \delta = s(x)^{\mathrm{T}}W + \delta(x), \tag{2.1}$$

其中, $f(x)$ 是一个连续函数, 定义域为 $\Omega \subset \mathbb{R}^r$; $\hat{f}(x) = s(x)^{\mathrm{T}}W$ 是模糊逻辑系统, 用于估计函数 $f(x)$; $\delta(x)$ 为逼近误差; $W \in \mathbb{R}^n$, 是模糊逻辑系统的权值向量, 最优权值向量表示为 W^*; $s(x)=[s_1(x), s_2(x), \cdots, s_n(x)]^{\mathrm{T}} \in \mathbb{R}^n$, 且 $s_q(x)(q = 1, 2, \cdots, n)$ 是模糊基函数. 为了精确地拟合 $f(x)$, 模糊基函数通常选取如下函数:

$$s_q(x) = \frac{a_q \exp\left(-\left\|\dfrac{x-\bar{x}_q}{\sigma_q}\right\|^2\right)}{\sum\limits_{q=1}^{n} \exp\left(-\left\|\dfrac{x-\bar{x}_q}{\sigma_q}\right\|^2\right)}, \tag{2.2}$$

其中, $a_q \in (0,1]$, $\sigma_q \in (0,+\infty)$ 和 $\bar{x}_q$ 都是模糊基函数的中心参数. 在目前对模糊逻辑系统的研究工作中[139-146], $s_q(x)$ 被分配给一个模糊区域 A_q, 它是从全部输入空间 $\mathbb{X} \subset \mathbb{R}$ 中划分出的第 q 个输入子空间. 模糊区域 B_q 是从输出空间 $\mathbb{Y} \subset \mathbb{R}$ 划分出的第 q 个输出子空间. 此外, $\mu_q = a_q \exp\big(-\|\frac{x-\bar{x}_q}{\sigma_q}\|^2\big)$ 是为 A_q 选择的模糊隶属度函数. B_q 的隶属度函数与 μ_q 属于统一类型. 在模糊基系统设计的可学习模糊规则中, 每个 A_q 对应于一个模糊的"如果–那么"规则[139,141,147-149], $\bar{x}_q$ 位于模糊区域 A_q 内, 并且隶属度函数 μ_q 在 A_q 取得最大值 $\bar{x}_q$. $s_q(x)$ 对应于中心去模糊化的过程. 当自变量以向量形式表示时, $x=[x_1,x_2,\cdots,x_m]^{\mathrm{T}} \in \mathbb{X}^m \subset \mathbb{R}^m$, $m \in \mathbb{Z}_+\backslash\{1\}$, x 的每个组成部分采取与标量情况相同的方式进行独立分析.

本书针对标量情形设计"如果–那么"规则如下.

规则 q: **如果** x 是 A_q, **那么** y 是 B_q, $q=1,2,\cdots,n$.
在这种情况下, n 是模糊规则的数量.

向量情况下, 设计"如果–那么"规则如下.

规则 $q+(c-1)*n$: **如果** x_c 是 A_q^c, **那么** y 是 B_q^c, $c=1,2,\cdots,m$; $q=1,2,\cdots,n$.
在这种情况下, $m*n$ 是模糊规则的数量.

在本书基于模糊逻辑系统的分布式合作学习算法的学习过程中, 所有的模糊"如果–那么"规则得到更新. 初始模糊"如果–那么"规则由基于模糊逻辑系统的分布式合作学习算法的初始化步骤确定.

2.4 分布式一致性理论

2.4.1 一致性理论和合作策略

合作策略是在多个个体中通过合作的方式来实现一个相同的目标. 合作策略从 20 世纪 90 年代开始, 就在优化和计算领域引起了极大的关注. 但是, 作为合作策略的一个基础性问题, 一致性问题在最近几十年才引起人们的关注. 一致性指的是每一个智能体通过局部信息交换实现状态收敛到相同的值. Jadbabaie 等[150] 首次从理论上分析了 Vicsek 模型[151] 一致性. 之后, 关于多智能体一致性的研究就开始成为控制领域最热门的研究方向之一. 到目前为止, 人们已经做了许多有意义的

工作 (见文献 [135]、[152]、[153] 等). 当一致性理论变得越来越成熟的时候, 众多研究人员便开始关注它的应用, 如无线传感网络、编队控制、群集问题、姿态控制和集结问题等.

2.4.2 多智能体系统的一致性

在关于多智能体系统的众多基础性研究问题中, 一致性问题是较重要的一个研究方向. 一致性问题的思想来自于 20 世纪 60 年代的管理科学与统计学. 后来, Degroot[154] 发表了著名的关于一致性的文章. 多智能体系统的一致性是指在连通的多个智能体网络中, 每个智能体通过它和邻居间的信息交流, 对自身状态进行调整, 最终使得全部智能体的状态趋于一致. 这种现象在自然界比较常见, 如大海中游动的鱼群和天空中翱翔的雁群. 为什么鱼群在大海中巡游时状态是一致的? 为什么大雁在天空中飞翔时总是一字形或人字形? 这样有什么好处? 它们是怎样做到的?

在控制学中, Borkar 等[155] 研究了分布式决策系统. 1987 年, Reynolds[156] 提出了著名的 Biod 模型. 1995 年, Vicsek 等[151] 提出了智能体系统中的最早模型——Vicsek 模型, 并且给出了仿真实验. 2006 年, Olfati-Saber[161] 给出了连续时间动态多智能体系统的一致性的理论框架. 此后, 有越来越多的学者研究多智能体系统一致性, 取得了大量的成果, 如关于一阶积分器系统[45]、二阶多智能体系统[158] 和非线性多智能体系统[159].

在众多研究中, 领导者–跟随者问题是其中一个重要的领域. 2005 年, Mu 等[160] 发表了关于此问题的文章. 在领导者–跟随者问题中, 多智能体系统可以分成两部分: 一部分智能体称为领导者, 其余部分的智能体称为跟随者. 多智能体系统的一致性状态由领导者决定, 跟随者使自己状态跟领导者保持一致. 在此类问题中, 值得注意的是 Olfati-Saber[161] 在 2006 年提出了一个虚拟的领导者–跟随者理论框架.

2.4.3 分布式平均一致性

分布式平均一致性在应用[44, 45, 162, 163] 中引起了研究者们极大的兴趣. 这个问题主要关注消息传递协议的设计, 在该协议下局部估计可以收敛到相同的值.

定义 2.2 [162](分布式平均一致性) *如果每个节点的初始条件为* $x(0) =$

$(x_1(0),\cdots,x_n(0))^{\mathrm{T}}\in\mathbb{R}^n$, 且每个节点 i 的估计值满足

$$\lim_{t\to\infty} x_i(t)=\frac{1}{n}\sum_{i=1}^{n}x_i(0), \tag{2.3}$$

则称具有 n 个节点的网络达到平均一致性.

设 $x_i(t)(i=1,\cdots,n)$ 代表节点 i 观察到的值. 用 $x_{\text{ave}}=\dfrac{1}{n}\sum_{i=1}^{n}x_i(t)$ 表示所有观测值的平均值, 通常分布式平均一致性算法设计如下:

$$x_i(t)=a_{ii}x_i(t-1)+\sum_{j\in\mathcal{N}_i}a_{ij}x_j(t-1).$$

该算法也可以表示成以下矩阵形式:

$$x(t)=Ax(t-1), t=1,2,\cdots, \tag{2.4}$$

其中, $x(t)=(x_1(t),x_2(t),\cdots,x_n(t))^{\mathrm{T}}$; $A=[a_{ij}]$ 是加权邻接矩阵.

引理 2.1 [41] 考虑一个有 n 个节点的有向图 $\mathcal{G}$, 应用一致性算法 (2.4), 如果 $\mathcal{G}$ 是强连通的平衡图, 那么多智能体系统能够实现平均一致性.

2.5 系统稳定性理论

考虑标称系统

$$\dot{x}=f(t,x), x(t_0)=x_0, t\geqslant t_0, \tag{2.5}$$

其中, $f:[t_0,\infty)\times\mathbb{R}^n\to\mathbb{R}^n$ 关于 t 是分段连续的, $f(t,0)=0$, 且关于 x 在 $[t_0,\infty)\times\mathbb{R}^n$ 上满足 Lipschitz 条件. 式 (2.5) 的初始条件记为 (t_0,x_0), 解记为 $x(t,t_0,x_0)$, 也可简记为 $x(t)$.

定义 2.3 [164](一致局部指数稳定) 考虑式 (2.5), 如果存在正常数 γ_1, γ_2 和任意的正常数 $r>0$, 使得对所有的 $(t_0,x_0)\in\mathbb{R}_{\geqslant 0}\times B_r$, $B_r:=\{x\in\mathbb{R}^n:\parallel x\parallel<r\}$ 为开球, 则它的解满足

$$\parallel x(t,t_0,x_0)\parallel\leqslant\gamma_1\|x_0\|\mathrm{e}^{-\gamma_2(t-t_0)}, \quad \forall t\geqslant t_0, \tag{2.6}$$

则称式 (2.5) 的原点 $x=0$ 是一致局部指数稳定的.

假设 $\phi:\mathbb{R}_{\geqslant 0}\times\mathbb{R}^n\to\mathbb{R}^{m\times n}$ 使得 $\phi(t,x(t_0,x_0))$ 对于每一个解 $x(t,t_0,x_0)$ 都是局部可积的. 采用文献 [164] 中的一致持续激励条件, 给出如下局部一致持续激励条件的定义.

定义 2.4 如果对于每一个 $r>0$, 都存在两个正常数 α 和 T_0, 使得 $\forall(t_0,x_0)\in\mathbb{R}_{\geqslant 0}\times B_r$, 所有相应的解都满足 $\forall t\geqslant t_0$,

$$\int_t^{t+T_0}\phi(\tau,x(\tau,t_0,x_0))\phi(\tau,x(\tau,t_0,x_0))^{\mathrm{T}}\mathrm{d}\tau\geqslant\alpha I_m. \tag{2.7}$$

则称 (ϕ,f) 或 ϕ 满足局部一致持续激励条件.

定义 2.5 [165](局部一致合作持续激励条件) 如果对于每一个 $r>0$, 都存在两个正常数 α 和 T_0, 使得 $\forall(t_0,x_{i0})\in\mathbb{R}_{\geqslant 0}\times B_r$, 所有相应的解都满足

$$\int_t^{t+T_0}\left[\sum_{i=1}^{N}\phi_i(\tau,x_i(\tau,t_0,x_{i0}))\phi_i(\tau,x_i(\tau,t_0,x_{i0}))^{\mathrm{T}}\right]\mathrm{d}\tau\geqslant\alpha I_m,\quad\forall t\geqslant t_0. \tag{2.8}$$

则称矩阵值函数集 $\{\phi_i(t,x_i)\}_{i=1}^{M}$ 满足局部一致合作持续激励条件.

考虑如下状态依赖的时变系统:

$$\begin{bmatrix}\dot{x}_1\\\dot{x}_2\end{bmatrix}=\begin{bmatrix}A(t,x) & B(t,x)^{\mathrm{T}}\\-C(t,x) & -D(t,x)\end{bmatrix}\begin{bmatrix}x_1\\x_2\end{bmatrix}:=F(t,x)x,x(t_0)=x_0, \tag{2.9}$$

其中, $x_1\in\mathbb{R}^n$ 和 $x_2\in\mathbb{R}^m$ 是系统状态; $x=[x_1^{\mathrm{T}},x_2^{\mathrm{T}}]^{\mathrm{T}}$; $A:[t_0,\infty)\times\mathbb{R}^{n+m}\to\mathbb{R}^{n\times n}$, $B:[t_0,\infty)\times\mathbb{R}^{n+m}\to\mathbb{R}^{m\times n}$, $C:[t_0,\infty)\times\mathbb{R}^{n+m}\to\mathbb{R}^{m\times n}$ 和 $D:[t_0,\infty)\times\mathbb{R}^{n+m}\to\mathbb{R}^{m\times m}$ 都是状态依赖的系统矩阵. 进一步, 假设 $D(t,x)$ 是半正定矩阵. 为了分析式 (2.9) 的指数稳定性, 需要下面的假设.

假设 2.1 存在 $r>0$ 和 $\phi_M>0$, 使得对于所有的 $t\geqslant t_0$ 和 $(t_0,x_0)\in\mathbb{R}_{\geqslant 0}\times B_r$, 都有

$$\max\left\{\|B(t,x)\|,\|D(t,x)\|,\left\|\frac{\mathrm{d}B(t,x(t))}{\mathrm{d}t}\right\|\right\}\leqslant\phi_M.$$

假设 2.2 存在 $r>0$, 对称矩阵 $P(t,x)$, $Q(t,x)$ 对所有的 $t\geqslant t_0$ 和 $(t_0,x_0)\in\mathbb{R}_{\geqslant 0}\times B_r$, 均有

$$A(t,x)^{\mathrm{T}}P(t,x)+P(t,x)A(t,x)+\dot{P}(t,x)=-Q(t,x)$$

和

$$P(t,x)B(t,x)^{\mathrm{T}} = C(t.x)^{\mathrm{T}}.$$

并且, 存在正数 p_m, q_m, p_M 和 q_M, 使得

$$p_m I_n \leqslant P(t,x) \leqslant p_M I_n$$

和

$$q_m I_n \leqslant Q(t,x) \leqslant q_M I_n$$

成立.

引理 2.2[165] 在假设 2.1 和假设 2.2 下, 对任意确定的正常数 r, 如果存在两个正常数 T_0 和 α, 使得对所有的 $(t_0, x_0) \in R_{\geqslant 0} \times B_r$, 均满足

$$\int_t^{t+T_0} [B(\tau, x(\tau, t_0, x_0))B(\tau, x(\tau, t_0, x_0))^{\mathrm{T}} + D(\tau, x(\tau, t_0, x_0))]\mathrm{d}\tau \geqslant \alpha I_m, \quad \forall t \geqslant t_0, \tag{2.10}$$

则称式 (2.9) 是一致局部指数稳定的.

此外, 根据文献 [165] 中定理 1, 直接推广得到如下引理.

引理 2.3 考虑一个时变有界块对角阵 $B(t, \chi(t)) : [t_0, \infty) \times \mathbb{R}^{Nl} \to \mathbb{R}^{Nm \times Nn}$, 其中对角线上的矩阵满足 $B_i(t, \chi_i(t)) : [t_0, \infty) \times \mathbb{R}^l \to \mathbb{R}^{m \times n} (i = 1, \cdots, N)$, 一个无向连通图的拉普拉斯矩阵记为 $\mathcal{L} \in \mathbb{R}^{N \times N}$. 假设对 $\forall t \geqslant t_0$, 存在正常数 α 和 T_0, 使得对所有的 $(t_0, x_0) \in R_{\geqslant 0} \times B_r$, 如下不等式成立:

$$\int_t^{t+T_0} \left[B(\tau, \chi(\tau))B(\tau, \chi(\tau))^{\mathrm{T}} + \gamma \mathcal{L} \otimes I_m\right] \mathrm{d}\tau \geqslant \alpha I_{Nm}, \tag{2.11}$$

则称 $B_i(t, \chi_i(t))$ 是局部一致合作持续激励的. 其中, γ 是一个正常数.

引理 2.4(LaSalle 不变集原理)[166] 考虑自治系统 $\dot{x} = f(x)$, 其中 $f : D \to \mathbb{R}^n$ 是从 $D \subset \mathbb{R}^n$ 到 $\mathbb{R}^n$ 的局部 Lipschitz 映射. 假定 $\bar{x} \in D$ 是系统的平衡点, 即 $f(\bar{x}) = 0$. 设 $\Omega \subset D$ 是关于该自治系统的正不变紧集, $V : D \to \mathbb{R}$ 是连续可微函数, 在 Ω 中满足 $\dot{V}(x) \leqslant 0$. 设 E 是 Ω 内所有点的集合, 且满足 $\dot{V}(x) = 0$, M 是 E 中最大不变集, 则当 $t \to \infty$ 时, 始于 Ω 内的每个解都趋向 M.

考察系统

$$\dot{x} = f(t,x) + g(t,x), \tag{2.12}$$

其中, $f:[0,\infty)\times D\to\mathbb{R}^n$ 和 $g:[0,\infty)\times D\to\mathbb{R}^n$ 在 $[0,\infty)\times D$ 上对 t 是分段连续的, 对 x 是局部 Lipschitz 的, $D\subset\mathbb{R}^n$ 是包含原点 $x=0$ 的定义域.

式 (2.12) 称作标称系统式 (2.5) 的扰动系统[166]. 扰动项 $g(t,x)$ 可能来源于建模误差、老化、不确定性以及干扰等, 这些扰动存在于实际问题中. 在典型情况下, $g(t,x)$ 是未知的, 但可以知道其一些信息, 如 $\|g(t,x)\|$ 的上界. 这里把扰动表示为状态方程右边的一个叠加项, 不改变系统阶数的不确定性总可以表示成这种形式. 如果具有扰动的方程右边是某函数 $\tilde{f}(t,x)$, 则通过同时加减 $f(t,x)$, 可以将方程的右边改写为

$$\tilde{f}(t,x)=f(t,x)+[\tilde{f}(t,x)-f(t,x)],$$

并定义

$$g(t,x)=\tilde{f}(t,x)-f(t,x).$$

引理 2.5 [166]　设 $x=0$ 是标称系统式 (2.5) 的一个指数稳定平衡点, $V(t,x)$ 是标称系统在 $[0,\infty)\times D$ 上的 Lyapunov 函数, 对所有 $(t,x)\in[0,\infty)\times D$ 和正常数 c_1,c_2,c_3,c_4, 满足

$$\begin{aligned}&c_1\|x\|^2\leqslant V(t,x)\leqslant c_2\|x\|^2,\\&\frac{\partial V}{\partial t}+\frac{\partial V}{\partial x}f(t,x)\leqslant -c_3\|x\|^2,\\&\left\|\frac{\partial V}{\partial x}\right\|\leqslant c_4\|x\|,\end{aligned}$$

其中, $D=\{x\in\mathbb{R}^n|\|x\|<r\}$. 假设对于 $\forall t\geqslant 0$ 和 $x\in D$ 及正常数 $\theta<1$, 扰动项 $g(t,x)$ 满足

$$\|g(t,x)\|\leqslant\delta<\frac{c_3}{c_4}\sqrt{\frac{c_1}{c_2}}\theta r,$$

则对所有 $\|x(t_0)\|<\sqrt{\frac{c_1}{c_2}}r$, 扰动系统式 (2.12) 的解满足

$$\|x(t)\|\leqslant k\mathrm{e}^{-\gamma(t-t_0)}\|x(t_0)\|,\quad \forall t_0\leqslant t<t_0+T,$$

且对于某个有限的 T, 有

$$\|x(t)\|\leqslant b,\quad \forall t\geqslant t_0,$$

其中,

$$k=\sqrt{\frac{c_2}{c_1}},\quad \gamma=\frac{(1-\theta)c_3}{2c_2},\quad b=\frac{c_4}{c_3}\sqrt{\frac{c_2}{c_1}}\frac{\delta}{\theta}.$$

2.6 Zeno 现象

在事件驱动控制方法中, 除了控制器的设计之外, 最为重要的就是排除 Zeno 现象, 即确定两个事件发生时间之差的区间有一个正的下确界.

定义 2.6[59] 如果在一个有限时间段中, 一个事件发生了无限次, 则该系统中存在 Zeno 现象.

Zeno 现象是事件驱动控制中不期望发生的情况, 出现了 Zeno 现象意味着该控制由离散控制变为连续控制, 通信也是连续的, 这样就无法显示事件驱动控制在节省资源和减少计算负担方面的优势, 即意味着此次的事件驱动控制方法失效.

2.7 凸优化相关知识

定义 2.7[13, 39] 对于一个集合 $C \subseteq \mathbb{R}^n$, 如果集合中任意两点的连线仍然都在集合 C 中, 即对任意的 $x_1, x_2 \in C$, 任意的 $0 \leqslant \theta \leqslant 1$, 都有 $\theta x_1 + (1-\theta)x_2 \in C$ 成立, 那么这个集合是凸集.

不难验证, 单位球 $C = \{x \| \|x\| \leqslant 1\}$ 是凸的, 单位球面 $C = \{x \| \|x\| = 1\}$ 不是凸的.

定义 2.8[13, 39] 一个集合 $C \subseteq \mathbb{R}^n$ 的凸包记为 $\operatorname{conv}(C)$, 它表示由 C 中的点形成的凸组合的集合, 即

$$\operatorname{conv}(C) = \left\{ \theta_1 x_1 + \cdots + \theta_k x_k \,\middle|\, x_i \in C, \theta_i \geqslant 0, i = 1, 2, \cdots, k, \sum_{i=1}^{k} \theta_i = 1 \right\}.$$

由定义容易得到凸包是个凸集, 它是包含集合 C 的最小的凸集.

定义 2.9[13, 39] 对任意的 $x, y \in \mathbb{R}^n$, 任意的 $\alpha \in \mathbb{R}$, $0 < \alpha < 1$, 如果函数 $f(x) : \mathbb{R}^n \to \mathbb{R}$ 满足下面的不等式

$$f(\alpha x + (1-\alpha)y) \leqslant \alpha f(x) + (1-\alpha) f(y), \tag{2.13}$$

则称这个函数 f 为凸函数.

例如, 对单变量 $x \in \mathbb{R}$ 来说, 函数 $|x|$, e^x, x^2 都是凸函数; 如果 $x \in \mathbb{R}^n$ 为多变量, 函数 $a^{\mathrm{T}}x + b$, $\|x\|$ 都是凸函数.

凸集和凸函数的一个显著的联系在于: 任意凸函数 $f(x)$ 的水平集合总是凸的, 即对任意的 $c \in \mathbb{R}$, $\{x|f(x) \leqslant c\}$ 是凸的.

定义 2.10[13, 39] 对二次连续可微函数 $f: \mathbb{R}^n \to \mathbb{R}$, 如果存在一个常数 $\theta > 0$, 使得对任意的 $x, y \in \mathbb{R}^n$, 下面的等价条件成立:

$$f(y) - f(x) - \nabla f(x)^{\mathrm{T}}(y - x) \geqslant \frac{\theta}{2}\|y - x\|^2, \tag{2.14}$$

$$\nabla^2 f(x) \geqslant \theta I_n, \tag{2.15}$$

则称函数 f 是强凸函数, 其中 θ 叫做 f 的凸参数.

定义 2.11[13, 39] 对于一个凸函数 $f: \mathbb{R}^n \to \mathbb{R}$ 和一个 n 维向量 g, 对于定义域上任意的 n 维向量 y, 在其定义域上的某点 x 都有下面的不等式成立:

$$f(y) \geqslant f(x) + g^{\mathrm{T}}(y - x), \tag{2.16}$$

那么, 向量 g 称为函数 f 的次梯度. 满足上面不等式的所有向量 g 的集合称为函数 f 在点 x 处的次微分, 记作 $\partial f(x)$.

如果 $f(x)$ 是连续可微的, 则 $f(x)$ 的凸性等价于

$$f(y) - f(x) - \nabla f(x)^{\mathrm{T}}(y - x) \geqslant 0, \quad \forall x, y \in \mathbb{R}^n. \tag{2.17}$$

定义 2.12[39] 函数 $f: \mathbb{R}^n \to \mathbb{R}$ 的 α 水平子集定义为

$$C_\alpha = \{x \in \mathrm{dom} f | f(x) \leqslant \alpha\}. \tag{2.18}$$

注意: 对任意 α 的取值, 凸函数的水平子集是凸的, 但反之不成立. 例如, 函数 $f(x) = -\mathrm{e}^x$ 在实数域上不是凸的, 但它的所有水平子集都是凸的.

引理 2.6[39] 设 $f: \mathbb{R}^n \to \mathbb{R}$ 是 $\mathbb{R}^n$ 上的二次连续可微强凸函数, $S = \{x \in \mathbb{R}^n | f(x) \leqslant f(x(0))\}$ 是一个水平子集, $x(0)$ 是使得 S 是闭集的适当的初始值. 由引理 2.5 可以得到, S 是有界的, 即 S 是一个紧集, 则存在常数 $M > 0$, 使得对任意的

$x, y \in S$, 下列的等价条件成立

$$f(y) - f(x) - \nabla f(x)^{\mathrm{T}}(y - x) \leqslant \frac{M}{2}\|y - x\|^2, \tag{2.19}$$

$$\nabla^2 f(x) \leqslant M I_n. \tag{2.20}$$

2.8 径向基函数神经网络

径向基函数神经网络作为一类线性参数化的神经网络, 被广泛用于设计自适应控制和系统辨识算法. 已经证明, 如果隐含层具有足够的神经元, 那么径向基函数神经网络可以近似任何连续函数. 本书使用径向基函数神经网络来逼近一个不确定的非线性连续函数. 当一个径向基函数神经网络在紧集 Ω_Z 上逼近函数 $f(Z): \Omega_Z \to \mathbb{R}$ 时, 可描述为

$$f(Z) = S(Z)^{\mathrm{T}} W + \varepsilon(Z),$$

其中, $W = [w_1, w_2, \cdots, w_l]^{\mathrm{T}} \in \mathbb{R}^l$ 表示输出层的理想权值向量; $S(Z) = [s_1(Z), s_2(Z), \cdots, s_l(Z)]^{\mathrm{T}} : \Omega_Z \to \mathbb{R}^l$ 是一个已知的光滑向量值函数, $l \geqslant 1$ 是隐含层神经元的数量, $s_i(\cdot)(i = 1, 2, \cdots, l)$ 是激活函数, $\Omega_Z \subset \mathbb{R}^n$ 是逼近域; $\varepsilon(Z)$ 表示近似误差, 并且 $\|\varepsilon(Z)\|$ 小于或等于一个小的正常数 ϵ^*. 通常, 选择如下高斯函数作为激活函数:

$$s_i(Z) = \exp\Big[-\frac{\|(Z - \xi_i)\|^2}{\eta^2}\Big],$$

其中, $\eta > 0$ 和 $\xi_i \in \Omega_Z$ 分别是激活函数的宽度和中心. 理想权值 W 是当 $\|\varepsilon(Z)\|$ 对于所有 $Z \in \Omega_Z$ 达到最小值时 $\hat{W}$ 的值. 形式上, 理想权值定义如下:

$$W := \arg\min_{\hat{W} \in \mathbb{R}^l} \{ \sup_{Z \in \Omega_Z} |f(Z) - S(Z)^{\mathrm{T}} \hat{W}| \},$$

其中, $\hat{W}$ 为 W 的估计值. 注意: 回归向量 $S(Z)$ 是有界的, 即存在一个正常数 s^*, 使得

$$\|S(Z)\| \leqslant \sum_{k=0}^{\infty} 3m(k+2)^{m-1} \mathrm{e}^{-2\underline{\xi}^2 k^2/\eta^2} := s^*, \tag{2.21}$$

其中, $\underline{\xi} = 0.5 \min\limits_{i \neq j} \|\xi_i - \xi_j\|$.

径向基函数神经网络可以沿着任意有界轨迹 $Z(t) \subset \Omega_Z (t \geqslant 0)$ 逼近连续非线性函数 $f(Z(t))$, 即

$$f(Z(t)) = S_\zeta(Z(t))^{\mathrm{T}} W_\zeta + \varepsilon_\zeta(Z(t)), \tag{2.22}$$

其中, $W_\zeta = [w_{l_1}, \cdots, w_{l_\zeta}]^{\mathrm{T}}$ 是 W 的一个子向量; $\varepsilon_\zeta(Z(t)) = O(\varepsilon(Z(t)))$ 是逼近误差; $S_\zeta(Z(t)) = [s_{l_1}(Z(t)), \cdots, s_{l_\zeta}(Z(t))]^{\mathrm{T}}$ 是 $S(Z(t))$ 的一个子向量, $s_{l_i}(\cdot)(i = 1, \cdots, \zeta)$ 是其中心靠近轨迹 $Z(t)$ 的激活函数. 中心 ξ_{l_i} 接近 $Z(t)$ 意味着轨迹 $Z(t)$ 可以访问中心 ξ_{l_i} 的 ε-邻域.

引理 2.7[167] 记轨迹 $Z(t)$ 表示为周期轨迹 $Z_k(t)(k = 1, 2, \cdots, N)$ 的并集, 即 $Z(t) = Z_1(t) \cup Z_2(t) \cup \cdots \cup Z_N(t)$. 令有界集 $\mathcal{I}$ 为集合 $[0, \infty)$ 的 μ- 可测子集 (假设), 其中 T_0 是 $Z(t)$ 的周期. 那么, $S_\zeta(Z_k(t))$ 就是合作持续激励的, 即存在一个正常数 α 使得

$$\int_{\mathcal{I}} \Big[\sum_{i=1}^{N} S_\zeta(Z^k(\tau)) S_\zeta(Z^k(\tau))^{\mathrm{T}} \Big] \mathrm{d}u(\tau) \geqslant \alpha I_{l_\zeta}, \tag{2.23}$$

其中, $(\cdot)_\zeta$ 表示与接近轨迹并集 $Z(t)$ 邻域相关的项.

2.9 重要引理

引理 2.8(Young 不等式)[168] 对于 $\forall\ \iota > 0$, 下面不等式成立:

$$xy \leqslant \frac{\iota^p}{p}|x|^p + \frac{1}{q\iota^q}|y|^q, \quad (x, y) \in \mathbb{R}^2, \tag{2.24}$$

其中, 常数 $p > 1$ 和 $q > 1$, 且满足 $(p-1)(q-1) = 1$.

引理 2.9[169] (Cauchy-Schwarz 不等式) 对任意的两个向量值可积函数 $f(t) \in \mathbb{R}^n$, $g(t) \in \mathbb{R}^n$ 和任意常数 $T > 0$, 下面的不等式成立:

$$\left(\int_t^{t+T} f(\tau)^{\mathrm{T}} g(\tau) \mathrm{d}\tau \right)^2 \leqslant \int_t^{t+T} \|f(\tau)\|^2 \mathrm{d}\tau \int_t^{t+T} \|g(\tau)\|^2 \mathrm{d}\tau. \tag{2.25}$$

引理 2.10[170] 设 $f : \mathbb{R}^d \to \mathbb{R}$ 是一个可微函数, 则对任意的 x 和 x_0, 存在 $\tilde{x} = x_0 + \theta(x - x_0)$ 且 $0 < \theta < 1$, 使得 $f(x) = f(x_0) + \dfrac{\partial f}{\partial x}(\tilde{x})(x - x_0)$ 成立.

引理 2.11[9] 假设 A 和 B 是两个 $n\times n$ 半正定矩阵, 并且有相同的零子空间 $\Omega=\{x|Ax=0\}=\{x|Bx=0\}$, 则存在一个正的常数 ε 使得 $\varepsilon A\leqslant B$.

当设计反馈控制器时, 如果只能测量到系统输出, 而系统状态不可测, 通常需要估计不可用的状态以实现反馈控制. 本书采用如下高增益观测器估计系统的不可测状态.

引理 2.12[171] 考虑如下线性系统, 假设函数 $y(t)$ 和它的前 n 个导数是有界的,

$$\begin{cases}\kappa\dot{\xi}_1=\xi_2,\\ \kappa\dot{\xi}_2=\xi_3,\\ \vdots\\ \kappa\dot{\xi}_{n-1}=\xi_n,\\ \kappa\dot{\xi}_n=-b_1\xi_n-b_2\xi_{n-1}-\cdots-b_{n-1}\xi_2-\xi_1+y(t),\end{cases}\tag{2.26}$$

其中, κ 为任意小的正常数; 参数 $b_1,b_2,\cdots,b_n$ 被选择为使得多项式 $s^n+b_1s^{n-1}+\cdots+b_{n-1}s+1$ 是 Hurwitz 的. 那么, 对所有的 $t>t^*$, 存在正常数 $h_k,k=2,3,\cdots,n$ 和 t^*, 有

$$\frac{\xi_{k+1}}{\kappa^k}-y^{(k)}=-\kappa\psi^{(k+1)},\quad k=1,2,\cdots,n-1,$$
$$\left|\frac{\xi_{k+1}}{\kappa^k}-y^{(k)}\right|\leqslant\kappa h_{(k+1)},\quad k=1,2,\cdots,n-1,$$

其中, $\psi=\xi_n+b_1\xi_{n-1}+\cdots+b_{n-1}\xi_1$; $\psi^{(k)}$ 表示 ψ 的第 k 个导数, 且 $\left|\psi^{(k)}\right|\leqslant h_{(k+1)}$.

第 3 章　连续时间分布式优化算法

本章分别针对固定拓扑和时变拓扑下的连续时间分布式优化问题, 设计一种基于事件驱动的连续时间零梯度和算法, 证明该算法指数收敛于所求问题的最优解, 同时整个过程不会出现 Zeno 现象, 并进行仿真分析. 该算法依赖于状态的分布式检测的驱动条件, 即驱动条件的检测不需要实时得到邻居节点的信息, 只需要邻居节点在最新驱动时刻广播的信息.

3.1　引　　言

近年来, 分布式凸优化问题因其应用广泛吸引了越来越多研究者的关注, 如并行和分布式计算[35]、分布式估计[172]、分布式资源分配[6, 34]、分布式统计和机器学习[2].

分布式凸优化问题最初由 Nedić等[17] 提出的. 他们设计了一个由一致性项和负梯度项组成的离散时间分布式优化算法, 即所谓的分布式次梯度方法. 后来, 这个基本的算法被改进应用到更一般的网络中. 为了保证算法的渐近收敛性, 分布式次梯度算法需要选择衰减步长. 然而, 如果衰减步长变化得太快, 算法收敛速度就会很慢. 为此, 研究者提出用连续时间分布式优化算法来求解式 (1.1), 其中算法的收敛性证明借助经典的 Lyapunov 稳定性分析方法. 具体来说, 有研究者提出一种基于辅助变量的连续时间动态算法[11]. 基于这种增加辅助变量的算法思想, 研究者通过把一致性项转化成一个线性等式约束条件[10], 研究了强连通有向拓扑下的分布式优化问题. 辅助变量算法虽然摒弃了衰减步长带来的弊端, 但辅助变量的引入必然会导致通信量和计算量的增加, 进而也会加大网络资源的消耗. 为了解决衰减步长和辅助变量带来的问题, Lu 等[9] 首次提出了一类连续时间分布式优化算法——零梯度和优化算法. 在该算法下, 每个节点从自身的局部最优解出发, 节点之间相互协作, 始终保持整个网络系统沿着一个不变的零梯度和流形滑动, 从而保证了算法的渐近收敛性和指数收敛性.

注意到上面提到的算法是基于节点之间连续通信进行的, 这样必然会增加网络系统的开销. 事实上, 在离散通信策略下, 分布式优化问题的求解仍然可以获得一个期望的性能, 节点不需要连续或周期通信, 而是在有必要时或在满足预先定义的条件时才通信, 这种通信策略就是事件驱动策略. 这样, 不仅减少了大量不必要的通信, 而且使得网络带宽得到了有效地利用.

近年来, 事件驱动策略在网络化控制系统的控制问题[64, 65] 及多智能体系统的一致性问题[62,70–73,173–175] 中都得到了广泛应用. 然而, 很少有工作应用这种策略解决分布式优化问题[74, 176]. 从分析的角度看, 一个主要的原因是分布式凸优化的模型大多是非线性的, 现存的关于线性多智能体系统的事件驱动策略不能直接借鉴; 另一个原因是分布式优化问题中最终收敛的值是未知的, 这点不同于平均一致性问题. 在事件驱动分布式优化问题的相关工作中, 有研究者基于事件驱动策略研究了梯度的异步分布式优化算法, 其中目标函数对每个节点都是已知的, 将决策变量分解使得每个节点恰好掌握其中的一个分量, 然后所有节点合作找到优化问题的解. 有研究者提出了基于辅助变量的事件驱动优化算法, 并且在强连通平衡有向图下建立了算法的指数收敛性. 除此之外, 作者在文献 [75] 中提出了基于事件驱动的连续时间零梯度和算法与离散时间零梯度和算法, 并证明了算法在强连通平衡有向图算法的指数收敛性.

本章基于零梯度和优化算法以及事件驱动策略, 利用目标函数的强凸性将事件驱动策略应用到求解式 (1.1), 并将无向拓扑图推广到强连通平衡图. 基于事件驱动的分布式优化算法的最大优点在于降低了节点之间的通信, 降低了网络能源的消耗. 本章提出的算法是依赖于状态的事件驱动条件, 而且驱动条件的监测不需要邻居节点的实时状态信息. 换句话说, 驱动条件的监测不是连续的, 而是仅仅发生在离散的采样时刻, 这样进一步降低了能量消耗和网络带宽的利用. 众所周知, 在事件驱动机制中一个重要问题是系统的演化过程要排除 Zeno 现象, 即在有限的时间段内不能出现无限次的事件. 目前, 在事件驱动策略下证明多智能体系统免于 Zeno 现象仍然是一个难点. 但是, 有研究者提出了一种排除 Zeno 现象的方法, 通过在现有文献设计的驱动条件的基础上增加一个驱动条件. 本章基于上述设计思想, 借助于目标函数的强凸性, 证明了所提出的事件驱动零梯度和优化算法不会出现 Zeno 现象.

本章还通过探讨时变拓扑下基于零梯度和优化算法求解式 (1.1), 提出了一个适用于一般时变拓扑的合作连通条件, 保证了算法的指数收敛性, 此条件要求拓扑图中节点之间的连接权值是分段连续的, 并且可以不时时连通, 只要在一段时间内拓扑是连通的即可. 然后通过建立一个重要的引理, 提出了一种基于 Lyapunov 函数差分而不是微分的收敛分析方法, 从而证明了算法的指数收敛性. 最终, 基于事件驱动策略解决了时变拓扑下的分布式优化问题式 (1.1), 从而达到降低控制器的更新, 减少通信次数, 提高网络资源利用率的目的.

受文献 [73] 中驱动条件设计思想的启发, 本章给出了依赖于外部信号的指数衰减型驱动条件, 这样设计的优点在于驱动条件的检测不依赖于邻居的信息, 从而相比依赖于状态的驱动条件的设计策略[59, 71], 进一步减少了节点之间的通信次数, 降低了执行器的计算负荷. 通过建立一个重要的引理, 并基于这个引理采用一种基于 Lyapunov 函数差分而不是微分的收敛分析方法, 证明了算法的指数收敛性, 最后通过数值仿真验证本章得到的理论结果.

3.2 固定拓扑连续时间分布式优化算法

本节考虑的多智能体系统的网络拓扑是强连通平衡拓扑图, 目标是给出基于事件驱动通信的分布式优化算法来求解式 (1.1). 首先, 每个节点的局部最优函数 f_i 满足以下假设.

假设 3.1[9] 对每个节点 $i=1,2,\cdots,N$, 目标函数 f_i 是二阶连续可微的强凸函数, 凸参数为 θ_i, 并且有局部 Lipschitz 的 Hessian 矩阵 $\nabla^2 f_i(x)$.

在此假设下, 可以得出目标函数 $F(x)=\sum_{i=1}^{N} f_i(x)$ 存在唯一的最小值.

命题 3.1[9] 在假设 3.1 下, 存在唯一的最小值 $x^* \in \mathbb{R}^n$, 使得对任意的 $x \in \mathbb{R}^n$, $F(x^*) \leqslant F(x)$ 且 $\nabla F(x^*)=0$.

3.2.1 零梯度和算法

首先给出 Lu 等[9] 提出的算法:

$$\begin{cases} \dot{x}_i(t) = \varphi_i(x_i(t), x_{\mathcal{N}_i}(t); f_i, f_{\mathcal{N}_i}), \quad \forall t \geqslant 0, \forall i \in \mathcal{V}, \\ x_i(0) = \chi_i(f_i, f_{\mathcal{N}_i}), \quad \forall i \in \mathcal{V}, \end{cases} \tag{3.1}$$

其中, $\mathcal{V}$ 表示节点的集合; $\mathcal{N}_i$ 表示节点 i 的邻居集合; $x_i(t)$ 是节点 i 的状态; 代表未知最优解 x^* 的一个估计; $x_i(0)$ 是节点 i 的初始状态; $x_{\mathcal{N}_i}$ 是所有邻居的状态集向量; $f_{\mathcal{N}_i}$ 是所有邻居目标函数 $f_i(x)$ 构成的函数集; φ_i 是依赖于 $f_{\mathcal{N}_i}$ 和 f_i 的关于 $x_i(t)$ 和 $x_{\mathcal{N}_i}$ 的局部 Lipschitz 函数; $\chi_i(f_i, f_{\mathcal{N}_i})$ 表示节点 i 的初始状态的函数. 如果局部 Lipschitz 函数 φ_i 和初值 χ_i 满足如下三个条件:

$$\sum_{i\in\mathcal{V}} \nabla^2 f_i(x_i)\chi_i(f_i, f_{\mathcal{N}_i}) = 0, \quad \forall x \in \mathbb{R}^{nN}, \tag{3.2}$$

$$\sum_{i\in\mathcal{V}} x_i^{\mathrm{T}} \nabla^2 f_i(x_i)\varphi_i(x_i(t), x_{\mathcal{N}_i}(t)) < 0, \quad \forall x \in \mathbb{R}^{nN} - \mathcal{Q}, \tag{3.3}$$

$$\sum_{i\in\mathcal{V}} \nabla f_i(\chi_i(f_i, f_{\mathcal{N}_i})) = 0, \tag{3.4}$$

则称式 (3.1) 为零梯度和算法, 其中,

$$x = [x_1^{\mathrm{T}}, x_2^{\mathrm{T}}, \cdots, x_N^{\mathrm{T}}]^{\mathrm{T}},$$

$$\mathcal{Q} = \left\{[x_1^{\mathrm{T}}, x_2^{\mathrm{T}}, \cdots, x_N^{\mathrm{T}}]^{\mathrm{T}} : x_1 = x_2 = \cdots = x_N\right\}.$$

可以证明, 采用上述零梯度和算法, 在无向连通拓扑下系统所有节点的状态最终一致收敛于式 (1.1) 的最优解, 即 $\lim_{t\to\infty} x_i = x^*$. 另外, 作为一种连续时间动态优化算法, 零梯度和算法的优点在于其收敛性可以用经典的 Lyapunov 稳定性理论分析.

特别地, 在零梯度和算法的设计中, 可以令

$$\varphi_i(t) = \left(\nabla^2 f_i(x_i(t))\right)^{-1} \sum_{j\in\mathcal{N}_i} a_{ij}(x_j(t) - x_i(t)),$$

初值 $\chi_i = x_i^*$, $i \in \mathcal{V}$, 其中 x_i^* 是局部目标函数 $f_i(x)$ 的最优解, 即

$$\begin{cases} \dot{x}_i(t) = \left(\nabla^2 f_i(x_i(t))\right)^{-1} \sum\limits_{j\in\mathcal{N}_i} a_{ij}(x_j(t) - x_i(t)), \quad \forall t \geqslant 0, \\ x_i(0) = x_i^*, \quad \forall i \in \mathcal{V}. \end{cases} \tag{3.5}$$

基于式 (3.5) 中初值的设计, 式 (3.4) 自然满足, 并且这样的取法也是可行的, 原因是 x_i^* 仅依赖于 f_i, 只需每个节点在算法开始前先求解自身的凸局部最优问题 $\min_{x\in\mathbb{R}^n} f_i(x)$, 而且局部最优解是唯一的. 基于式 (3.5), 每个节点从自身的局部最优解出发, 和周围邻居相互交流信息, 相互协作始终保持整个网络系统沿着一个不变的零梯度和流形滑动.

式 (3.1) 的执行需要每个节点与它的邻居连续通信, 需要消耗网络大量的资源. 而且, 通信越多可能引起信息的丢失或破坏的机会就越大. 因此, 需尽可能地降低节点之间的通信频率.

3.2.2 基于分布式事件驱动通信的零梯度和算法

对每个节点 i 定义一个事件驱动条件, 在每个时刻节点 i 通过利用自身的状态和接收到的邻居节点的状态检测驱动条件是否满足. 如果满足, 节点 i 立即给它的邻居节点传送其当前时刻的状态, 同时利用当前时刻的状态和接收的邻居的状态更新控制律, 此时称一个事件发生了, 并且当前的时刻称为节点 i 的一个驱动时刻; 如果条件不满足, 则节点 i 不用给它的邻居节点传送当前的状态.

令 $\{t_k^i\}_{k=0}^{\infty}$ 表示节点 i 的驱动时刻, 其中初始时刻 $t_0^i=0$. 一般来说, 每个节点的驱动时刻不一定是同步的或周期的. 令 $\hat{x}_i$ 表示节点 i 最近广播的信息, 于是有

$$\hat{x}_i(t):=x_i(t_k^i),\quad t\in[t_k^i,t_{k+1}^i),$$

即 $\hat{x}_i(t)$ 在下一次驱动时刻出现前保持不变, 这样离散信号 $x_i(t_k^i)$ 转变成连续信号 $\hat{x}_i(t)$. 基于这个符号的定义, 对任意一个节点 i, 采用如下基于事件驱动通信的分布式优化算法:

$$\begin{cases}\dot{x}_i(t)=-\left(\nabla^2 f_i(x_i(t))\right)^{-1}u_i,\quad \forall t\geqslant 0,\\ x_i(0)=x_i^*,\quad \forall i\in\mathcal{V},\end{cases}\tag{3.6}$$

其中, 事件驱动优化算法控制项设计为

$$u_i(t)=\gamma\sum_{j\in\mathcal{N}_i^{\text{out}}}a_{ij}(\hat{x}_j(t)-\hat{x}_i(t)),\quad t\in[t_k^i,t_{k+1}^i),\tag{3.7}$$

其中, $\gamma>0$ 是调节收敛速度的参数; $\hat{x}_j(t)$ 表示到时刻 t 为止邻居节点 j 最近一次驱动时刻的状态; $\mathcal{N}_i^{\text{out}}$ 表示可以接收到信息的邻居的集合.

定义节点 i 的测量误差如下：

$$e_i(t)=\hat{x}_i(t)-x_i(t),\quad t\in[t_k^i,\quad t_{k+1}^i).\tag{3.8}$$

由式 (3.8), 可得

$$\hat{x}_i(t)=e_i(t)+x_i(t),\quad t\in[t_k^i,t_{k+1}^i),\tag{3.9}$$

则式 (3.7) 可表示为

$$u_i(t)=\gamma\sum_{j\in\mathcal{N}_i^{\text{out}}}a_{ij}(x_j(t)-x_i(t)+e_j(t)-e_i(t)),\quad t\in[t_k^i,t_{k+1}^i).\tag{3.10}$$

结合式 (3.6) 和式 (3.10), 可得

$$\begin{cases}\dot{x}_i(t)=-\gamma\big(\nabla^2 f_i(x_i(t))\big)^{-1}\displaystyle\sum_{j\in\mathcal{N}_i^{\text{out}}}a_{ij}\big((x_i(t)-x_j(t))+((e_i(t)-e_j(t))\big),\\ x_i(0)=x_i^*.\end{cases}\tag{3.11}$$

为了降低通信成本, 式 (3.7) 用到的是局部节点的最近广播信息 $\hat{x}_j(t), j\in\mathcal{N}_i^{\text{out}}$. 虽然节点 i 可以随时获得自身的信息 $x_i(t)$, 但式 (3.7) 仍然用其最近的广播信息 $\hat{x}_i(t)$, 这是为了保证局部函数的梯度和 $\sum_{i\in\mathcal{V}}\nabla f_i(x_i(t))$ 在系统的整个演化过程中保持不变. 具体来说, 基于这个控制信号, 有

$$\begin{aligned}&\frac{\mathrm{d}}{\mathrm{d}t}\sum_{i\in\mathcal{V}}\nabla f_i(x_i(t))\\&=\sum_{i\in\mathcal{V}}\nabla^2 f_i(x_i(t))\dot{x}_i(t)\\&=-\gamma\sum_{i\in\mathcal{V}}\sum_{j\in\mathcal{N}_i^{\text{out}}}a_{ij}\big((x_i(t)-x_j(t))+(e_i(t)-e_j(t)\big)\\&=0.\end{aligned}\tag{3.12}$$

这里利用了 $\mathcal{G}$ 是平衡图这一事实.

式 (3.6) 考虑了事件驱动策略和有向平衡图的情况. 对于式 (3.6) 来说, 式 (3.2) 仍然成立. 再由初始条件可知, 式 (3.4) 也成立. 然而, 式 (3.6) 中由于测量误差 $e(t)$ 的存在性, 式 (3.3) 不一定成立. 因此, 不能直接借鉴式 (3.1) 来分析式 (3.6).

下面给出事件驱动框架, 对任意节点 $i \in \mathcal{V}$, 设计事件驱动条件 I 和 II 如下.

$$\mathrm{I}: \|e_i(t)\|^2 > \sigma_i^2\|\hat{z}_i(t)\|^2 \quad \text{或} \quad \|e_i(t)\|^2 = \sigma_i^2\|\hat{z}_i(t)\|^2, \quad \hat{z}_i(t) \neq 0, \tag{3.13}$$

其中, 参数 $\sigma_i > 0$, 且

$$\hat{z}_i(t) = \sum_{j\in\mathcal{N}_i^{\text{out}}} a_{ij}(\hat{x}_i(t) - \hat{x}_j(t)). \tag{3.14}$$

假设 t_{last}^i 表示节点 i 发送信息给邻居的最后时刻, 如果节点 i 在某个时刻 $t \geqslant t_{\text{last}}^i$ 收到某个邻居 $j \in \mathcal{N}_i^{\text{out}}$ 发送的新的信息, 并且满足下面的条件:

$$\mathrm{II}: t < t_{\text{last}}^i + \varepsilon_i \ \ \text{且} \ \ \varepsilon_i < \frac{\sigma_i\theta_i}{\gamma}, \tag{3.15}$$

则它将立即广播它的信息. 这里 θ_i 表示局部目标函数 f_i 的凸参数.

注意到当 $\|e_i(t)\|^2 = \sigma_i^2\|\hat{z}_i(t)\|^2$, $\hat{z}_i(t) = 0$ 时, 由 $e_i(t)$ 的定义式 (3.8) 可得

$$\dot{e}_i(t) = -\dot{x}_i(t) = -\gamma(\nabla^2 f_i(x_i(t)))^{-1}\hat{z}_i(t) = 0. \tag{3.16}$$

这意味着误差保持为零, 节点的当前状态保持为最邻近驱动时刻的值, 故不需要驱动任何事件. 因此, 驱动条件 I 为式 (3.13) 的形式, 而不是 $|e_i(t)\|^2 \geqslant \sigma_i^2\|\hat{z}_i(t)\|^2$.

由式 (3.14) 可以看出, $\hat{z}_i(t)$ 的更新仅发生在节点的驱动时刻 $\{t_0^i, t_1^i, \cdots\}$ 和邻居的驱动时刻 $\cup_{j\in\mathcal{N}_i^{\text{out}}}\{t_0^j, t_1^j, \cdots\}$ 这些离散的时刻. 因此, 驱动条件式 (3.13) 的监测不是连续进行的, 而是发生在节点 i 和其邻居的离散的驱动时刻. 本算法相比于连续监测进一步节省了采样和通信, 其中 $z_i(t) = \sum_{j\in\mathcal{N}_i} a_{ij}(x_i(t) - x_j(t))$.

在本节事件驱动条件的设计过程中, 为了排除 Zeno 现象, 除了式 (3.13) 外, 额外增加了一个驱动条件式 (3.15). 这是由于式 (3.11) 的执行意味着每个节点需要使用一个合适的事件驱动通信机制与其邻居节点联系, 这种事件驱动机制中一个关键的要求是网络系统的演化过程要排除 Zeno 现象, 即在有限的时间段内不能出现无限次的通信, 增加的驱动条件式 (3.15) 在证明排除 Zeno 现象的结论时起到了非常重要的作用.

相比于连续通信的零梯度和算法, 基于事件驱动的零梯度和算法式 (3.11) 的最大优点在于节省了节点之间的通信, 减少了控制器的更新, 从而降低了网络资源的消耗, 提高了带宽的利用率. 另外, 式 (3.13) 中的临界值是依赖于节点状态和分布式检测, 不同于以往驱动条件中临界值是依赖于时间和基于外部信号.

表 3.1 给出了基于式 (3.11) 的事件驱动通信和控制器更新律的伪代码. 为了保证算法能够终止, 令 T 表示预先设定的系统的工作时间或寿命. 注意到式 (3.15) 中的参数对节点 i 来说是已知的且不需要与其他节点相互交流, 因此满足式 (3.15) 中的参数 ε_i 是有定义的.

表 3.1 基于式(3.11) 的事件驱动通信和控制器更新律的伪代码

伪代码
初始化: $t_0^i \Leftarrow 0$
1: **if** $t < T$, **节点** i **执行**
2:   **if** $\\|e_i(t)\\|^2 > \sigma_i^2\\|\hat{z}_i(t)\\|^2$ **or** $(\\|e_i(t)\\|^2 = \sigma_i^2\\|\hat{z}_i(t)\\|^2$ **and** $\hat{z}_i(t) \neq 0)$, **then**
3:     广播状态 $x_i(t)$ 且更新控制信号 $u_i(t)$
4:   **end**
5:   **if** 接收到邻居新的信息 $x_j(t)$, $j \in \mathcal{N}_i^{\text{out}}$, **then**
6:     **if** 节点 i 在过去的 ε_i 秒内广播了信息, **then**
7:       广播状态信息 $x_i(t)$
8:     **end**
9:     更新控制律 $u_i(t)$
10:   **end**
11: **end**

3.3 时变拓扑连续时间分布式优化算法

本节在时变拓扑下应用事件驱动通信的分布式零梯度和优化算法来求解式 (1.1). 首先, 假设所有局部目标函数满足假设 3.1, 由此可知命题 3.1 也是成立的.

记节点 i 的驱动时刻为 $t_0^i, t_1^i, \cdots, t_k^i, \cdots$, 为了确定事件的发生, 定义节点 i 的测量误差为

$$e_i(t) = x_i(t_k^i) - x_i(t), \quad t \in [t_k^i, t_{k+1}^i), \tag{3.17}$$

其中, $x_i(t_k^i)$ 代表节点 i 在离时刻 t 最近的驱动时刻的值.

定义节点 i 的驱动条件如下:

$$\|e_i(t)\|^2 > c\mathrm{e}^{-\alpha t}, \tag{3.18}$$

其中, 常数 $c>0$, $\alpha>0$. 于是, 节点 i 的驱动时刻定义为

$$t_{k+1}^i=\inf\left\{t>t_k^i\middle|\|e_i(t)\|^2>c\mathrm{e}^{-\alpha t}\right\}, \tag{3.19}$$

这里, $t_0^i=0$ 是初始驱动时刻. 根据上面给出的事件驱动条件, 本节设计的基于时变拓扑的事件驱动零梯度和算法如下:

$$\begin{cases}\dot{x}_i(t) &= -\gamma\Big(\nabla^2 f_i(x_i(t))\Big)^{-1}\displaystyle\sum_{j\in\mathcal{N}_i(t)}a_{ij}(t)\Big((x_i(t_k^i)-x_j(t_{k'(t)}^j)\Big),\\ x_i(0) &= x_i^*,\end{cases} \tag{3.20}$$

其中, $\gamma>0$ 是调节收敛速度的参数; $t_{k'(t)}^j:=\operatorname{argmin}\{t-t_l^j|t>t_l^j,l\in\mathbb{N}\}$ 是节点 j 到时刻 t 为止最近的驱动时刻; $a_{ij}(t)$ 是时变邻接矩阵 $\mathcal{A}(t)$ 的元素; $\mathcal{N}_i(t)$ 是节点 i 在当前时刻 t 的邻居的集合.

驱动条件式 (3.18) 的设计借鉴于文献 [73] 中提出的依赖于外部信号的驱动条件的设计思想. 该驱动条件的优点在于：不需要监测邻居节点在任何时刻的信息, 相比依赖于状态的驱动条件节省了节点之间的通信. 另外, 参数 c 和 α 的选择会影响算法的收敛性能, 这点将会在后面的定理中看到.

在 3.2 节中, 也研究了基于事件驱动通信的分布式优化问题, 不同的是, 3.2 节的算法是基于固定拓扑的, 本节是基于时变拓扑的. 虽然本节看起来像是把 3.2 节的工作从固定拓扑推广到时变拓扑, 但实际上从固定拓扑到时变拓扑的变化需要面临很多新的挑战. 例如, 用于分析 3.2 节中所提算法收敛性的 Lyapunov 函数为

$$V(x(t))=\sum_{i=1}^N(f_i(x^*)-f_i(x_i)-\nabla f_i(x_i)^{\mathrm{T}}(x^*-x_i)). \tag{3.21}$$

由式 (3.20), 得 $V(x(t))$ 的导数为

$$\begin{aligned}\dot{V}(x(t))&=\sum_{i=1}^N\gamma x_i^{\mathrm{T}}(t)\sum_{j\in\mathcal{N}_i(t)}a_{ij}(t)(x_i(t_k^i)-x_j(t_{k'(t)}^j))\\&=-\gamma x^{\mathrm{T}}(t)(\mathcal{L}(t)\otimes I_n)(x(t)+e(t)),\end{aligned} \tag{3.22}$$

其中, $\mathcal{L}(t)$ 是 t 时刻网络拓扑的拉普拉斯矩阵;

$$x(t)=[x_1(t)^{\mathrm{T}},\cdots,x_N(t)^{\mathrm{T}}]^{\mathrm{T}};$$

$$e(t)=[e_1(t)^{\mathrm{T}},\cdots,e_N(t)^{\mathrm{T}}]^{\mathrm{T}}.$$

因为拓扑是时变的, 网络在任意时刻不一定是连通的, 所以 $\mathcal{L}(t)$ 不一定只有一个零特征值, 而其余特征值为正. 因此, Lyapunov 函数将不再满足在平衡点集以外的点上都是严格单调递减的, 从而不能保证系统的状态渐近收敛于式 (1.1) 的解. 这样, 采用 Lyapunov 函数的导数的分析方法将不再有效. 基于这方面的原因, 本节将应用合作连通条件 (详见定义 3.1), 设计不依赖于状态的驱动条件, 通过提出基于 Lyapunov 函数差分的收敛分析方法来分析式 (3.20) 的收敛性.

定义 3.1 如果存在正的常数 T, η 和 ϖ, 使得无向时变拓扑对应的拉普拉斯矩阵 $\mathcal{L}(t)$ 对任意的 $t \geqslant 0$, 满足下面的条件

$$\lambda_2\left(\int_t^{t+T} \mathcal{L}(\tau)\mathrm{d}\tau\right) \geqslant \eta > 0, \tag{3.23}$$

且

$$\|\mathcal{L}(t)\| \leqslant \varpi, \tag{3.24}$$

则称时变拓扑是合作连通的. 其中, $\lambda_2\left(\int_t^{t+T} \mathcal{L}(\tau)\mathrm{d}\tau\right) > 0$ 表示矩阵 $\int_t^{t+T} \mathcal{L}(\tau)\mathrm{d}\tau$ 在时刻 t 的最小正特征值, T 称为合作连通周期.

由定义 3.1 可知, 对任意的常数 $T > 0$, 矩阵 $\int_t^{t+T} \mathcal{L}(\tau)\mathrm{d}\tau$ 仍然是相应于一个时变无向拓扑的拉普拉斯矩阵, 并且 $\int_t^{t+T} \mathcal{L}(\tau)\mathrm{d}\tau$ 仅有一个零特征值, 而其他的正特征值都不小于 η, 这就意味着 $\int_t^{t+T} \mathcal{L}(\tau)\mathrm{d}\tau$ 是一个连通图对应的拉普拉斯矩阵.

不同于以往的研究者所提出的带有依赖于时间驱动条件的事件驱动零梯度和算法[75], 其通信拓扑是固定拓扑, 本章提出的算法式 (3.20) 是基于时变拓扑的, 因此更具有实际意义.

3.4 收敛性分析

3.4.1 固定拓扑情形

本小节给出式 (3.6) 收敛性分析.

定理 3.1 如果网络拓扑是强连通平衡拓扑, 在假设 3.1 下, 考虑带有事件驱动条件式 (3.13)~ 式 (3.15) 的算法式 (3.6), 如果 $0 < \sigma_{\max} < \dfrac{\epsilon}{2}, \sigma_{\max} = \max\{\sigma_1, \sigma_2, \cdots, \sigma_N\}$, 则系统的状态渐近收敛于式 (1.1) 的最优解, 并且下面两个结论成立.

(1) 存在正数 $M_i, \underline{\theta}$ 和 Γ, 使得

$$\sum_{i=1}^{N}\|x^*-x_i\|^2 \leqslant \sum_{i=1}^{N}\frac{M_i}{\underline{\theta}}\|x^*-x_i(0)\|^2\mathrm{e}^{-\Gamma t}, \tag{3.25}$$

其中, $\underline{\theta}=\min\{\theta_1,\cdots,\theta_N\}$; θ_i 是函数 $f_i(x)$ 的凸参数; M_i 满足

$$\nabla^2 f_i(x(t)) \leqslant M_i I_n, \quad \forall x\in\mathcal{C}, i\in\mathcal{V}; \tag{3.26}$$

$$\Gamma=(\gamma\rho(\epsilon^2-4\sigma_{\max}^2))/(8\epsilon(\epsilon+\hat{\lambda}_{\max}\sigma_{\max}^2)),$$

且

$$0<\epsilon=:\sup\{\varepsilon:\varepsilon\mathcal{L}^{\mathrm{T}}\mathcal{L}\leqslant(\mathcal{L}+\mathcal{L}^{\mathrm{T}})\}, \tag{3.27}$$

其中, $\hat{\lambda}_{\max}$ 是半正定矩阵 $\mathcal{L}+\mathcal{L}^{\mathrm{T}}$ 的最大特征值; $\mathcal{L}$ 是网络拓扑图的拉普拉斯矩阵;

(2) 在任意的有限时间段, 任何节点都不会把它自己的信息发送无数次, 即算法的运行过程中不会出现 Zeno 现象.

证明 (1) 考虑如下函数:

$$V(x(t))=\sum_{i=1}^{N}\left(f_i(x^*)-f_i(x_i)-\nabla f_i(x_i)^{\mathrm{T}}(x^*-x_i)\right). \tag{3.28}$$

由假设 3.1 可知, 式 (3.28) 中的 $V(x(t))$ 是连续可微的, 且 $V(x^*)=0$. 由式 (2.14) 可得

$$f_i(x^*)-f_i(x_i)-\nabla f_i(x_i)^{\mathrm{T}}(x^*-x_i)\geqslant\frac{\theta_i}{2}\|x^*-x_i\|^2, \quad i\in\mathcal{V},$$

其中, $\theta_i>0$ 是局部目标函数 f_i 的凸参数, 则有

$$V(x(t))\geqslant\sum_{i=1}^{N}\frac{\theta_i}{2}\|x^*-x_i\|^2, \tag{3.29}$$

即 $V(x(t))\neq 0, \forall x\neq x^*$, 并且当 $x\to\infty$ 时, $V(x(t))\to\infty$. 因此, 式 (3.28) 是一个 Lyapunov 函数.

为了方便起见, 首先将式 (3.11) 改写成矩阵形式:

$$\begin{cases}\dot{x}(t)=-\gamma\left(\Lambda(x(t))\right)^{-1}(\mathcal{L}\otimes I_n)(x(t)+e(t)),\\ x(0)=x_0^*,\end{cases} \tag{3.30}$$

其中,

$$x(t)=[x_1(t)^{\mathrm{T}},\cdots,x_N(t)^{\mathrm{T}}]^{\mathrm{T}}\in\mathbb{R}^{Nn};$$

$$e(t)=[e_1(t)^{\mathrm{T}},\cdots,e_N(t)^{\mathrm{T}}]^{\mathrm{T}}\in\mathbb{R}^{Nn};$$

$$x_0^*=[x_1^{*\mathrm{T}},\cdots,x_N^{*\mathrm{T}}]^{\mathrm{T}}\in\mathbb{R}^{Nn};$$

$$\Lambda(x(t))=\mathrm{diag}\{\nabla^2 f_1(x_1(t)),\cdots,\nabla^2 f_N(x_N(t))\}\in\mathbb{R}^{Nn\times Nn}.$$

根据式 (3.30), 可得 $V(x(t))$ 的导数为

$$\begin{aligned}\dot V(x(t))=&\sum_{i=1}^N x_i^{\mathrm{T}}(t)\nabla^2 f_i(x_i(t))\dot x_i(t)\\=&-\gamma x(t)^{\mathrm{T}}(\mathcal{L}\otimes I_n)\hat x(t)\\=&-\gamma(\hat x(t)-e(t))^{\mathrm{T}}(\mathcal{L}\otimes I_n)\hat x(t)\\=&-\gamma\hat x(t)^{\mathrm{T}}(\mathcal{L}\otimes I_n)\hat x(t)+\gamma e(t)^{\mathrm{T}}(\mathcal{L}\otimes I_n)\hat x(t)\\=&-\frac{\gamma}{2}\hat x(t)^{\mathrm{T}}[(\mathcal{L}+\mathcal{L}^{\mathrm{T}})\otimes I_n]\hat x(t)+\gamma e(t)^{\mathrm{T}}(\mathcal{L}\otimes I_n)\hat x(t).\end{aligned}\tag{3.31}$$

对式 (3.31) 应用 Young 不等式 (2.24), 再根据式 (3.27), 得到

$$\gamma e(t)^{\mathrm{T}}(\mathcal{L}\otimes I_n)\hat x(t)\leqslant\frac{\gamma}{4}\hat x(t)^{\mathrm{T}}[(\mathcal{L}+\mathcal{L}^{\mathrm{T}})\otimes I_n]\hat x(t)+\frac{\gamma}{\epsilon}e^{\mathrm{T}}(t)e(t).\tag{3.32}$$

将式 (3.32) 代入式 (3.31), 得

$$\dot V(x(t))\leqslant-\frac{\gamma}{4}\hat x(t)^{\mathrm{T}}[(\mathcal{L}+\mathcal{L}^{\mathrm{T}})\otimes I_n]\hat x(t)+\frac{\gamma}{\epsilon}e^{\mathrm{T}}(t)e(t).\tag{3.33}$$

注意到, 只要驱动条件式 (3.13) 在时刻 t 得以满足, 节点 i 的一个事件就会被驱动, 并有

$$e_i(t)=x_i(t)-x_i(t)=0.$$

这样, 对任意的 $t\in[t_k^i,t_{k+1}^i)$, 驱动条件式 (3.13) 保证了下面的关系式

$$\|e_i(t)\|^2<\sigma_i^2\|\hat z_i(t)\|^2\tag{3.34}$$

或

$$\|e_i(t)\|^2=\sigma_i^2\|\hat z_i(t)\|^2,\quad \hat z_i(t)\neq 0\tag{3.35}$$

成立. 由式 (3.14)、式 (3.27)、式 (3.33) 和式 (3.34), 可得

$$\begin{aligned}\dot{V}(x(t)) \leqslant & -\frac{\gamma}{4}\hat{x}(t)^{\mathrm{T}}[(\mathcal{L}+\mathcal{L}^{\mathrm{T}})\otimes I_n]\hat{x}(t)+\frac{\gamma}{\epsilon}\|e(t)\|^2 \\ \leqslant & -\frac{\gamma}{4}\hat{x}(t)^{\mathrm{T}}[(\mathcal{L}+\mathcal{L}^{\mathrm{T}})\otimes I_n]\hat{x}(t) \\ & +\frac{\gamma\sigma_{\max}^2}{\epsilon}\hat{x}(t)^{\mathrm{T}}[(\mathcal{L}^{\mathrm{T}}\mathcal{L})\otimes I_n]\hat{x}(t) \\ \leqslant & -\frac{\gamma}{4}\hat{x}(t)^{\mathrm{T}}[(\mathcal{L}+\mathcal{L}^{\mathrm{T}})\otimes I_n]\hat{x}(t) \\ & +\frac{\gamma\sigma_{\max}^2}{\epsilon^2}\hat{x}(t)^{\mathrm{T}}[(\mathcal{L}+\mathcal{L}^{\mathrm{T}})\otimes I_n]\hat{x}(t) \\ \leqslant & -\frac{\gamma(\epsilon^2-4\sigma_{\max}^2)}{4\epsilon^2}\hat{x}^{\mathrm{T}}(t)[(\mathcal{L}+\mathcal{L}^{\mathrm{T}})\otimes I_n]\hat{x}(t)\end{aligned} \tag{3.36}$$

其中, $\sigma_{\max}=\max\{\sigma_1,\sigma_2,\cdots,\sigma_N\}$.

令 $\sigma_{\max}<\frac{\epsilon}{2}$, 则 $\dot{V}(t)\leqslant 0$. 根据引理 2.4(LaSalle 不变集原理), 有

$$\lim_{t\to\infty}\hat{x}_i(t)=\bar{x},$$

其中, $\bar{x}$ 是一个常向量. 再由式 (3.14) 得到

$$\lim_{t\to\infty}\hat{z}_i(t)=0.$$

根据式 (3.34) 和式 (3.35), 有

$$\lim_{t\to\infty}e_i(t)=0.$$

从而,

$$\lim_{t\to\infty}x_i(t)=\lim_{t\to\infty}\hat{x}_i(t)-\lim_{t\to\infty}e_i(t)=\bar{x}.$$

由式 (3.30) 满足条件式 (3.4) , 即 $\sum_{i=1}^N\nabla f_i(\bar{x})=\nabla F(\bar{x})=0$, 则 $\bar{x}=x^*$. 从而,

$$\lim_{t\to\infty}x_i(t)=x^*.$$

因此, 所有节点的状态渐近收敛于式 (1.1) 的最优解.

进一步, 对任意节点 $i\in\mathcal{V}$, 定义下面的集合

$$\mathcal{C}_i=\left\{x\in\mathbb{R}^n\,\middle|\,f_i(x^*)-f_i(x)-\nabla f_i(x)^{\mathrm{T}}(x^*-x)\leqslant V(x(0))\right\} \tag{3.37}$$

和

$$\mathcal{C} = \mathrm{conv}(\cup_{i\in\mathcal{V}}\mathcal{C}_i),$$

则由式 (3.28) 和式 (3.29) 可得, 集合 $\mathcal{C}_i$ 是有界紧集. 进而, $\mathcal{C}$ 是凸的紧集. 根据 $V(x(t))$ 的定义可得, 对 $\forall t \geqslant 0, i \in \mathcal{V}$, 有

$$x_i(t), x^* \in \mathcal{C}_i \subset \mathcal{C}.$$

根据引理 2.6, 存在正数 M_i 满足式 (3.26). 令

$$\eta(t) = \frac{1}{N}\sum_{j\in\mathcal{V}} x_j(t), \tag{3.38}$$

由式 (3.38) 和 $\mathcal{C}$ 的凸性, 可得 $\eta(t) \in \mathcal{C}$. 而且, 由命题 3.1 可知,

$$\sum_{i\in\mathcal{V}} f_i(x^*) = F(x^*) \leqslant F(\eta(t)) = \sum_{i\in\mathcal{V}} f_i(\eta(t)).$$

对 $\forall t \geqslant 0, i \in \mathcal{V}$, 有

$$\sum_{i\in\mathcal{V}} \nabla f_i(x_i(t)) = 0.$$

于是, 由式 (3.28) 得

$$V(x(t)) \leqslant \sum_{i\in\mathcal{V}} (f_i(\eta(t)) - f_i(x_i) - \nabla f_i(x_i)^{\mathrm{T}}(\eta(t) - x_i)).$$

根据式 (2.19)、式 (2.20)、式 (3.26) 和式 (3.38), 可得

$$V(x(t)) \leqslant \sum_{i\in\mathcal{V}} \frac{M_i}{2}\left\| x_i(t) - \frac{1}{N}\sum_{j\in\mathcal{V}} x_j(t)\right\|^2 = x(t)^{\mathrm{T}}(P\otimes I_n)x(t), \tag{3.39}$$

其中, $P = [P_{ij}] \in \mathbb{R}^{N\times N}$ 是如下半正定矩阵:

$$P_{ij} = \begin{cases} \left(\dfrac{1}{2} - \dfrac{1}{N}\right)M_i + \dfrac{1}{2N^2}\displaystyle\sum_{l\in\mathcal{V}} M_l, & i = j \\ -\dfrac{M_i + M_j}{2N} + \dfrac{1}{2N^2}\displaystyle\sum_{l\in\mathcal{V}} M_l, & i \neq j. \end{cases} \tag{3.40}$$

注意到 P 和 $\mathcal{L}+\mathcal{L}^{\mathrm{T}}$ 都是半正定矩阵, 并且具有相同的零子空间 $\mathrm{span}\{1_{\mathrm{N}}\}$. 根据引理 2.11, 存在正数 ρ 定义如下:

$$\rho =: \sup\{\varepsilon : \varepsilon P \leqslant (\mathcal{L}+\mathcal{L}^{\mathrm{T}})\}. \tag{3.41}$$

则由式 (3.34)、式 (3.35) 和式 (3.39), 可得

$$\begin{aligned} V(x(t)) \leqslant & \frac{1}{\rho}x(t)^{\mathrm{T}}[(\mathcal{L}+\mathcal{L}^{\mathrm{T}})\otimes I_n]x(t) \\ = & \frac{1}{\rho}(\hat{x}(t)-e(t))^{\mathrm{T}}[(\mathcal{L}+\mathcal{L}^{\mathrm{T}})\otimes I_n](\hat{x}(t)-e(t)) \\ \leqslant & \frac{2}{\rho}\hat{x}(t)^{\mathrm{T}}[(\mathcal{L}+\mathcal{L}^{\mathrm{T}})\otimes I_n]\hat{x}(t) + \frac{2}{\rho}e(t)^{\mathrm{T}}[(\mathcal{L}+\mathcal{L}^{\mathrm{T}})\otimes I_n]e(t) \\ \leqslant & \frac{2}{\rho}\hat{x}(t)^{\mathrm{T}}[(\mathcal{L}+\mathcal{L}^{\mathrm{T}})\otimes I_n]\hat{x}(t) + \frac{2\hat{\lambda}_{\max}}{\rho}e(t)^{\mathrm{T}}e(t) \\ \leqslant & \frac{2}{\rho}\hat{x}(t)^{\mathrm{T}}[(\mathcal{L}+\mathcal{L}^{\mathrm{T}})\otimes I_n]\hat{x}(t) + \frac{2\hat{\lambda}_{\max}}{\rho}\sigma_{\max}^2\|\hat{z}(t)\|^2 \\ \leqslant & \frac{2}{\rho}\left(1+\frac{\hat{\lambda}_{\max}\sigma_{\max}^2}{\epsilon}\right)\hat{x}(t)^{\mathrm{T}}[(\mathcal{L}+\mathcal{L}^{\mathrm{T}})\otimes I_n]\hat{x}(t). \end{aligned} \tag{3.42}$$

于是, 有

$$\hat{x}(t)^{\mathrm{T}}[(\mathcal{L}+\mathcal{L}^{\mathrm{T}})\otimes I_n]\hat{x}(t) \geqslant \frac{\rho\epsilon V}{2(\epsilon+\hat{\lambda}_{\max}\sigma_{\max}^2)}. \tag{3.43}$$

将式 (3.43) 代入式 (3.36), 有

$$\dot{V}(x(t)) \leqslant -\frac{\gamma\rho(\epsilon^2-4\sigma_{\max}^2)}{8\epsilon(\epsilon+\hat{\lambda}_{\max}\sigma_{\max}^2)}V(x(t)),$$

从而, 有

$$V(x(t)) \leqslant \mathrm{e}^{-\Gamma t}V(x(0)),$$

其中,

$$\Gamma = \frac{\gamma\rho(\epsilon^2-4\sigma_{\max}^2)}{8\epsilon(\epsilon+\hat{\lambda}_{\max}\sigma_{\max}^2)}$$

由式 (2.14)、式 (2.19)、式 (3.26) 和式 (3.29) , 得到

$$\sum_{i=1}^{N}\|x^*-x_i\|^2 \quad \leqslant \frac{2}{\underline{\theta}}V(x(0))\mathrm{e}^{-\Gamma t} \leqslant \sum_{i=1}^{N}\frac{M_i}{\underline{\theta}}\|x^*-x_i(0)\|^2\mathrm{e}^{-\Gamma t}, \tag{3.44}$$

其中, 对 $\forall i \in \mathcal{V}$, θ_i 是函数 $f_i(x)$ 的凸参数; $\underline{\theta} = \min\{\theta_1, \theta_2, \cdots, \theta_N\}$.

(2) 下面证明基于式 (3.11), 系统状态的演化过程不会出现 Zeno 现象, 即没有任何一个节点在有限的时间间隔内把自己的信息发送无限次.

首先证明, 如果任意节点 i 在有限的时间段内没有从邻居节点那里收到新的信息, 只要 $\hat{z}_i(t) \neq 0$, 它会以周期 $\tau_i(>0)$ 周期性地发送它的状态. 然后证明, 在有限的时间段内信息在节点之间不会被传送无限次.

假设节点 i 在时刻 $t_{k_0}^i$ 刚刚发送了它的状态, 则 $e_i(t_{k_0}^i) = 0$. 如果没有节点 i 的邻居节点在任意的时刻 $t \geqslant t_{k_0}^i$ 发送它的信息, 则 $\hat{z}_i(t)$ 保持不变. 由式 (3.8)、式 (3.11) 和式 (3.14), 可得测量误差 $e_i(t)$ 满足

$$\begin{aligned}\|e_i(t)\| &\leqslant \int_{t_{k_0}^i}^{t} \gamma\big(\nabla^2 f_i(x_i(s))\big)^{-1} \|\hat{z}_i(s)\| \mathrm{d}s \\ &= \|\hat{z}_i(t_{k_0}^i)\| \int_{t_{k_0}^i}^{t} \gamma\big(\nabla^2 f_i(x_i(s))\big)^{-1} \mathrm{d}s \\ &\leqslant \|\hat{z}_i(t_{k_0}^i)\| \frac{\gamma(t - t_{k_0}^i)}{\theta_i}. \end{aligned} \tag{3.45}$$

注意到对任意的 $t \geqslant t_{k_0}^i$, 都有 $e_i(t) = 0$. 因此, 如果 $\hat{z}_i(t_{k_0}^i) = 0$, 将不会发生任意次的信息发送. 而且, 因为假设没有 i 的邻居发送信息, 所以驱动条件式 (3.15) 是不相关的. 现在, 需要找到一个驱动条件

$$\|e_i(t)\|^2 = \sigma_i^2 \|\hat{z}_i(t)\|^2, \quad \hat{z}_i(t) \neq 0$$

发生的时刻 τ_i 的下界. 令

$$\|\hat{z}_i(t_{k_0}^i)\|^2 \frac{\gamma^2(t - t_{k_0}^i)^2}{\theta_i^2} = \sigma_i^2 \|\hat{z}_i(t_{k_0}^i)\|^2,$$

则有 $\tau_i = \dfrac{\theta_i \sigma_i}{\gamma} > 0$.

现证明在有限的时间段内信息在节点之间不能被传送无限次. 假设节点 i 在 t_0^i 发送了自己的信息, 则 $e_i(t_0^i) = 0$. 如果到时刻 $t_0^i + \varepsilon_i < t_0^i + \tau_i$ 时节点 i 都没有收到信息, 则结论成立, 这是由于 $\varepsilon_i > 0$.

如果至少存在一个邻居在时刻 $t_1 \in t_0^i + \varepsilon_i$ 发送了它的信息, 则根据驱动条件式 (3.15), 节点 i 也会在时刻 t_1 发送它的信息. 令 I 表示在时刻 t_1 发送信息的所

有节点的集合, 这里指的是这些节点是同步的. 因此, 只要任何一个节点 $k \notin I$ 不发送新信息给 I 中的任何一个节点, I 中的节点将在至少 $\min_{j\in I}\tau_j$ s 时间内不会发送新的信息. 如果 I 中的任意节点到时刻 $t_1 + \min_{j\in I}\varepsilon_j$ 没有接收到任何新的信息, 则结论成立, 这是由于 $\min_{j\in I}\varepsilon_j > 0$.

如果至少有一个节点 k 在时刻 $t_2 = t_1 + \min_{j\in I}\varepsilon_j$ 发送自己的信息给 $j \in I$, 则根据驱动条件式 (3.15), I 中所有的节点在时刻 t_2 需要广播它们的信息, 且节点 k 将会包含在集合 I 内, 不断重复这个过程。如果在有限时间内节点间有无数次通信, 就意味着有无数个节点加入到集合 I, 这是不可能的.

定理得证. □

注意到算法的收敛速度依赖于参数 γ, ρ, $\hat{\lambda}_{\max}$ 和 $\sigma_{\max}$. 具体来说, γ 和 ρ 越大, $\sigma_{\max}$ 和 $\hat{\lambda}_{\max}$ 越小, 算法收敛越快. 从式 (3.37) ~ 式 (3.41) 可以看出, ρ 依赖于 $\mathcal{L}, N, x_0$, 但和设计的参数 $\gamma, \sigma_{\max}$ 无关. 因此, 可以选择充分大的 γ, ρ 和充分小的 $\sigma_{\max}$, 同时满足 $0 < \sigma_{\max} < \epsilon/2$, 来保证充分大的收敛速度.

然而, γ 越大或 $\sigma_{\max}$ 越小, 都可能引起执行器频繁地更新. 换句话说, 节点之间的通信次数会随之增加. 因此, 关于参数的选择, 需要在算法的性能和控制器更新频率之间, 根据系统实际的需求来确定更侧重于哪一方面.

在下一节的数值仿真中, 将通过 γ 的不同取值, 给出收敛误差和通信次数的变化规律.

3.4.2 时变拓扑情形

下面的引理在证明式 (3.20) 的收敛性时起到了重要的作用.

引理 3.1 假设对 $t_0 \geqslant 0$, $\varphi(t) : [t_0, +\infty) \to [0, +\infty)$ 是非负函数, 如果存在正的常数 T, ν, μ 和 $0 < \kappa < 1$, 使得对 $t \in [t_0, +\infty)$, 有

$$\varphi(t) \leqslant \nu, \quad t \in [t_0, t_0 + T], \tag{3.46}$$

$$\varphi(t+T) \leqslant \kappa\varphi(t) + \mu \mathrm{e}^{-\sigma t}, \quad \sigma \in \left(0, -\frac{\ln\kappa}{T}\right), \tag{3.47}$$

则

$$\varphi(t) \leqslant \xi_1 \mathrm{e}^{-\beta t} + \xi_2 \mathrm{e}^{-\sigma t}, \tag{3.48}$$

其中, $\xi_1 := \dfrac{\nu}{\kappa}\mathrm{e}^{\beta t_0}$; $\xi_2 := \dfrac{\mu \mathrm{e}^{\sigma T}}{1-\kappa \mathrm{e}^{\sigma T}}$.

证明 对任意的 $t \geqslant t_0$, 令 M 是满足

$$t_0 + (M-1)T \leqslant t \leqslant t_0 + MT$$

的正常数. 下面分两种情况证明.

(1) 当 $t \geqslant t_0 + T$ 时, 根据式 (3.47), 得

$$\begin{aligned}\varphi(t) &\leqslant \kappa\varphi(t-T) + \mu \mathrm{e}^{-\sigma(t-T)}\\ &\leqslant \kappa^2\varphi(t-2T) + \kappa\mu \mathrm{e}^{-\sigma(t-2T)} + \mu \mathrm{e}^{-\sigma(t-T)}\\ &\;\;\vdots\\ &\leqslant \kappa^{M-1}\varphi(t-(M-1)T) + \kappa^{M-2}\mu \mathrm{e}^{-\sigma(t-(M-1)T)}\\ &\quad + \kappa^{M-3}\mu \mathrm{e}^{-\sigma(t-(M-2)T)} + \cdots + \kappa\mu \mathrm{e}^{-\sigma(t-2T)} + \mu \mathrm{e}^{-\sigma(t-T)}\\ &\leqslant \kappa^{M-1}\varphi(t-(M-1)T) + [\kappa^{M-2}\mathrm{e}^{(M-1)\sigma T}\\ &\quad + \cdots + \kappa \mathrm{e}^{2\sigma T} + \mathrm{e}^{\sigma T}]\mu \mathrm{e}^{-\sigma t}.\end{aligned} \tag{3.49}$$

由 $t_0 + MT \geqslant t$, 得 $M \geqslant \dfrac{t-t_0}{T}$ 和 $t-(M-1)T \in [t_0, t_0+T]$. 再根据式 (3.46), 有

$$\begin{aligned}\kappa^{M-1}\varphi(t-(M-1)T) &\leqslant \frac{\nu}{\kappa}\kappa^{\frac{t-t_0}{T}}\\ &= \frac{\nu}{\kappa}\mathrm{e}^{-(-\frac{\ln\kappa}{T})(t-t_0)}\\ &= \frac{\nu}{\kappa}\mathrm{e}^{-\beta(t-t_0)},\end{aligned} \tag{3.50}$$

其中, $\beta = -\dfrac{\ln\kappa}{T}$. 由 $0 < \sigma < -\dfrac{\ln\kappa}{T}$, 可得 $\kappa \mathrm{e}^{\sigma T} < 1$. 从而, 有

$$\begin{aligned}&[\kappa^{M-2}\mathrm{e}^{(M-1)\sigma T} + \cdots + \kappa \mathrm{e}^{2\sigma T} + \mathrm{e}^{\sigma T}]\mu \mathrm{e}^{-\sigma t}\\ &\leqslant \mu e^{-\sigma t}\frac{\mathrm{e}^{\sigma T}(1-(\kappa \mathrm{e}^{\sigma T})^{M-1})}{1-\kappa \mathrm{e}^{\sigma T}}\\ &\leqslant \frac{\mu \mathrm{e}^{\sigma T}}{1-\kappa \mathrm{e}^{\sigma T}}\mathrm{e}^{-\sigma t}.\end{aligned} \tag{3.51}$$

将式 (3.50) 和式 (3.51) 代入式 (3.49), 得

$$\varphi(t) \leqslant \frac{\nu}{\kappa}\mathrm{e}^{\beta t_0}\mathrm{e}^{-\beta t} + \frac{\mu \mathrm{e}^{\sigma T}}{1-\kappa \mathrm{e}^{\sigma T}}\mathrm{e}^{-\sigma t}. \tag{3.52}$$

(2) 当 $t_0 \leqslant t \leqslant t_0+T$ 时, 容易得到

$$\varphi(t) \leqslant \nu \leqslant \nu e^{\beta t} e^{-\beta t} \leqslant \nu e^{\beta(t_0+T)} e^{-\beta t}. \tag{3.53}$$

令 $\xi_1 := \frac{\nu}{\kappa} e^{\beta t_0}$, $\xi_2 := \frac{\mu e^{\sigma T}}{1-\kappa e^{\sigma T}}$. 由式 (3.52) 和式 (3.53), 可得

$$\varphi(t) \leqslant \xi_1 e^{-\beta t} + \xi_2 e^{-\sigma t}. \tag{3.54}$$

引理得证. □

本节在证明式 (3.20) 的收敛性时, 仍然考虑如下函数:

$$V(x(t))=\sum_{i=1}^{N}\left(f_i(x^*)-f_i(x_i)-\nabla f_i(x_i)^{\mathrm{T}}(x^*-x_i)\right). \tag{3.55}$$

显然, 式 (3.55) 在时变拓扑下仍然是有定义的, 是合格的 Lyapunov 函数, 并且

$$V(x(t)) \geqslant \sum_{i=1}^{N} \frac{\theta_i}{2}\|x^*-x_i\|^2. \tag{3.56}$$

同样, 对 $\forall i \in \mathcal{V}$, 进一步定义

$$\mathcal{C}_i=\left\{x\in\mathbb{R}^n \middle| f_i(x^*)-f_i(x)-\nabla f_i(x)^{\mathrm{T}}(x^*-x)\leqslant V(x(0))+\frac{\gamma\varpi Nc}{2\alpha}\right\} \tag{3.57}$$

和

$$\mathcal{C}=\operatorname{conv}(\cup_{i\in\mathcal{V}}\mathcal{C}_i).$$

由固定拓扑系统的讨论可知, $\mathcal{C}_i$ 是有界的闭集, $\mathcal{C}$ 是凸的紧集, 且对 $\forall t \geqslant 0$, $i \in \mathcal{V}$, $x_i(t),\ x^* \in \mathcal{C}_i \subset \mathcal{C}$.

同样, 由引理 2.6 进一步可得, 存在正的常数 M_i, 使得

$$\nabla^2 f_i(x_i(t)) \leqslant M_i I_n,\ \forall x \in \mathcal{C}. \tag{3.58}$$

借鉴式 (3.39) 的推导过程, 可得

$$\begin{aligned} V(x(t)) &\leqslant \sum_{i\in\mathcal{V}} \frac{M_i}{2}\left\|x_i(t)-\frac{1}{N}\sum_{j\in\mathcal{V}}x_j(t)\right\|^2 \\ &= x(t)^{\mathrm{T}}(P\otimes I_n)x(t), \end{aligned} \tag{3.59}$$

其中, $P=[P_{ij}]\in\mathbb{R}^{N\times N}$ 是具有下面形式的半正定矩阵:

$$P_{ij}=\begin{cases}\left(\dfrac{1}{2}-\dfrac{1}{N}\right)M_i+\dfrac{1}{2N^2}\displaystyle\sum_{l\in\mathcal{V}}M_l, & i=j,\\ -\dfrac{M_i+M_j}{2N}+\dfrac{1}{2N^2}\displaystyle\sum_{l\in\mathcal{V}}M_l, & i\neq j.\end{cases}\tag{3.60}$$

不难验证, P 是半正定矩阵, 并且存在一个零特征值, 其余 $N-1$ 个特征值大于零, 而且, P 的零子空间为 $\mathrm{span}\{1_N\}$.

下面的定理给出了式 (3.20) 的收敛性结果.

定理 3.2 若多智能体网络拓扑是时变的, 考虑带有事件驱动条件式 (3.18) 的时变拓扑零梯度和算法式 (3.20), 假设网络拓扑满足周期为 $T(>0)$ 的合作连通条件, 则存在正的常数 ξ_1, ξ_2, β, 且 $\alpha\in(0,\beta)$, 使得闭环系统的状态指数收敛于式 (1.1) 的最优解 x^*, 且整个过程不存在 Zeno 现象.

证明 为证明方便, 改写式 (3.20) 为矩阵形式:

$$\begin{cases}\dot{x}(t)=-\gamma\left(\Lambda(x(t))\right)^{-1}(\mathcal{L}(t)\otimes I_n)(x(t)+e(t)),\\ x(0)=x_0^*,\end{cases}\tag{3.61}$$

其中, γ 是可以调节收敛速度的参数, 其他紧凑形式的符号定义如下:

$$\begin{aligned}x(t)&=[x_1(t)^{\mathrm{T}},\cdots,x_N(t)^{\mathrm{T}}]^{\mathrm{T}}\in\mathbb{R}^{Nn},\\ e(t)&=[e_1(t)^{\mathrm{T}},\cdots,e_N(t)^{\mathrm{T}}]^{\mathrm{T}}\in\mathbb{R}^{Nn},\\ x_0^*&=[x_1^{*\mathrm{T}},\cdots,x_N^{*\mathrm{T}}]^{\mathrm{T}}\in\mathbb{R}^{Nn},\\ \Lambda(x(t))&=\mathrm{diag}\{\nabla^2 f_1(x_1(t)),\cdots,\nabla^2 f_N(x_N(t))\}\in\mathbb{R}^{Nn\times Nn}.\end{aligned}$$

根据式 (3.61) 和式 (3.55) 中定义的 $V(x(t))$ 的导数为

$$\begin{aligned}\dot{V}(x(t))&=\sum_{i=1}^{N}x_i^{\mathrm{T}}(t)\nabla^2 f_i(x_i(t))\dot{x}_i(t)\\ &=-\gamma x(t)^{\mathrm{T}}(\mathcal{L}(t)\otimes I_n)(x(t)+e(t)).\end{aligned}\tag{3.62}$$

应用 Young 不等式 (2.24), 可得

$$\begin{aligned}&x(t)^{\mathrm{T}}(\mathcal{L}(t)\otimes I_n)e(t)\\ \leqslant&\frac{1}{2}x(t)^{\mathrm{T}}(\mathcal{L}(t)\otimes I_n)x(t)+\frac{1}{2}e(t)^{\mathrm{T}}(\mathcal{L}(t)\otimes I_n)e(t).\end{aligned}\tag{3.63}$$

于是, 有

$$\dot{V}(x(t)) \leqslant -\frac{\gamma}{2}x(t)^{\mathrm{T}}(\mathcal{L}(t)\otimes I_n)x(t)+\frac{\gamma}{2}e(t)^{\mathrm{T}}(\mathcal{L}(t)\otimes I_n)e(t). \tag{3.64}$$

由于网络是合作连通的, 由定义 3.1 可得, 存在正的常数 ϖ, 使得

$$\|\mathcal{L}(t)\| \leqslant \varpi, \quad \forall t \geqslant 0.$$

再由驱动条件式 (3.18), 可得

$$\begin{aligned}\dot{V}(x(t)) &\leqslant -\frac{\gamma}{2}x(t)^{\mathrm{T}}(\mathcal{L}(t)\otimes I_n)x(t)+\frac{\gamma\varpi}{2}e(t)^{\mathrm{T}}e(t)\\ &\leqslant -\frac{\gamma}{2}x(t)^{\mathrm{T}}(\mathcal{L}(t)\otimes I_n)x(t)+\frac{\gamma\varpi Nc}{2}\mathrm{e}^{-\alpha t}.\end{aligned} \tag{3.65}$$

对式 (3.65) 的两边从 t 到 $t+T$ 积分, 可得

$$\begin{aligned}&V(x(t+T))-V(x(t))\\ \leqslant& -\frac{\gamma}{2}\int_t^{t+T}\left\|(\mathcal{L}^{\frac{1}{2}}(\tau)\otimes I_n)x(\tau)\right\|^2\mathrm{d}\tau\\ &+\frac{\gamma\varpi Nc}{2\alpha}(\mathrm{e}^{-\alpha t}-\mathrm{e}^{-\alpha(t+T)}),\end{aligned} \tag{3.66}$$

其中, $\mathcal{L}^{\frac{1}{2}}(t)$ 是分解半正定矩阵 $\mathcal{L}(t)$ 得到的. 对式 (3.61) 的两边从 t 到 τ 积分, 得

$$x(\tau)=x(t)-\gamma\int_t^{\tau}(\Lambda(x(s))^{-1}(\mathcal{L}(s)\otimes I_n)(x(s)+e(s))\mathrm{d}s. \tag{3.67}$$

将式 (3.67) 代入式 (3.66) 中, 可得

$$\begin{aligned}&V(x(t+T))-V(x(t))\\ \leqslant& -\frac{\gamma}{2}\int_t^{t+T}\left\|(\mathcal{L}^{\frac{1}{2}}(\tau)\otimes I_n)\Big(x(t)-\gamma\int_t^{\tau}(\Lambda(x(s))^{-1}(\mathcal{L}(s)\otimes I_n)\right.\\ &\left.\times(x(s)+e(s))\mathrm{d}s\Big)\right\|^2\mathrm{d}\tau+\frac{\gamma\varpi Nc}{2\alpha}(\mathrm{e}^{-\alpha t}-\mathrm{e}^{-\alpha(t+T)}).\end{aligned} \tag{3.68}$$

对 $\forall\theta>0$, 令

$$\begin{aligned}a&=(\mathcal{L}^{\frac{1}{2}}(\tau)\otimes I_n)x(t),\\ b&=-(\mathcal{L}^{\frac{1}{2}}(\tau)\otimes I_n)\gamma\int_t^{\tau}(\Lambda(x(s))^{-1}(\mathcal{L}(s)\otimes I_n)(x(s)+e(s))\mathrm{d}s.\end{aligned}$$

对式 (3.68) 应用引理 2.9 中的 Cauchy-Schwarz 不等式 (2.25), 可得

$$
\begin{aligned}
&V(x(t+T))-V(x(t))\\
&\leqslant -\frac{\gamma\theta}{2(1+\theta)}\int_t^{t+T}\left\|(\mathcal{L}^{\frac{1}{2}}(\tau)\otimes I_n)x(t)\right\|^2\mathrm{d}\tau+\frac{\theta\gamma^3}{2}\int_t^{t+T}\Big\|\\
&(\mathcal{L}^{\frac{1}{2}}(\tau)\otimes I_n)\int_t^{\tau}(\Lambda(x(s))^{-1}(\mathcal{L}(s)\otimes I_n)(x(s)+e(s))\mathrm{d}s\Big\|^2\mathrm{d}\tau\\
&+\frac{\gamma\varpi Nc}{2\alpha}(\mathrm{e}^{-\alpha t}-\mathrm{e}^{-\alpha(t+T)})\\
&\leqslant -\frac{\gamma\theta}{2(1+\theta)}x^{\mathrm{T}}(t)\Big[\int_t^{t+T}(\mathcal{L}(\tau)\otimes I_n)\mathrm{d}\tau\Big]x(t)+\frac{\theta\gamma^3}{2}\int_t^{t+T}\Big\|\\
&(\mathcal{L}^{\frac{1}{2}}(\tau)\otimes I_n)\int_t^{\tau}(\Lambda(x(s))^{-1}(\mathcal{L}(s)\otimes I_n)(x(s)+e(s))\mathrm{d}s\Big\|^2\mathrm{d}\tau\\
&+\frac{\gamma\varpi Nc}{2\alpha}(\mathrm{e}^{-\alpha t}-\mathrm{e}^{-\alpha(t+T)}).
\end{aligned}\tag{3.69}
$$

由于网络拓扑是合作连通的, 再结合式 (3.59), 可得

$$
-x^{\mathrm{T}}(t)\left[\int_t^{t+T}(\mathcal{L}(\tau)\otimes I_n)\mathrm{d}\tau\right]x(t)\leqslant -\xi V(t).\tag{3.70}
$$

将式 (3.70) 代入式 (3.69) 中, 可得

$$
\begin{aligned}
&V(x(t+T))-V(x(t))\\
&\leqslant -\frac{\gamma\theta\xi}{2(1+\theta)}V(t)+\frac{\theta\gamma^3\varpi T}{2\alpha\underline{\theta}}\int_t^{t+T}\Big\|\int_t^{\tau}(\mathcal{L}(s)\otimes I_n)(x(s)+e(s))\mathrm{d}s\Big\|^2\mathrm{d}\tau\\
&+\frac{\gamma\varpi Nc}{2\alpha}(\mathrm{e}^{-\alpha t}-\mathrm{e}^{-\alpha(t+T)})\\
&\leqslant -\frac{\gamma\theta\xi}{2(1+\theta)}V(t)+\frac{\theta\gamma^3\varpi T}{2\alpha\underline{\theta}}\int_t^{t+T}\int_t^{\tau}\left\|(\mathcal{L}(s)\otimes I_n)(x(s)+e(s))\right\|^2\mathrm{d}s\mathrm{d}\tau\\
&+\frac{\gamma\varpi Nc}{2\alpha}(\mathrm{e}^{-\alpha t}-\mathrm{e}^{-\alpha(t+T)}),
\end{aligned}
$$

其中, $\underline{\theta}=\min\{\theta_1,\cdots,\theta_N\}$; θ_i 是函数 f_i 的凸参数.

对 $\left(\int_t^{\tau}\|(\mathcal{L}(s)\otimes I_n)(x(s)+e(s))\|\mathrm{d}s\right)^2$, 应用引理 2.9 中的 Cauchy-Schwarz 不

等式 (2.25), 可得

$$
\begin{aligned}
&V(x(t+T))-V(x(t)) \\
\leqslant & -\frac{\gamma\theta\xi}{2(1+\theta)}V(t)+\frac{\gamma\varpi Nc}{2\alpha}(\mathrm{e}^{-\alpha t}-\mathrm{e}^{-\alpha(t+T)}) \\
& +\frac{\theta\gamma^3\varpi T^2}{2\alpha\underline{\theta}}\int_t^{t+T}\int_t^{t+T}\left\|(\mathcal{L}(s)\otimes I_n)\times(x(s)+e(s))\right\|^2\mathrm{d}s\mathrm{d}\tau.
\end{aligned}
\tag{3.71}
$$

改变式 (3.71) 右边最后一项的积分顺序, 利用关系式 $\tau\leqslant t+T$ 和驱动条件式 (3.18), 可得

$$
\begin{aligned}
&V(x(t+T))-V(x(t)) \\
\leqslant & -\frac{\gamma\theta\xi}{2(1+\theta)}V(t)+\frac{\gamma\varpi Nc}{2\alpha}(\mathrm{e}^{-\alpha t}-\mathrm{e}^{-\alpha(t+T)}) \\
& +\frac{\theta\gamma^3\varpi T^3}{2\underline{\theta}}\int_t^{t+T}\left\|(\mathcal{L}(\tau)\otimes I_n)(x(\tau)+e(\tau))\right\|^2\mathrm{d}\tau \\
\leqslant & -\frac{\gamma\theta\xi}{2(1+\theta)}V(t)+\frac{\gamma\varpi Nc}{2\alpha}(\mathrm{e}^{-\alpha t}-\mathrm{e}^{-\alpha(t+T)}) \\
& +\frac{\theta\gamma^3\varpi T^3}{2\underline{\theta}}\int_t^{t+T}\left\|\mathcal{L}^{\frac{1}{2}}(\tau)\right\|^2\left\|(\mathcal{L}^{\frac{1}{2}}(\tau)\otimes I_n)(x(\tau)+e(\tau))\right\|^2\mathrm{d}\tau \\
\leqslant & -\frac{\gamma\theta\xi}{2(1+\theta)}V(t)+\frac{\gamma\varpi Nc}{2\alpha}(\mathrm{e}^{-\alpha t}-\mathrm{e}^{-\alpha(t+T)}) \\
& +\frac{\theta\gamma^3\varpi^2 T^3}{2\underline{\theta}}\int_t^{t+T}\left\|(\mathcal{L}^{\frac{1}{2}}(\tau)\otimes I_n)x(\tau)\right\|^2\mathrm{d}\tau \\
& +\frac{\theta\gamma^3\varpi^2 T^3}{2\underline{\theta}}\int_t^{t+T}\left\|(\mathcal{L}^{\frac{1}{2}}(\tau)\otimes I_n)e(\tau)\right\|^2\mathrm{d}\tau \\
\leqslant & -\frac{\gamma\theta\xi}{2(1+\theta)}V(t)+\frac{\theta\gamma^3\varpi^2 T^3}{2\underline{\theta}}\int_t^{t+T}\left\|(\mathcal{L}^{\frac{1}{2}}(\tau)\otimes I_n)x(\tau)\right\|^2\mathrm{d}\tau \\
& +\frac{\theta\gamma^2\varpi^4 T^3 Nc+\gamma\underline{\theta}\alpha\varpi Nc}{2\underline{\theta}\alpha^2}(\mathrm{e}^{-\alpha t}-\mathrm{e}^{-\alpha(t+T)}).
\end{aligned}
\tag{3.72}
$$

由式 (3.66), 得

$$
\begin{aligned}
&\int_t^{t+T}\left\|(\mathcal{L}^{\frac{1}{2}}(\tau)\otimes I_n)x(\tau)\right\|^2\mathrm{d}\tau \\
\leqslant & \frac{2}{\gamma}(V(x(t))-V(x(t+T)))+\frac{\varpi Nc}{\alpha}(\mathrm{e}^{-\alpha t}-\mathrm{e}^{-\alpha(t+T)}).
\end{aligned}
\tag{3.73}
$$

将式 (3.73) 代入式 (3.72) 中, 得

$$\begin{aligned}&V(x(t+T))-V(x(t))\\ \leqslant&-\frac{\gamma\theta\xi}{2(1+\theta)}V(t)+\frac{\theta\gamma^2\varpi^2T^3}{\underline{\theta}}(V(x(t))-V(x(t+T))\\ &+\frac{\theta\gamma^2\varpi^4T^3Nc+(\gamma+2)\underline{\theta}\alpha\varpi Nc}{2\underline{\theta}\alpha^2}\times(\mathrm{e}^{-\alpha t}-\mathrm{e}^{-\alpha(t+T)}).\end{aligned}\tag{3.74}$$

从而, 有

$$V(x(t+T))\leqslant\kappa_1V(x(t))+\kappa_2\mathrm{e}^{-\alpha t},\tag{3.75}$$

其中,

$$\begin{aligned}\kappa_1&=1-\frac{\gamma\theta\xi\alpha\underline{\theta}}{2(1+\theta)(\underline{\theta}+\theta\gamma^2\varpi^2T^3)},\\ \kappa_2&=\frac{2\theta\gamma^2\varpi^4T^3Nc+(\gamma+2)\alpha\varpi Nc\underline{\theta}}{2\underline{\theta}\alpha^2}.\end{aligned}$$

令 $\theta=\dfrac{\xi\underline{\theta}}{2\gamma\varpi^2T^3}$, 有

$$\kappa_1=1-\frac{\gamma\xi^2\alpha^2\underline{\theta}^4}{4\gamma\varpi^2T^2\alpha\underline{\theta}^2+2\gamma^2\xi\alpha\underline{\theta}^2\varpi^2T^2+2\xi\alpha^2\underline{\theta}^4+\gamma\xi^2\alpha^2\underline{\theta}^4}\in(0,1).$$

进一步, 由式 (3.65), 得

$$V(x(t))\leqslant V(x(0))+\frac{\gamma\varpi Nc}{2\alpha},\quad t\in[0,T).$$

如果选取 $\alpha\in(0,\beta)$, 再根据引理 3.1, 可得

$$V(x(t))\leqslant\xi_1\mathrm{e}^{-\beta t}+\xi_2\mathrm{e}^{-\alpha t},$$

其中,

$$\begin{aligned}\beta&=-\frac{\ln\kappa_1}{T}>0,\\ \xi_1&=\frac{2\alpha V(0)+\gamma\varpi Nc}{2\kappa_1\alpha}>0,\\ \xi_2&=\frac{\kappa_2\mathrm{e}^{\alpha T}}{1-\kappa_1\mathrm{e}^{\alpha T}}>0.\end{aligned}$$

结合式 (3.56), 得

$$\sum_{i=1}^{N}\frac{\theta_i}{2}\|x^*-x_i\|^2\leqslant \xi_1\mathrm{e}^{-\beta t}+\xi_2\mathrm{e}^{-\alpha t}. \tag{3.76}$$

注意到 $e(t_k^i)=0$, 并且由式 (3.17) 和式 (3.61), 可得误差 $\|e_i(t)\|$ 满足

$$\begin{aligned}\|e_i(t)\|\leqslant&\int_{t_k^i}^{t}\|\dot{x}_i(\tau)\|\mathrm{d}\tau\\ \leqslant&\int_{t_k^i}^{t}\gamma\big\|\left(\Lambda(x(\tau))\right)^{-1}(\mathcal{L}(\tau)\otimes I_n)(x(\tau)+e(\tau))\big\|\mathrm{d}\tau\\ \leqslant&\frac{\gamma\varpi}{\underline{\theta}}\int_{t_k^i}^{t}\left[\big\|x(\tau)-1_N\otimes x^*\big\|+\big\|e(\tau)\big\|\right]\mathrm{d}\tau.\end{aligned} \tag{3.77}$$

根据式 (3.76) 和驱动条件式 (3.18), 可得

$$\begin{aligned}&\big\|x(t)-1_N\otimes x^*\big\|+\big\|e(t)\big\|\\ \leqslant&\sqrt{\frac{2\xi_1}{\underline{\theta}}}\mathrm{e}^{-\frac{\beta}{2}t}+\left(\sqrt{\frac{2\xi_2}{\underline{\theta}}}+\sqrt{Nc}\right)\mathrm{e}^{-\frac{\alpha}{2}t}\\ \leqslant&\left(\sqrt{\frac{2\xi_1}{\underline{\theta}}}+\sqrt{\frac{2\xi_2}{\underline{\theta}}}+\sqrt{Nc}\right)\mathrm{e}^{-\frac{\alpha}{2}t_k^i}.\end{aligned} \tag{3.78}$$

将式 (3.78) 代入式 (3.77) 中, 可得

$$\|e_i(t)\|\leqslant\frac{\gamma\varpi}{\underline{\theta}}\left(\sqrt{\frac{2\xi_1}{\underline{\theta}}}+\sqrt{\frac{2\xi_2}{\underline{\theta}}}+\sqrt{Nc}\right)\mathrm{e}^{-\frac{\alpha}{2}t_k^i}(t-t_k^i). \tag{3.79}$$

因为下一个事件不会在满足 $\|e_i(t)\|=c^{\frac{1}{2}}\mathrm{e}^{-\frac{\alpha}{2}t}$ 条件之前发生, 所以驱动时刻间隔的一个下界 $\tau=t-t_k^i$ 可以通过求解下面的微分方程

$$\frac{\gamma\varpi}{\underline{\theta}}\left(\sqrt{\frac{2\xi_1}{\underline{\theta}}}+\sqrt{\frac{2\xi_2}{\underline{\theta}}}+\sqrt{Nc}\right)\tau=c^{\frac{1}{2}}\mathrm{e}^{-\frac{\alpha}{2}\tau} \tag{3.80}$$

得到. 显然, 式 (3.80) 中的 τ 严格大于零. 因此, Zeno 现象自然被排除掉.

定理得证. □

从式 (3.76) 可以看出, 算法的收敛速度依赖于参数 β 和 α. 这些参数的选择又进一步可以通过参数 ξ, γ, ϖ, T 和 $\underline{\theta}$ 的选择来确定, 且要满足约束条件 $\kappa_1\in(0,1)$

和 $\alpha \in (0,\beta)$. 由证明过程可以看到, 参数 ξ 与 $\mathcal{L}(t), N, x_0, M_i, \eta$ 和 c 有关, 但与参数 γ, T 无关. 另外, γ 是调节收敛速度的参数. 一般来说, 越大的 γ 可以导致越快的收敛速度.

3.5 数 值 仿 真

3.5.1 固定拓扑情形

本小节通过一个仿真例子来验证定理 3.1 中的理论结果. 考虑由 5 个节点组成的网络, 假设节点 i 的局部目标函数是

$$f_i(x) = (x-i)^4 + 8i(x-i)^2, \quad i = 1, 2, 3, 4, 5.$$

显然, 所有节点的局部目标函数 $f_i(x)$ 满足假设 3.1. 并且, 对节点 1, 2, 3, 4, 5, 局部目标函数 $f_i(x)$ 的最优解分别在 1, 2, 3, 4, 5 获得. 这样, 系统状态的初始条件设为 $x_0 = [1,2,3,4,5]^{\mathrm{T}}$.

本小节的目标是求解如下全局最优问题:

$$\min \sum_{i=1}^{5} f_i(x). \tag{3.81}$$

经过简单计算, 可得以上问题的最优解为 $x^* = 3.4397$.

例 3.1 给定带有 5 个节点的网络拓扑图 $\mathcal{G}$, 如图 3.1 所示, 对应的邻接矩阵和拉普拉斯矩阵分别是

$$\mathcal{A} = \begin{bmatrix} 0 & 1 & 0 & 0 & 0 \\ 0 & 0 & 1 & 0 & 0 \\ 0 & 0 & 0 & 1 & 0 \\ 0 & 0 & 0 & 0 & 1 \\ 1 & 0 & 0 & 0 & 0 \end{bmatrix}, \quad \mathcal{L} = \begin{bmatrix} 1 & -1 & 0 & 0 & 0 \\ 0 & 1 & -1 & 0 & 0 \\ 0 & 0 & 1 & -1 & 0 \\ 0 & 0 & 0 & 1 & -1 \\ -1 & 0 & 0 & 0 & 1 \end{bmatrix}.$$

下面应用带有驱动条件式 (3.13)～ 式 (3.15) 的算法式 (3.6) 求解式 (3.81). 在仿真中, 各设计参数选择为 $\sigma_1^2 = 0.057, \sigma_2^2 = 0.067, \sigma_3^2 = 0.085, \sigma_4^2 = \sigma_5^2 = 0.075, \varepsilon_1 = 0.0038,$

$\varepsilon_2 = 0.0041, \varepsilon_3 = 0.0042, \varepsilon_4 = 0.0039, \varepsilon_5 = 0.004, \theta_i = 16,\ i = 1,2,3,4,5$. 仿真结果分别如图 3.2～图 3.15 所示.

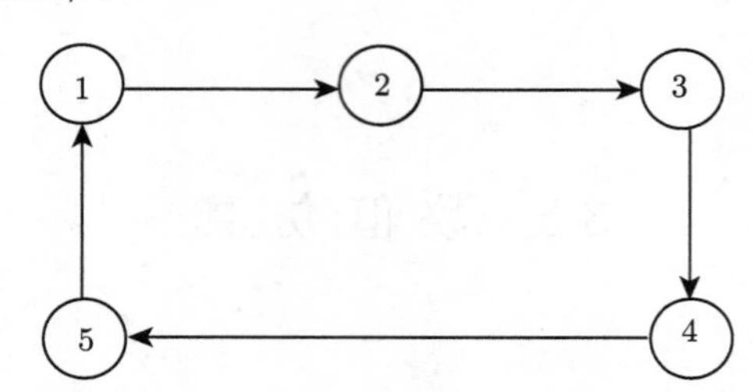

图 3.1　带有 5 个节点的网络拓扑图 $\mathcal{G}$

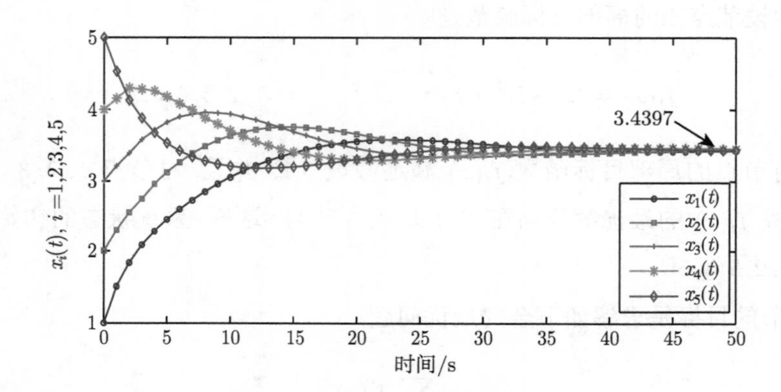

图 3.2　各节点状态的轨迹

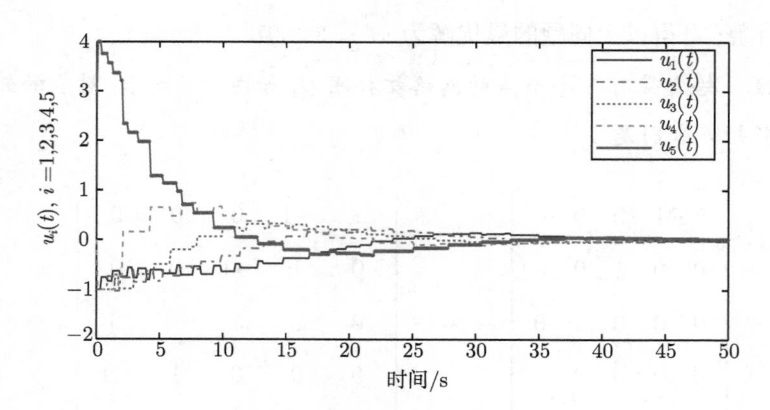

图 3.3　各节点的控制输入

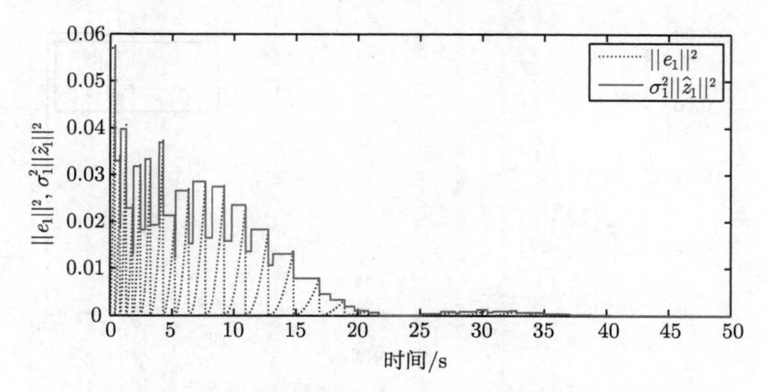

图 3.4 状态误差函数 $\|e_1\|^2$ 和临界值 $\sigma_1^2\|\hat{z}_1\|^2$ 的轨迹

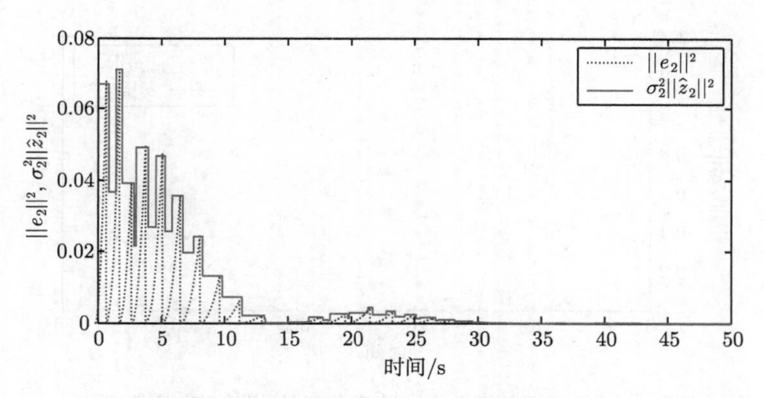

图 3.5 状态误差函数 $\|e_2\|^2$ 和临界值 $\sigma_2^2\|\hat{z}_2\|^2$ 的轨迹

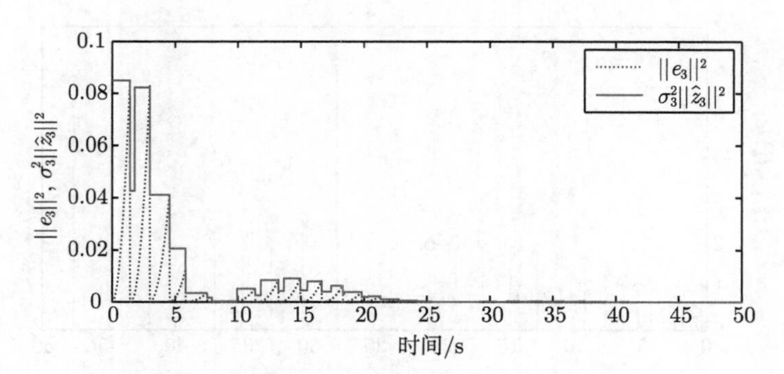

图 3.6 状态误差函数 $\|e_3\|^2$ 和临界值 $\sigma_3^2\|\hat{z}_3\|^2$ 的轨迹

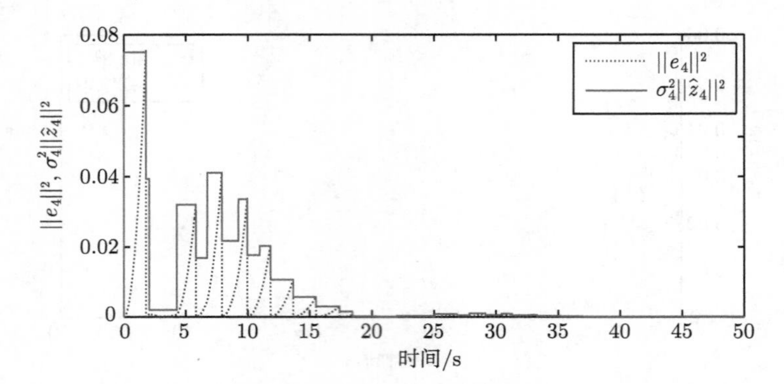

图 3.7　状态误差函数 $\|e_4\|^2$ 和临界值 $\sigma_4^2\|\hat{z}_4\|^2$ 的轨迹

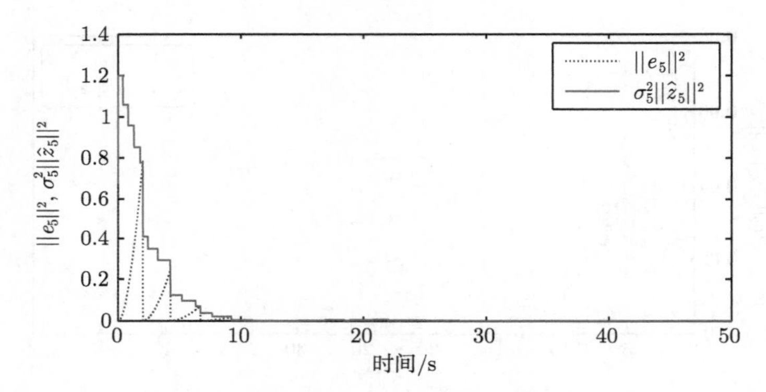

图 3.8　状态误差函数 $\|e_5\|^2$ 和临界值 $\sigma_5^2\|\hat{z}_5\|^2$ 的轨迹

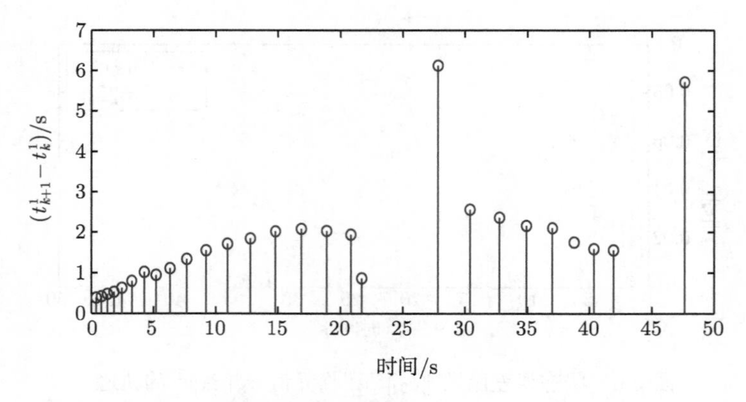

图 3.9　节点 1 的事件驱动时间间隔: $t_{k+1}^1 - t_k^1,\ k = 0, 1, \cdots$

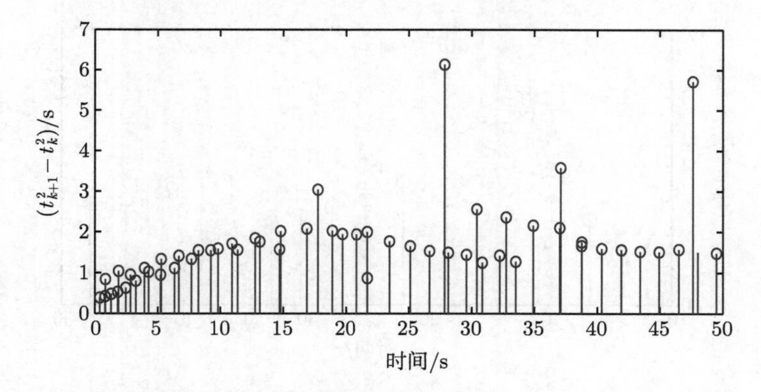

图 3.10 节点 2 的事件驱动时间间隔: $t_{k+1}^2-t_k^2$, $k=0,1,\cdots$

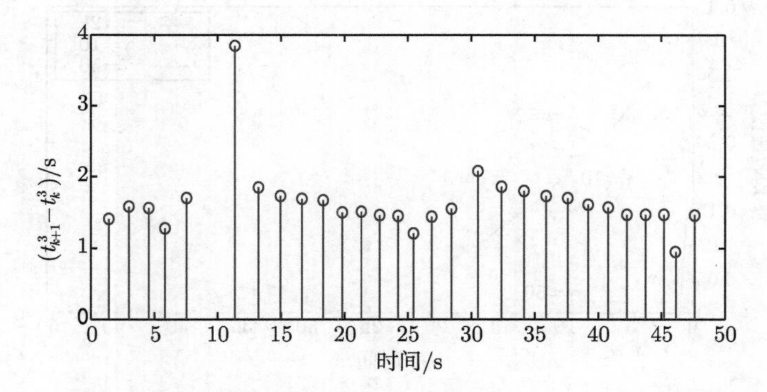

图 3.11 节点 3 的事件驱动时间间隔: $t_{k+1}^3-t_k^3$, $k=0,1,\cdots$

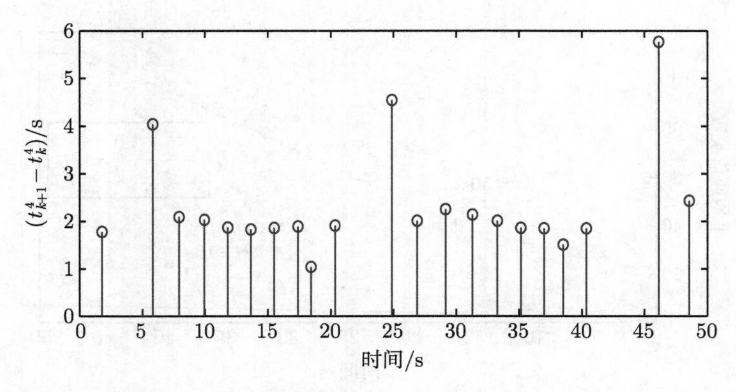

图 3.12 节点 4 的事件驱动时间间隔: $t_{k+1}^4-t_k^4$, $k=0,1,\cdots$

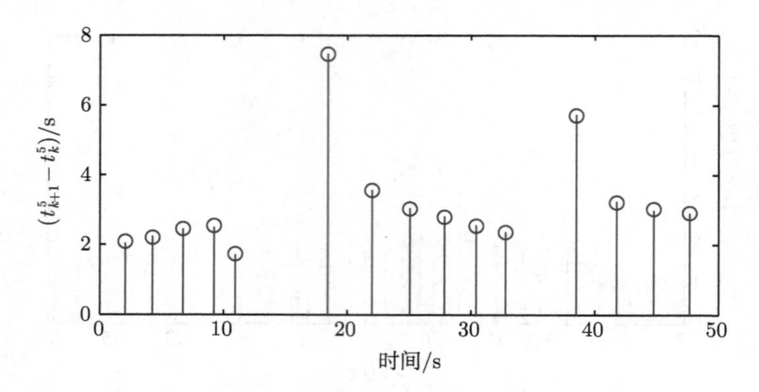

图 3.13　节点 5 的事件驱动时间间隔: $t_{k+1}^5 - t_k^5$, $k = 0, 1, \cdots$

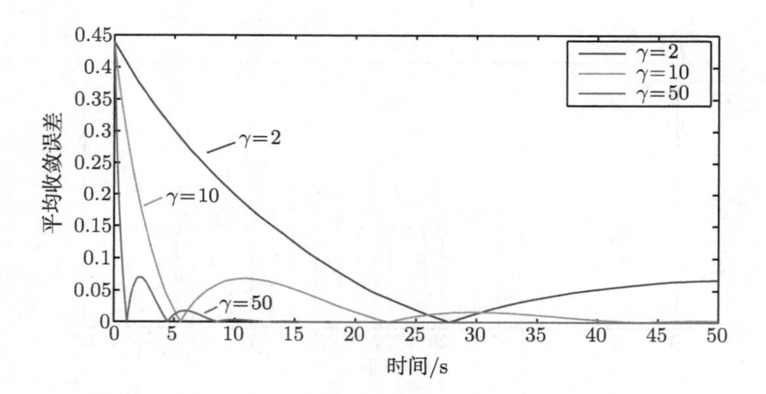

图 3.14　所有节点的平均收敛误差与参数 γ 取值的关系

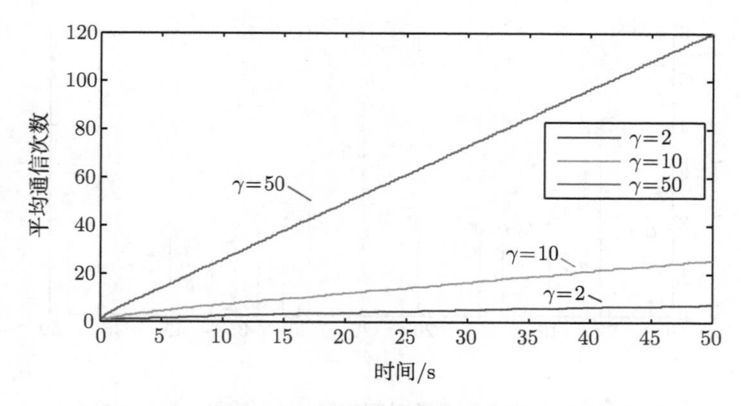

图 3.15　所有节点的平均通信次数与参数 γ 取值的关系

各节点的状态和控制信号的轨迹曲线如图 3.2 和图 3.3 所示. 从图中可以看出,

节点的状态渐近收敛于式 (3.81) 的最优解, 且控制输入仅在驱动时刻进行迭代更新. 图 3.4~图 3.8 给出了各节点的状态误差函数 $\|e_i(t)\|^2$ 和临界值 $\sigma_i^2\|\hat{z}_i(t)\|^2$ 的轨迹曲线. 临界值 $\sigma_i^2\|\hat{z}_i(t)\|^2$ 的迭代不是连续变化的, 而是分段常值的曲线. 图 3.9~图 3.13 给出了各节点的驱动时刻间隔的轨迹, 并且在整个过程中不会出现 Zeno 现象. 图 3.14~图 3.15 分别给出了基于不同的 γ 取值时节点的平均收敛误差 $\frac{1}{N}\sum_{i=1}^{N}\|x_i - x^*\|$ 和平均通信次数的轨迹, 用以说明参数 γ 的取值对收敛速度和通信次数的影响. 由图中可以看到, γ 越大, 收敛速度越快. 但是, 通信次数却随着 γ 值的变大而增多.

除此之外, 表 3.2 分别给出了各节点的驱动次数以及最小、最大和平均驱动时间间隔的信息. 可以看出, 最小驱动时间间隔大于采样周期 0.01s.

表 3.2 基于式(3.6)的各节点的驱动次数和驱动时间间隔

节点	事件驱动次数	最小驱动时间间隔/s	最大驱动时间间隔/s	平均驱动时间间隔/s
1	28	0.39	6.13	1.7011
2	32	0.84	3.58	1.5466
3	30	0.95	3.84	1.5870
4	22	1.04	5.77	2.2073
5	16	1.71	7.48	2.9775

3.5.2 时变拓扑情形

本小节通过两个仿真例子来验证定理 3.2 中所得的理论结果. 考虑含有 4 个节点的网络拓扑, 假设节点 i ($i = 1, 2, 3, 4$) 的局部目标函数定义如下:

$$\begin{aligned}
f_1(x) &= (x-1)^4 + 8(x-1)^2, \\
f_2(x) &= (x-2)^4 + 16(x-2)^2, \\
f_3(x) &= (x-3)^4 + 24(x-3)^2, \\
f_4(x) &= (x-4)^4 + 32(x-4)^2.
\end{aligned}$$

显然, $f_i(x), i = 1, 2, 3, 4$ 满足假设 3.1, $f_i(x)$ ($i = 1, 2, 3, 4$) 的最优解分别在 $1, 2, 3, 4$ 达到. 这样, 各节点的初始状态可分别设为 $1, 2, 3, 4$.

本小节的目标就是求解下面的最优问题

$$\min_x \sum_{i=1}^{4} f_i(x). \tag{3.82}$$

不难计算出, 式 (3.82) 的最优解为 $x^* = 2.8602$.

下面分别基于两组参数选择, 应用带有事件驱动条件式 (3.18) 的时变拓扑零梯度和算法式 (3.20) 求解式 (3.82).

例 3.2 假设拓扑的邻接矩阵为

$$\mathcal{A}(t) = \begin{bmatrix} 0 & a_{12}(t) & 0 & 0 \\ a_{12}(t) & 0 & a_{23}(t) & 0 \\ 0 & a_{23}(t) & 0 & a_{34}(t) \\ 0 & 0 & a_{34}(t) & 0 \end{bmatrix},$$

其中,

$$a_{12}(t) = \begin{cases} \sin^2 t, & t \in \left[k\pi, k\pi + \frac{1}{3}\pi\right), \\ 0, & t \in \left[k\pi + \frac{1}{3}\pi, k\pi + \frac{2}{3}\pi\right), \\ 0, & t \in \left[k\pi + \frac{2}{3}\pi, (k+1)\pi\right), \end{cases} \tag{3.83}$$

$$a_{23}(t) = \begin{cases} 0, & t \in \left[k\pi, k\pi + \frac{1}{3}\pi\right), \\ \cos^2 t, & t \in \left[k\pi + \frac{1}{3}\pi, k\pi + \frac{2}{3}\pi\right), \\ 0, & t \in \left[k\pi + \frac{2}{3}\pi, (k+1)\pi\right), \end{cases} \tag{3.84}$$

$$a_{34}(t) = \begin{cases} 0, & t \in \left[k\pi, k\pi + \frac{1}{3}\pi\right), \\ 0, & t \in \left[k\pi + \frac{1}{3}\pi, k\pi + \frac{2}{3}\pi\right), \\ 1, & t \in \left[k\pi + \frac{2}{3}\pi, (k+1)\pi\right). \end{cases} \tag{3.85}$$

从上面的邻接矩阵可以看出拓扑在任何时刻都不连通, 但可以验证网络是合作连通的, 合作周期 $T = \pi$. 本例中参数选择为 $\gamma = 50$, $c = 5$, $\alpha = 0.06$, 且凸参数 $\theta_i = 16$, $i = 1, 2, 3, 4$. 仿真结果如图 3.16～图 3.27 所示.

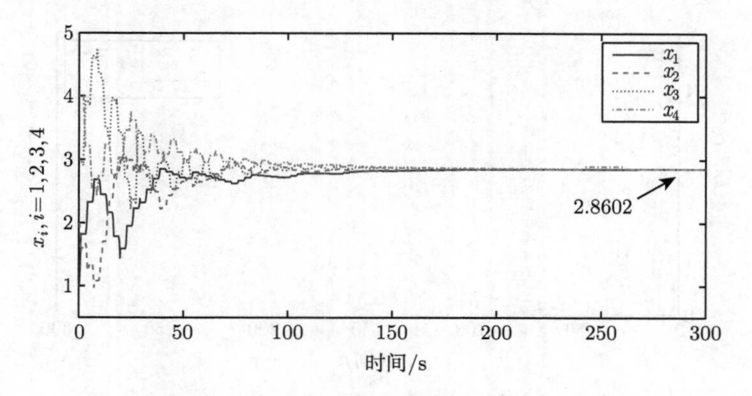

图 3.16 各节点状态的轨迹

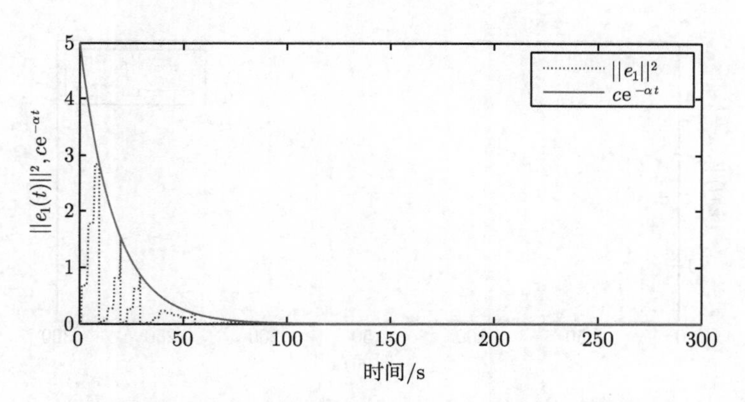

图 3.17 状态误差函数 $\|e_1\|^2$ 和临界值 $ce^{-\alpha t}$ 的轨迹

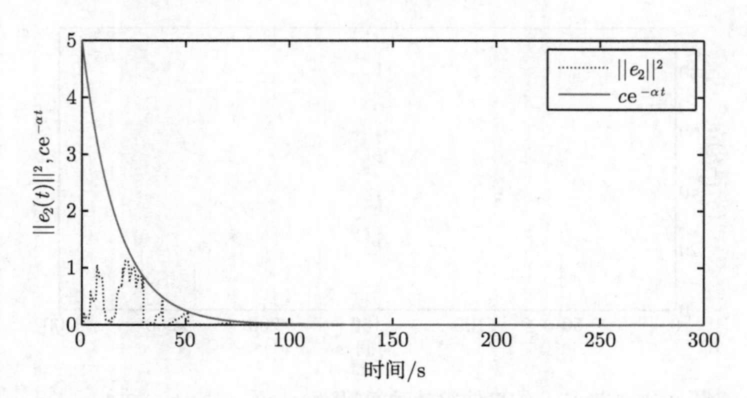

图 3.18 状态误差函数 $\|e_2\|^2$ 和临界值 $ce^{-\alpha t}$ 的轨迹

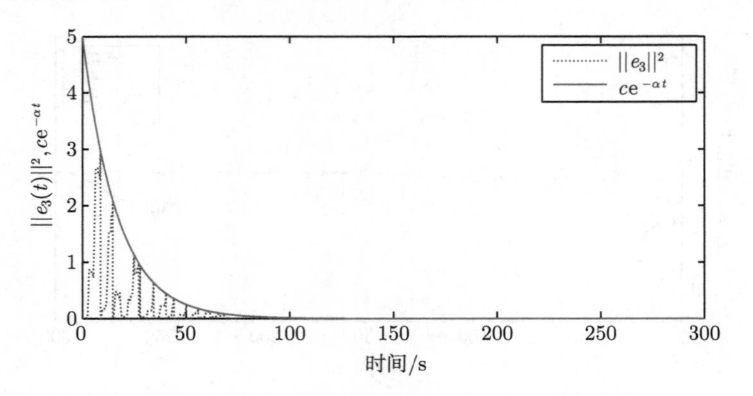

图 3.19　状态误差函数 $\|e_3\|^2$ 和临界值 $ce^{-\alpha t}$ 的轨迹

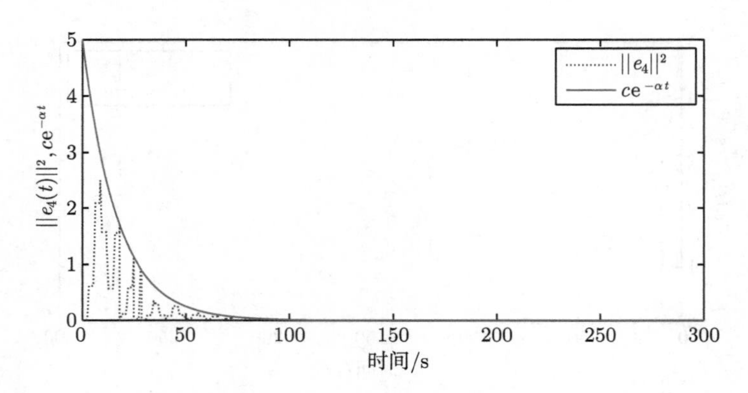

图 3.20　状态误差函数 $\|e_4\|^2$ 和临界值 $ce^{-\alpha t}$ 的轨迹

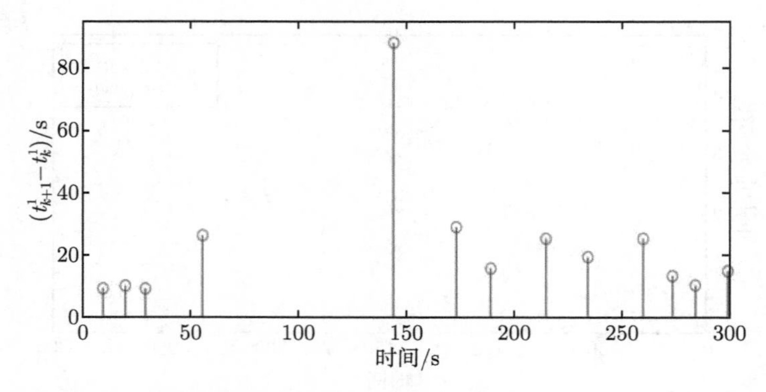

图 3.21　节点 1 的事件驱动时间间隔: $t_{k+1}^1 - t_k^1,\ k = 0, 1, \cdots$

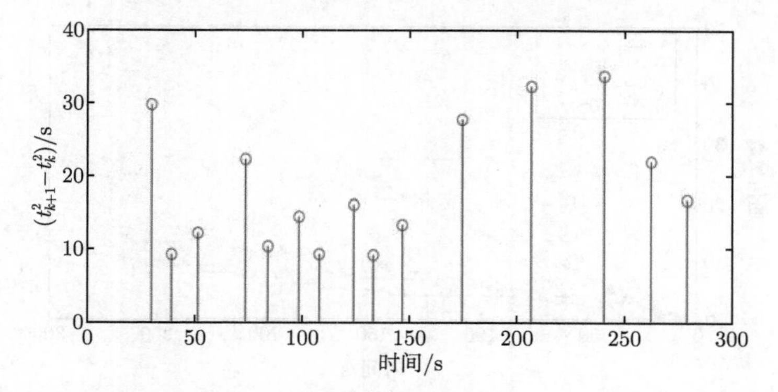

图 3.22 节点 2 的事件驱动时间间隔: $t_{k+1}^2 - t_k^2,\ k = 0, 1, \cdots$

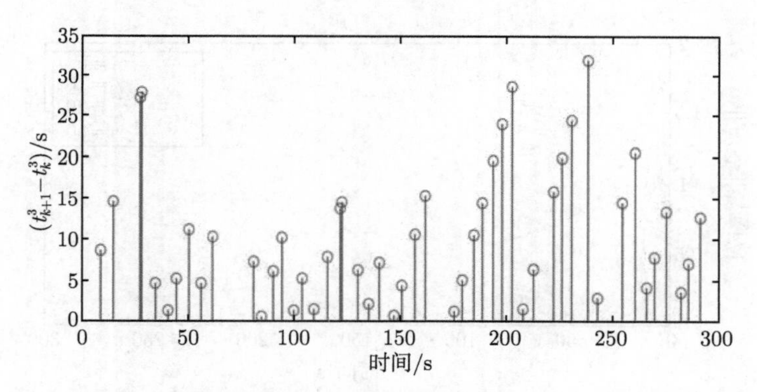

图 3.23 节点 3 的事件驱动时间间隔: $t_{k+1}^3 - t_k^3,\ k = 0, 1, \cdots$

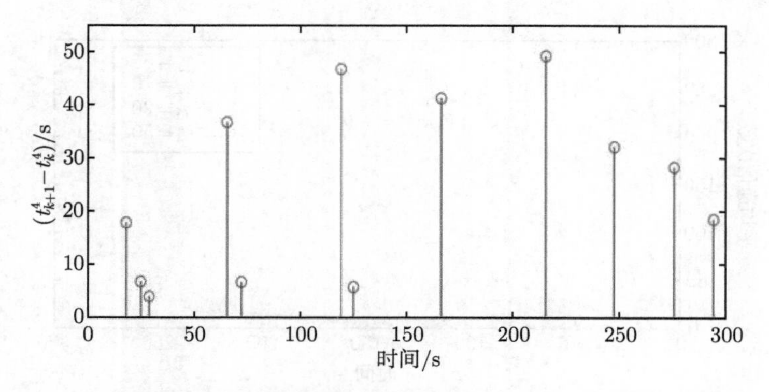

图 3.24 节点 4 的事件驱动时间间隔: $t_{k+1}^4 - t_k^4,\ k = 0, 1, \cdots$

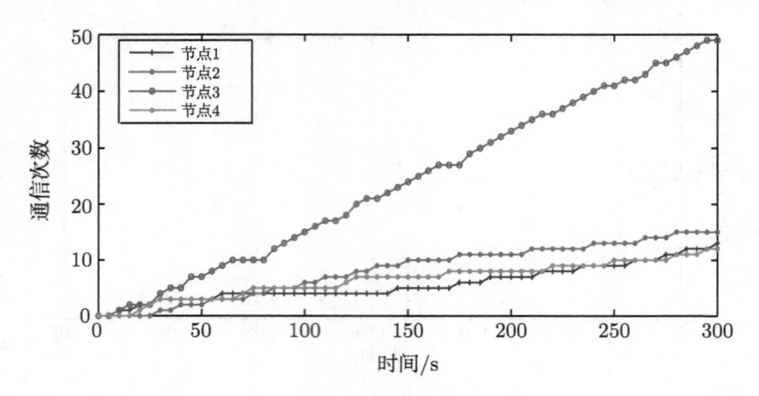

图 3.25　各节点驱动次数的轨迹

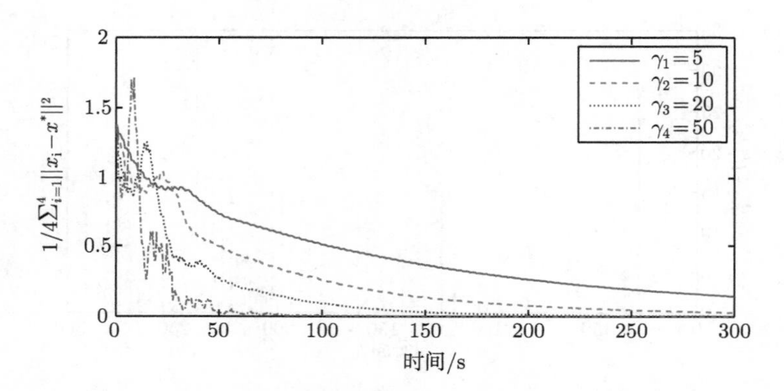

图 3.26　所有节点的平均收敛误差与参数 γ 取值的关系

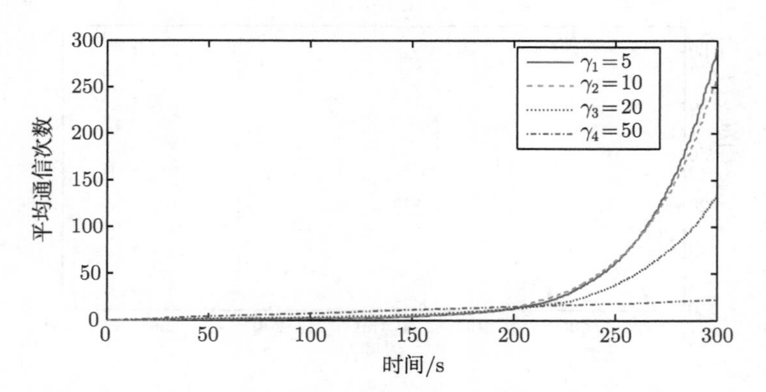

图 3.27　所有节点的平均通信次数与参数 γ 取值的关系

从图 3.16 可以看出, 所有节点的状态最终收敛于式 (3.82) 的最优解. 图 3.17~图 3.20 显示了各节点驱动策略中误差函数 $\|e_i\|^2$ 和临界值 $c\mathrm{e}^{-\alpha t}$ 的轨迹曲线. 图 3.21~图 3.24 给出了各节点驱动时刻间隔的变化情况. 图 3.25 给出了每个节点驱动次数演化的轨迹. 另外, 为了说明参数 γ 的取值对收敛速度和通信次数的影响, 图 3.26 和图 3.27 分别给出了基于不同的 γ 取值时节点的平均收敛误差 $\dfrac{1}{N}\sum_{i=1}^{N}\|x_i - x^*\|$ 和平均通信次数的轨迹. 由图中可以看到, γ 越大, 收敛速度越快. 但是, 通信次数却随着 γ 值的变大而增多.

除此之外, 表 3.3 还详细地给出了各节点的驱动次数以及最大、最小和平均驱动时间间隔的信息, 可以看出所有节点的最小驱动时间间隔和平均驱动时间间隔都大于采样周期 0.001s.

表 3.3 基于式(3.20)的各节点的驱动次数和驱动时间间隔 (例 3.2)

节点	驱动次数	最小驱动时间间隔/s	最大驱动时间间隔/s	平均驱动时间间隔/s
1	13	9.407	88.329	23.0769
2	15	9.215	33.709	20
3	49	0.586	31.963	6.1224
4	12	3.992	49.262	49.262

例 3.3 假设拓扑的邻接矩阵为

$$\mathcal{A}(t) = \begin{bmatrix} 0 & a_{12}(t) & 0 & 0 \\ a_{12}(t) & 0 & a_{23}(t) & 0 \\ 0 & a_{23}(t) & 0 & a_{34}(t) \\ 0 & 0 & a_{34}(t) & 0 \end{bmatrix}$$

其中,

$$a_{12}(t) = \begin{cases} \sin^2 t, & t \in \left[2k\pi, 2k\pi + \dfrac{2}{3}\pi\right), \\ 0, & t \in \left[2k\pi + \dfrac{2}{3}\pi, 2k\pi + \dfrac{4}{3}\pi\right), \\ 0, & t \in \left[2k\pi + \dfrac{4}{3}\pi, 2(k+1)\pi\right), \end{cases}$$

$$a_{23}(t) = \begin{cases} 0, & t \in \left[2k\pi, k\pi + \dfrac{2}{3}\pi\right), \\ \cos^2 t, & t \in \left[2k\pi + \dfrac{2}{3}\pi, 2k\pi + \dfrac{4}{3}\pi\right), \\ 0, & t \in \left[2k\pi + \dfrac{4}{3}\pi, 2(k+1)\pi\right), \end{cases}$$

$$a_{34}(t)=\begin{cases}0, & t\in\left[2k\pi,2k\pi+\dfrac{2}{3}\pi\right),\\ 0, & t\in\left[2k\pi+\dfrac{2}{3}\pi,2k\pi+\dfrac{4}{3}\pi\right),\\ 1, & t\in\left[2k\pi+\dfrac{4}{3}\pi,2(k+1)\pi\right),\end{cases}$$

从上面的邻接矩阵可以看出, 拓扑在任何时刻都不连通, 但可以验证网络是合作连通的, 合作周期 $T=2\pi$.

本例中参数选择为 $\gamma=20$, $c=5$, $\alpha=0.06$ 且凸参数 θ_i, $i=1,2,3,4$ 仍均为 16. 仿真结果如图 3.28～图 3.37 所示.

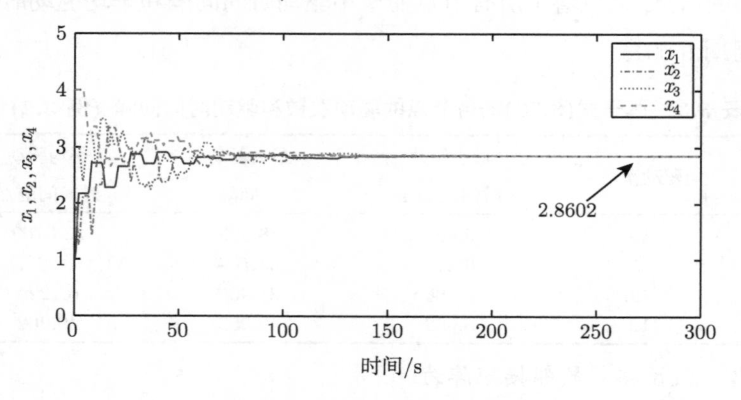

图 3.28　各节点状态的轨迹

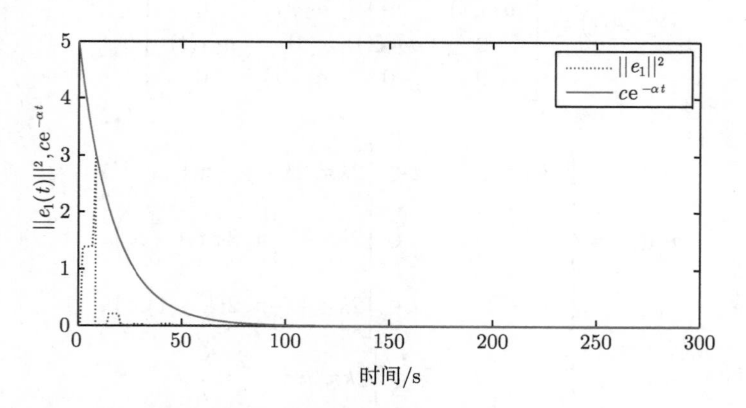

图 3.29　状态误差函数 $\|e_1\|^2$ 和临界值 $ce^{-\alpha t}$ 的轨迹

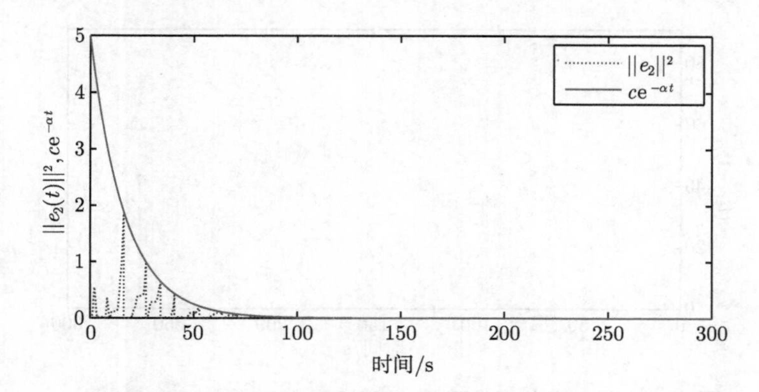

图 3.30 状态误差函数 $\|e_2\|^2$ 和临界值 $ce^{-\alpha t}$ 的轨迹

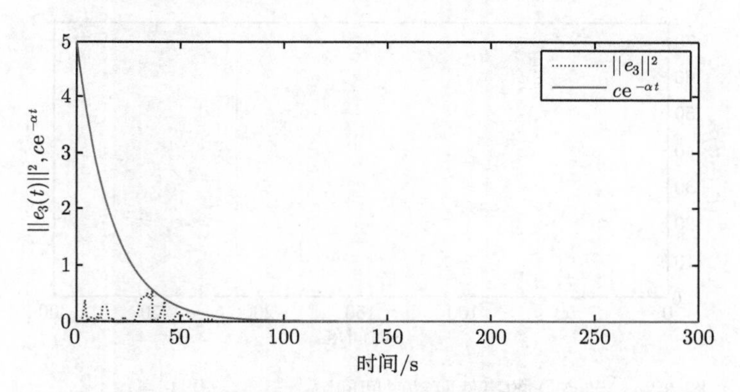

图 3.31 状态误差函数 $\|e_3\|^2$ 和临界值 $ce^{-\alpha t}$ 的轨迹

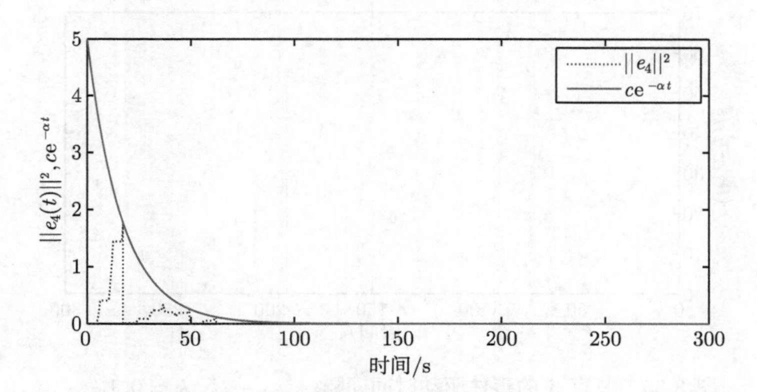

图 3.32 状态误差函数 $\|e_4\|^2$ 和临界值 $ce^{-\alpha t}$ 的轨迹

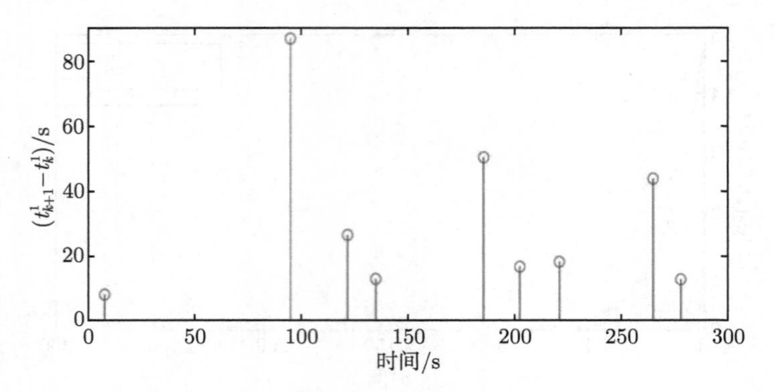

图 3.33　节点 1 的事件驱动时间间隔: $t^1_{k+1} - t^1_k,\ k = 0, 1, \cdots$

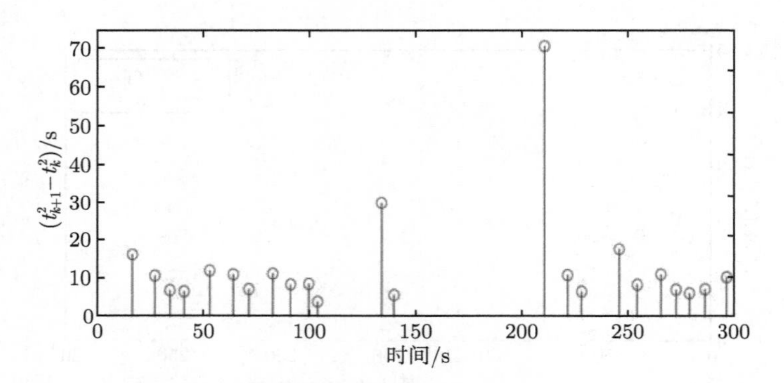

图 3.34　节点 2 的事件驱动时间间隔: $t^2_{k+1} - t^2_k,\ k = 0, 1, \cdots$

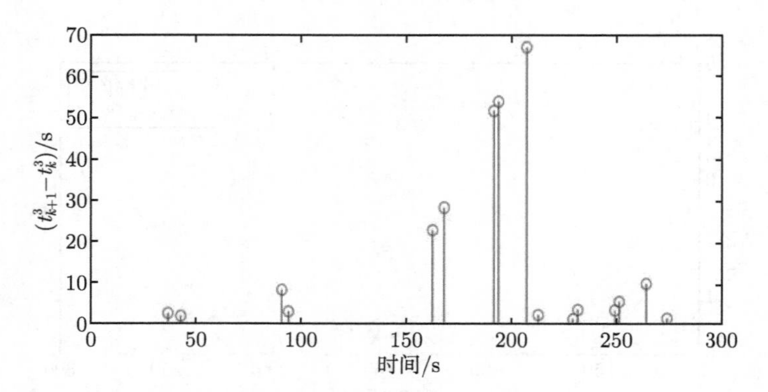

图 3.35　节点 3 的事件驱动时间间隔: $t^3_{k+1} - t^3_k,\ k = 0, 1, \cdots$

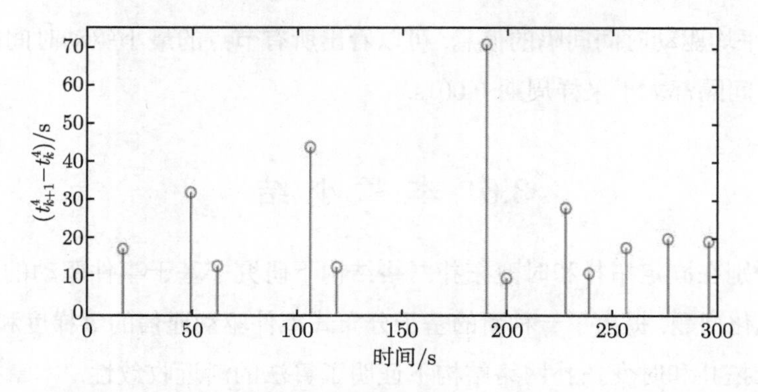

图 3.36 节点 4 的事件驱动时间间隔: $t_{k+1}^4 - t_k^4$, $k = 0, 1, \cdots$

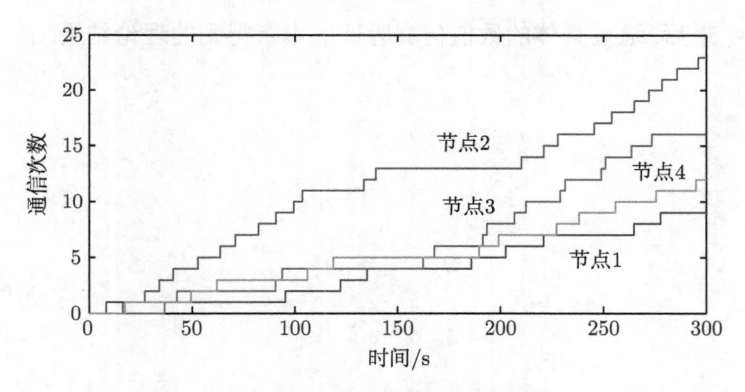

图 3.37 各节点驱动次数的轨迹

从图 3.28 可以看出, 所有节点的状态最终收敛于式 (3.82) 的最优解. 图 3.29~图 3.32 显示了各节点驱动策略中误差函数 $\|e_i\|^2$ 和临界值 $ce^{-\alpha t}$ 的轨迹曲线. 图 3.33~图 3.36 给出了各节点驱动时间间隔的变化情况. 图 3.37 给出了每个节点驱动次数演化的轨迹. 除此之外, 表 3.4 还详细地给出了每个节点的驱动次数以及最

表 3.4 基于式(3.20)的各节点的驱动次数和驱动时间间隔 (例 3.3)

节点	驱动次数	最小驱动时间间隔/s	最大驱动时间间隔/s	平均驱动时间间隔/s
1	9	8.289	30.8718	87.062
2	23	4.148	12.8747	70.663
3	16	1.227	16.696	67.334
4	12	9.663	24.585	70.923

小、最大、平均驱动时间间隔的信息, 可以看出所有节点的最小驱动时间间隔和平均驱动时间间隔都大于采样周期 0.001s.

3.6　本 章 小 结

本章分别在固定拓扑和时变拓扑网络结构下研究了基于事件驱动的连续时间分布式凸优化问题, 提出了一种新的基于分布式事件驱动通信的零梯度和算法, 并分别在固定拓扑和时变拓扑网络结构下证明了算法的渐近收敛性. 本章提出的算法的主要优点在于降低了通信和执行器迭代的频率, 并进一步推导出算法收敛速度的一个上界. 最后, 通过具体的数值仿真验证了本章得到的理论结果.

第4章 基于采样数据的分布式优化算法

本章假设网络中每个节点的采样是周期进行的, 首先给出基于周期采样数据的零梯度和算法. 然后, 为了节省通信, 降低网络资源消耗, 进一步给出基于采样数据的事件驱动零梯度和算法, 设计依赖于状态的驱动条件, 且驱动条件的监测不需要周期地获得邻居节点的信息, 只需要邻居节点在最新驱动时刻发送采样信息. 由于驱动时间的间隔至少是采样周期, 因此 Zeno 现象自然被排除. 最后, 证明该算法的收敛性, 并通过数值仿真进行验证.

4.1 引 言

应用事件驱动控制策略的主要目的是减少控制器的更新和节点之间的通信, 从而节省网络系统的资源消耗, 减轻系统的计算负荷. 在事件驱动控制策略中, 驱动条件是否满足取决于与系统当前状态和传送给控制器的状态之间的误差有关的某个函数 (如误差的范数) 是否达到预先定义的临界值或阈值. 在现有的算法中, 临界值的选择大致可以分为两类：一类是依赖于状态的[59,70-72]；另一类是不依赖于状态的[61, 73], 具体来说, 是常值[61] 还是依赖于时间的[73]. 其中, 有的算法给出的驱动条件需要监测邻居节点每个时刻的状态测量值[59, 70], 这就需要每个节点在每个采样时刻都要发送自身的信息以保证它的邻居能够获取, 这种算法被称为“连续监测”. 相比于时间驱动, 这种驱动框架的设计并没有减少采样和通信次数, 只是减少了控制器的更新频率, 减轻了网络硬件的计算负荷, 这和设计事件驱动的初衷是不符的. 而且, 为了便于检查和监测节点实时的信息测量值, 可能需要额外配置一些硬件设施, 在实际应用中会增加成本.

为了避免连续监测带来的弊端, 越来越多的研究者试图设计出更为恰当的事件驱动条件. 例如, 有的研究者提出不依赖于邻居实时信息的驱动策略[73], 其优点在于条件的检测不再依赖于邻居的实时连续信息而是依赖于外部输入信号, 从而减少了节点之间的通信次数. 有的研究者提出分布式检测驱动条件的事件驱动框架[62]. 基于这种框架, 驱动条件的检测是分布式进行的, 即在驱动条件中用到的不是节点实时的信息而是在分布式的驱动时刻发送的信息. 因此, 这一框架在减少控制计算次数的基础上也减少了通信次数. 但是, Zeno 现象的证明仍然是一个复杂困难的问题.

值得一提的是, 除了上面依赖于时间和分布式检测的驱动条件外, Meng 等[70]提出了一种新的基于采样数据的事件驱动思想, 驱动条件是以周期采样的方式进行检测, 其显著的优点在于事件驱动间隔的下界一定存在, 也就是采样周期, 因此 Zeno 现象一定能够排除. 这种周期事件驱动条件的设计对减少邻居节点之间的通信次数和事件检测次数是非常有益的.

受文献 [70] 中基于采样数据的事件驱动思想的启发, 本章提出一种新的基于采样数据的周期零梯度和优化算法. 不同于文献 [70] 中驱动条件的设计, 本章中驱动条件检测不是周期进行的, 而是采用分布式的方式, 检测驱动条件是否满足时, 用的不是节点在每个周期采样时刻的值, 而是最新发送的离散驱动时刻的信息, 更进一步减少了节点之间的通信次数和网络系统能量的消耗.

4.2 基于采样数据的周期零梯度和算法

仍然探讨如何求解优化问题式 (1.1), 假设所有节点的采样周期都是 h, 每个节点的局部最优函数 f_i 满足假设 3.1, 由此可得命题 3.1 也成立.

4.2.1 算法设计

假设网络拓扑为无向拓扑, 首先给出求解式 (1.1) 的周期零梯度和算法为

$$\begin{cases} \dot{x}_i(t) = \left(\nabla^2 f_i(x_i(t))\right)^{-1} u_i(t), \\ x_i(0) = x_i^*, \end{cases} \tag{4.1}$$

其中, $x_i(t) \in \mathbb{R}^n, t \in [kh, (k+1)h)$ 表示节点 i 的状态; x_i^* 是局部目标函数 $f_i(x_i(t))$ 的最优解; $u_i(t)$ 是要设计的控制协议或一致性协议, $i = 1, \cdots, N$.

设计如下基于周期采样的控制协议:

$$u_i(t) = -\sum_{j \in \mathcal{N}_i} a_{ij}(x_i(kh) - x_j(kh)), \quad t \in [kh, (k+1)h), k = 0, 1, \cdots. \tag{4.2}$$

可以看到, 控制信号 $u_i(t), i \in \mathcal{V}$ 在区间 $[kh, (k+1)h), k = 0, 1, \cdots$ 保持不变, 但 $\dot{x}_i(t), i \in \mathcal{V}$ 是连续变化的, 这是由于式 (4.1) 中用到的 $\nabla^2 f_i(x_i(t))$ 是连续变化的.

由于

$$\frac{\mathrm{d}}{\mathrm{d}t}\sum_{i=1}^{N}\nabla f_i(x_i(t)) = \sum_{i=1}^{N}\nabla^2 f_i(x_i(t))\dot{x}_i(t) = 1^{\mathrm{T}}(\mathcal{L}\otimes I_n)x(kh) = 0,$$

即 $\sum_{i=1}^{N}\nabla f_i(x_i(t))$ 为常值. 再由式 (4.1) 中初值的选择可得, 对任意时刻 t, 有

$$\sum_{i=1}^{N}\nabla f_i(x_i(t)) = \sum_{i=1}^{N}\nabla f_i(x_i(0)) = \sum_{i=1}^{N}\nabla f_i(x_i^*) = 0.$$

因此, 式 (4.1) 仍能保证 $\sum_{i=1}^{N}\nabla f_i(x_i(t)) = 0$ 成立.

在给出式 (4.1) 的收敛性之前, 首先给出下面的命题, 其在后面证明算法收敛性时起了重要的作用.

命题 4.1 *考虑式 (4.1), 存在某个向量 $\bar{x} \in \mathbb{R}^{nN}$, 且 $0 < \|\bar{x} - x(t)\| < \|x(t) - x(kh)\|$, 使得*

$$x(t) = x(kh) - [\Lambda(\bar{x})]^{-1}(\mathcal{L}\otimes I_n)x(kh)(t - kh).$$

其中,

$$x(t) = [x_1^{\mathrm{T}}(t), \cdots, x_N^{\mathrm{T}}(t)]^{\mathrm{T}} \in \mathbb{R}^{nN};$$
$$\Lambda(x(t)) = \mathrm{diag}\{\nabla^2 f_1(x_1(t)), \cdots, \nabla^2 f_N(x_N(t))\} \in \mathbb{R}^{nN\times nN};$$

$\mathcal{L}$ 是网络拓扑图的拉普拉斯矩阵.

证明 根据控制协议式 (4.2), 式 (4.1) 可以改写成如下的矩阵形式:

$$\begin{cases} \dot{x}(t) = -\left(\Lambda(x(t))\right)^{-1}(\mathcal{L}\otimes I_n)(x(kh)), & t \in [kh, (k+1)h), \\ x(0) = x_0^*, \end{cases} \tag{4.3}$$

其中,

$$x(t) = [x_1(t)^{\mathrm{T}}, \cdots, x_N(t)^{\mathrm{T}}]^{\mathrm{T}} \in \mathbb{R}^{nN};$$
$$\Lambda(x(t)) = \mathrm{diag}\{\nabla^2 f_1(x_1(t)), \cdots, \nabla^2 f_N(x_N(t))\} \in \mathbb{R}^{nN\times nN};$$
$$x_0^* = [x_1^{*\mathrm{T}}, \cdots, x_N^{*\mathrm{T}}]^{\mathrm{T}} \in \mathbb{R}^{nN}.$$

由式 (4.3), 可得

$$\Lambda(x(t))\dot{x}(t) = -(\mathcal{L} \otimes I_n)x(kh). \tag{4.4}$$

将式 (4.4) 从 kh 到 t 进行积分, 可得

$$\nabla f(x(t)) - \nabla f(x(kh)) = -(\mathcal{L} \otimes I_n)x(kh)(t - kh). \tag{4.5}$$

由引理 2.10(微分中值定理) 可知, 存在 $\bar{x} \in \mathbb{R}^{nN}$, 且 $0 < \|\bar{x} - x(t)\| < \|x(t) - x(kh)\|$, 使得下式成立:

$$\nabla f(x(t)) - \nabla f(x(kh)) = \Lambda(\bar{x})(x(t) - x(kh)). \tag{4.6}$$

再由式 (4.5) 和式 (4.6), 可得

$$x(t) = x(kh) - [\Lambda(\bar{x})]^{-1}(\mathcal{L} \otimes I_n)x(kh)(t - kh). \tag{4.7}$$

命题得证. □

4.2.2 收敛性分析

下面的定理 4.1 给出带有控制协议式 (4.2) 的算法式 (4.1) 的收敛性结果.

定理 4.1 假设网络拓扑是无向连通的, 考虑带有控制协议式 (4.2) 的算法式 (4.1), 如果存在正的常数 θ 使得采样周期 h 满足 $h \leqslant \dfrac{\theta}{\lambda_{\max}}$, 其中 $\lambda_{\max}$ 为网络拓扑图对应的拉普拉斯矩阵的最大特征值, 则所有节点的状态最终渐近收敛于式 (1.1) 的最优解 x^*.

证明 考虑如下 Lyapunov 函数

$$V(x(t)) = \sum_{i=1}^{N} \left(f_i(x^*) - f_i(x_i) - \nabla f_i(x_i)^{\mathrm{T}}(x^* - x_i) \right), \tag{4.8}$$

由式 (4.3) 可得 $V(x(t))$ 的导数为

$$\dot{V}(x(t)) = \sum_{i=1}^{N} x_i^{\mathrm{T}}(t)\nabla^2 f_i(x_i(t))\dot{x}_i(t) = -x(t)^{\mathrm{T}}(\mathcal{L} \otimes I_n)x(kh). \tag{4.9}$$

由命题 4.1, 可得

$$\begin{aligned}\dot{V}(x(t)) &= -[x(kh)-(\Lambda(\bar{x}))^{-1}(\mathcal{L}\otimes I_n)x(kh)(t-kh)]^{\mathrm{T}}(\mathcal{L}\otimes I_n)x(kh)\\ &= hx(kh)^{\mathrm{T}}(\mathcal{L}\otimes I_n)\left((\Lambda(\bar{x}))^{-1}\right)^{\mathrm{T}}(\mathcal{L}\otimes I_n)x(kh)\\ &\quad -x(kh)^{\mathrm{T}}(\mathcal{L}\otimes I_n)x(kh).\end{aligned}$$

假设 对每个节点 $i=1,2,\cdots,N$, 目标函数 f_i 是二次连续可微的强凸函数[9], 凸参数为 θ_i, 并且有局部 Lipschitz 的 Hessian 矩阵 $\nabla^2 f_i(x)$, 则 $\Lambda(\tilde{x}(t))$ 是正定矩阵, 且存在正的常数 $0<\underline{\theta}=\min\{\theta_1,\theta_2,\cdots,\theta_N\}$, 使得

$$\Lambda(\bar{x})\geqslant\underline{\theta}I. \tag{4.10}$$

于是, 有

$$\dot{V}(x(t))\leqslant-\left(1-\frac{h\lambda_{\max}}{\underline{\theta}}\right)x(kh)^{\mathrm{T}}(\mathcal{L}\otimes I_n)x(kh), \tag{4.11}$$

其中, $\lambda_{\max}$ 为网络拓扑图对应的拉普拉斯矩阵的最大特征值. 注意到, 只要采样周期 h 满足

$$1-\frac{h\lambda_{\max}}{\underline{\theta}}\geqslant\gamma,\ 0<\gamma<1,$$

则

$$\dot{V}(x(t))\leqslant-\gamma x(kh)^{\mathrm{T}}(\mathcal{L}\otimes I_n)x(kh). \tag{4.12}$$

根据引理 2.4 (LaSalle 不变集原理), $\lim_{t\to\infty}x_i(t)$ 存在, 记为 $\check{x}$. 又由

$$\sum_{i=1}^{N}\nabla f_i(\check{x})=\nabla F(\check{x})=0,$$

可得 $\check{x}=x^*$.

定理得证. □

4.3 基于采样数据的事件驱动零梯度和算法

为了节省网络资源的消耗, 本节在上一节周期采样的基础上, 建立基于采样数据的事件驱动零梯度和算法求解优化问题式 (1.1).

4.3.1 算法设计

令 t_k^i($k=0,1,2,\cdots$) 表示节点 i 的第 k 个事件驱动时刻, 它是采样周期 h 的整数倍. 因此, 对任意的采样时刻 kh($k=0,1,2,\cdots$), 存在某个区间 $[t_l^i,t_{l+1}^i)$ 使得 $kh\in[t_l^i,t_{l+1}^i)(l=0,1,2,\cdots)$. 定义最近发送的状态信息与当前采样状态信息之间的误差为

$$e_i(kh)=x_i(t_l^i)-x_i(kh),\quad kh\in[t_l^i,t_{l+1}^i). \tag{4.13}$$

对节点 i 定义事件驱动条件为

$$\|e_i(kh)\|^2>\sigma_i^2\|\hat{z}_i(kh)\|^2,\quad kh\in[t_l^i,t_{l+1}^i), \tag{4.14}$$

其中, σ_i 是大于零的常数, 且

$$\hat{z}_i(kh)=\sum_{j\in\mathcal{N}_i}a_{ij}(x_i(t_l^i)-x_j(t_n^j)),\quad kh\in[t_l^i,t_{l+1}^i), \tag{4.15}$$

其中, $x_j(t_n^j)$ 表示到时刻 kh 为止, 节点 i 接收到邻居 j 的最近的状态信息.

一般来说, 每个节点的驱动时间不是同步的或周期的, 即对 t_k^i 和 t_n^j, $k,n\in\{0,1,\cdots\}$, 但 k 和 n 不一定相等. 习惯上, 规定 $t_0^i=0$, $i\in\mathcal{V}$. 显而易见, 对基于采样数据的事件驱动框架来说, 驱动时刻序列 $\{t_l^i\}$, $l=0,1,\cdots$ 是采样时刻序列 $\{kh\}$, $k=0,1,\cdots$ 的子序列. 因此, 任意两次驱动时间的间隔下确界至少是采样周期, 即 $\inf\{t_{l+1}^i-t_l^i,\ l=0,1,\cdots\}\geqslant h$, 这意味着 Zeno 现象自然排除.

事件驱动条件式 (4.14) 的设计是受文献 [70] 中驱动条件设计思想的启发而得到的. 但是, 两者之间是有区别的. 文献 [70] 中的驱动条件为

$$\|e_i(t_k^i+lh)\|^2>\zeta_i\|z_i(t_k^i+lh)\|^2,\quad l=1,2,\cdots,$$

其中, ζ_i 是设计的正的常数, 且

$$z_i(t_k^i+lh)=\sum_{j\in\mathcal{N}_i}a_{ij}(x_i(t_k^i+lh)-x_j(t_n^j+lh)),\quad l=1,2,\cdots. \tag{4.16}$$

不难看出, 式 (4.16) 中的 $z_i(t_k^i+lh)$ 不仅是节点 i 的周期采样值 $x_i(t_k^i+lh)$ 的函数, 也是它的邻居节点的周期采样值 $x_j(t_n^j+lh)$ 的函数. 然而, 在式 (4.15) 中,

$\hat{z}_i(kh)$ 仅是节点在驱动时刻发送的采样值的函数. 一般而言, 邻居节点在每个采样时刻的信息测量值 $x_j(t_n^j+lh)$ 对节点 i 来说是不可得的, 节点 i 接收到的仅是邻居节点最近发送的信息 $x_j(t_n^j)$. 从这个意义上看, 式 (4.15) 比式 (4.16) 更有实际意义, 检测事件的频率进一步降低, 从而提高了网络资源利用率.

当驱动条件在时刻 kh 满足时, 节点 i 的一个事件被触发, 则

$$e_i(kh)=x_i(kh)-x_i(kh)=0.$$

因此, 事件驱动条件式 (4.14) 保证了下面的关系式成立:

$$\|e_i(kh)\|^2\leqslant\sigma_i^2\|\hat{z}_i(kh)\|^2,\quad kh\in[t_l^i,t_{l+1}^i).\tag{4.17}$$

不同于控制协议式 (4.2), 事件驱动控制协议如下:

$$u_i(t)=-\gamma\sum_{j\in\mathcal{N}_i}a_{ij}\big((x_i(t_k^i)-x_j(t_{k'}^j))\big),\quad t\in[t_k^i,t_{k+1}^i).\tag{4.18}$$

为简单起见, 定义

$$\hat{x}_i(kh)\triangleq x_i(t_k^i),\qquad t\in[t_k^i,t_{k+1}^i).\tag{4.19}$$

显然, $x_i(t_k^i)$ 在两次驱动时刻之间保持不变, 从而 $\hat{x}_i(kh)$ 把离散信号 $x_i(t_k^i)$ 转化成周期信号. 有了这个符号, 事件驱动控制协议式 (4.18) 可以改写成

$$u_i(t)=-\gamma\sum_{j\in\mathcal{N}_i}a_{ij}\big(\hat{x}_i(kh)-\hat{x}_j(k'h)\big),\quad t\in[t_k^i,t_{k+1}^i),\tag{4.20}$$

其中, $\hat{x}_j(k'h)=x_j(t_{k'}^j),\ \ t_{k'}^j\triangleq\max_l\{t_l^j\leqslant t,\ l=0,1,\cdots\}$. 也就是说, $t_{k'}^j$ 是到时刻 t 为止, 邻居节点 j 最后发送的信息.

基于事件驱动控制协议式 (4.20), 对 $\forall t\in[t_k^i,t_{k+1}^i),\ i\in\mathcal{V}$, 给出下面的基于采样数据的事件驱动零梯度和 (SD-ET-ZGS) 算法:

$$\begin{cases}\dot{x}_i(t)=-\gamma\big(\nabla^2 f_i(x_i(t))\big)^{-1}\displaystyle\sum_{j\in\mathcal{N}_i}a_{ij}\big(\hat{x}_i(kh)-\hat{x}_j(k'h)\big),\\ x_i(0)=x_i^*.\end{cases}\tag{4.21}$$

对 $\forall t\in[kh,(k+1)h)\subseteq[t_l^i,t_{l+1}^i)$, 根据 $e_i(kh)$ 的定义, 可以得到节点 i 的动态方程

为

$$\begin{aligned}\dot{x}_i(t)=&-\gamma\big(\nabla^2 f_i(x_i(t))\big)^{-1}\sum_{j\in\mathcal{N}_i}a_{ij}\big((\hat{x}_i(kh)-\hat{x}_j(k'h))\big)\\=&-\gamma\big(\nabla^2 f_i(x_i(t))\big)^{-1}\sum_{j\in\mathcal{N}_i}a_{ij}\Big((x_i(kh)-x_j(kh))+(\hat{x}_i(kh)-x_i(kh))\\&-(\hat{x}_j(k'h)-x_j(kh))\Big)\\=&-\gamma\big(\nabla^2 f_i(x_i(t))\big)^{-1}\sum_{j\in\mathcal{N}_i}a_{ij}\Big((x_i(kh)-x_j(kh))+(e_i(kh)-e_j(kh)\Big)\\=&-\gamma\big(\nabla^2 f_i(x_i(t))\big)^{-1}\sum_{j\in\mathcal{N}_i}a_{ij}\big((\hat{x}_i(kh)-\hat{x}_j(kh)\big).\end{aligned}\tag{4.22}$$

由式 (4.22), 式 (4.21) 可改写成下面的矩阵形式:

$$\begin{cases}\dot{x}(t)=-\gamma\left(\Lambda(x(t))\right)^{-1}(\mathcal{L}\otimes I_n)\hat{x}(kh),\\x(0)=x_0,\end{cases}\tag{4.23}$$

其中,

$$\begin{aligned}\hat{x}(t)=&[\hat{x}_1^{\mathrm{T}}(t),\cdots,\hat{x}_N^{\mathrm{T}}(t)]^{\mathrm{T}}\in\mathbb{R}^{nN},\\x_0=&[x_1^*,\cdots,x_N^*]^{\mathrm{T}}\in\mathbb{R}^{nN},\\\Lambda(x(t))=&\mathrm{diag}\{\nabla^2 f_1(x_1(t)),\cdots,\nabla^2 f_N(x_N(t))\}\in\mathbb{R}^{nN\times nN},\end{aligned}$$

则对于式 (4.23), 有 $\sum_{i=1}^N\nabla f_i(x_i(t))=0$ 成立. 事实上,

$$\frac{\mathrm{d}}{\mathrm{d}t}\sum_{i=1}^N\nabla f_i(x_i(t))=-(\mathcal{L}\otimes I_n)(x(kh)+e(kh))=0,$$

这意味着 $\sum_{i=1}^N\nabla f_i(x_i(t))$ 随着时间的改变恒为常值, 由

$$\sum_{i=1}^N\nabla f_i(x_i(0))=\sum_{i=1}^N\nabla f_i(x_i^*)=0.$$

有

$$\sum_{i=1}^N\nabla f_i(x_i(t))=0,\quad\forall t\geqslant 0.\tag{4.24}$$

基于采样数据的事件驱动零梯度和算法式 (4.21) 的最大优点在于节省了节点之间的通信和采样次数, 减少了控制律的更新次数, 从而降低了网络资源的消耗, 提

高了带宽的利用率. 文献 [75] 同样提出了基于周期采样数据的事件驱动零梯度和算法, 但设计的是基于外部信号依赖于时间的驱动条件, 而式 (4.14) 中的临界值是分布式周期检测的, 且依赖于节点状态.

下面的命题 4.2 在式 (4.21) 的收敛性证明中起到了重要的作用.

命题 4.2 存在某个向量 $\check{x} \in \mathbb{R}^{nN}$, 满足 $0 < \|\check{x} - x(t)\| < \|x(t) - x(kh)\|$, 使得对 $t \in [kh, (k+1)h)$, 式 (4.21) 的解为

$$x(t) = x(kh) - \gamma\big(\Lambda(\check{x})\big)^{-1}(\mathcal{L} \otimes I_n)\hat{x}(kh)(t - kh). \tag{4.25}$$

证明 由式 (4.23), 可得

$$\Lambda(x(t))\dot{x}(t) = -(\mathcal{L} \otimes I_n)\hat{x}(kh), \tag{4.26}$$

从 kh 到 t 对式 (4.26) 两边积分得到

$$\nabla f(x(t)) - \nabla f(x(kh)) = -(\mathcal{L} \otimes I_n)\hat{x}(kh)(t - kh), \tag{4.27}$$

根据引理 2.10 可得, 存在 $\check{x} \in \mathbb{R}^{nN}$, 满足 $0 < \|\check{x} - x(t)\| < \|x(t) - x(kh)\|$, 使得下式成立

$$\nabla f(x(t)) - \nabla f(x(kh)) = \Lambda(f(\check{x}))(x(t) - x(kh)). \tag{4.28}$$

再根据式 (4.27) 和式 (4.28) 得到

$$x(t) = x(kh) - [\Lambda(f(\check{x}))]^{-1}(\mathcal{L} \otimes I_n)\hat{x}(kh)(t - kh).$$

命题得证. □

4.3.2 收敛性分析

定理 4.2 基于假设 3.1 , 给定事件驱动条件式 (4.14), 在无向连通图上考虑算法式 (4.21). 如果 $0 < h \leqslant \dfrac{m}{2\gamma\lambda_{\max}}$, $0 < \sigma_{\max} < \dfrac{1}{\lambda_{\max}}$, 则所有节点状态渐近收敛于分布式优化问题式 (1.1) 的最优解, 且

$$\sum_{i=1}^{N}\|x^* - x_i\|^2 \leqslant \sum_{i=1}^{N}\frac{M_i}{m}\|x^* - x_i(0)\|^2 \mathrm{e}^{-\Gamma t},$$

其中, $\underline{\theta}=\min\{\theta_1,\cdots,\theta_N\}$; θ_i 是函数 $f_i(x)$ 的凸参数;

$$\Gamma=\frac{\gamma\rho(1-\lambda_{\max}^2\sigma_{\max}^2)}{4(1+\lambda_{\max}^2\sigma_{\max}^2)}>0;$$

$\lambda_{\max}$ 是拓扑图对应的拉普拉斯矩阵的最大特征值; $M_i(i\in\mathcal{V})$ 如式 (3.26) 定义.

证明　仍然考虑如下的 Lyapunov 函数

$$V(x(t))=\sum_{i=1}^{N}\left(f_i(x^*)-f_i(x_i)-\nabla f_i(x_i)^{\mathrm{T}}(x^*-x_i)\right), \tag{4.29}$$

由式 (2.14), 可得

$$V(x(t))\geqslant\sum_{i=1}^{N}\frac{\theta_i}{2}\|x^*-x_i\|^2, \tag{4.30}$$

其中, $\theta_i>0$ 是局部目标函数 $f_i,\ i\in\mathcal{V}$ 的凸参数.

沿着式 (4.23) 的动态曲线, 对任意的 $t\in[kh,(k+1)h)$, 可得 $V(x(t))$ 的导数为

$$\begin{aligned}\dot{V}(x(t))&=\sum_{i=1}^{N}x_i^{\mathrm{T}}(t)\nabla^2 f_i(x_i(t))\dot{x}_i(t)\\&=-\gamma x(t)^{\mathrm{T}}(\mathcal{L}\otimes I_n)\hat{x}(kh)\\&=-\gamma\left[x(kh)-\gamma(\nabla^2(f(\breve{x})))^{-1}(\mathcal{L}\otimes I_n)\hat{x}(kh)(t-kh)\right]^{\mathrm{T}}\times(\mathcal{L}\otimes I_n)\hat{x}(kh)\\&=-\gamma(\hat{x}(kh)-e(kh))^{\mathrm{T}}(\mathcal{L}\otimes I_n)\hat{x}(kh)\\&\quad+\gamma^2(t-kh)\hat{x}(kh)^{\mathrm{T}}(\mathcal{L}\otimes I_n)\times((\nabla^2(f(\breve{x})))^{-1})^{\mathrm{T}}(\mathcal{L}\otimes I_n)\hat{x}(kh).\end{aligned}$$

根据 $\nabla^2(f(\breve{x}))\geqslant\underline{\theta}I$ 和 $0\leqslant t-kh\leqslant h$, 可得

$$\begin{aligned}\dot{V}(x(t))&\leqslant-\gamma\hat{x}^{\mathrm{T}}(kh)(\mathcal{L}\otimes I_n)\hat{x}(kh)+\gamma e^{\mathrm{T}}(kh)(\mathcal{L}\otimes I_n)\hat{x}(kh)\\&\quad+\gamma^2\frac{h}{\underline{\theta}}\hat{x}(kh)^{\mathrm{T}}(\mathcal{L}\otimes I_n)^2\hat{x}(kh)\\&\leqslant-\gamma\left(1-\gamma\frac{h\lambda_{\max}}{\underline{\theta}}\right)\hat{x}^{\mathrm{T}}(kh)(\mathcal{L}\otimes I_n)\hat{x}(kh)+\gamma e^{\mathrm{T}}(kh)(\mathcal{L}\otimes I_n)\hat{x}(kh),\end{aligned}$$

其中, $\underline{\theta}=\min\{\theta_1,\cdots,\theta_N\}$; $\lambda_{\max}$ 表示拉普拉斯矩阵的最大特征值.

由 Young 不等式 (2.24), 可得

$$\begin{aligned}&\|\hat{x}^{\mathrm{T}}(kh)(\mathcal{L}\otimes I_n)e(kh)\|\\&\leqslant\frac{1}{2\lambda_{\max}}\hat{x}^{\mathrm{T}}(kh)(\mathcal{L}\otimes I_n)^2\hat{x}(kh)+\frac{\lambda_{\max}}{2}e^{\mathrm{T}}(kh)e(kh).\end{aligned}$$

假设 $0 < \gamma h\lambda_{\max}/\underline{\theta} \leqslant 1/2$, 则有

$$\begin{aligned}\dot{V}(x(t)) \leqslant & -\frac{\gamma}{2}\hat{x}^{\mathrm{T}}(kh)(\mathcal{L}\otimes I_n)\hat{x}(kh) \\ & +\frac{\gamma\lambda_{\max}}{2}e^{\mathrm{T}}(kh)(\mathcal{L}\otimes I_n)e(kh)).\end{aligned} \tag{4.31}$$

根据事件驱动条件式 (4.14), 对任意的 $k\in\{0,1,2,\cdots\}, t\in[kh,(k+1)h)$, 有

$$\dot{V}(x(t)) \leqslant -\frac{\gamma}{2}(1-\lambda_{\max}^2\sigma_{\max}^2)\hat{x}^{\mathrm{T}}(kh)(\mathcal{L}\otimes I_n)\hat{x}(kh), \tag{4.32}$$

其中, $\sigma_{\max} = \max\{\sigma_i | i\in\mathcal{V}\}$. 如果 $0 < \sigma_{\max} < 1/\lambda_{\max}$, 则 $\dot{V}(x(t)) \leqslant 0$. 由引理 2.4, 可得 $\hat{x}_i(kh)$ 达到一致, 即 $\lim_{k\to\infty}\hat{x}_i(kh) = \bar{x}$, 其中, $\bar{x}$ 是常向量. 因此, $\lim_{k\to\infty}\hat{z}_i(kh) = 0$. 又根据式 (4.17), 可得 $\lim_{k\to\infty}e_i(kh) = 0$. 故

$$\lim_{k\to\infty} x_i(kh) = \lim_{k\to\infty}(\hat{x}_i(kh) - e_i(kh)) = \bar{x}.$$

进一步由式 (4.24) 可得, $\sum_{i=1}^N \nabla f_i(kh) = \nabla F(\bar{x}) = 0$, 这意味着 $\bar{x} = x^*$ 成立, 从而 $\lim_{k\to\infty}x_i(kh) = x^*$. 再根据式 (4.25), 可得

$$\lim_{t\to\infty}\|x(t) - x(kh)\| \leqslant \lim_{k\to\infty}(\gamma h/\underline{\theta})\|\mathcal{L}\|\|\hat{x}(kh)\| = 0.$$

于是, 对 $\forall t\geqslant 0$, 有 $\lim_{k\to\infty}x_i(t) = x^*$.

下面估计式 (4.23) 的收敛速度. 对每个节点 $i\in\mathcal{V}$, 定义

$$\mathcal{C}_i = \left\{x\in\mathbb{R}^d \,\middle|\, f_i(x^*) - f_i(x) - \nabla f_i(x)^{\mathrm{T}}(x^* - x) \leqslant V(x(0))\right\} \tag{4.33}$$

且 $\mathcal{C} = \mathrm{conv}(\cup_{i\in\mathcal{V}}\mathcal{C}_i)$. 由式 (3.38) 可知, $\mathcal{C}_i$ 是有界的紧集. 从而, $\mathcal{C}$ 是凸的紧集, 即 $x_i(t),\ x^*\in\mathcal{C}_i\subset\mathcal{C},\ \forall t\geqslant 0,\ i\in\mathcal{V}$.

同样根据引理 2.6 可知, 存在常数 M_i 满足式 (3.26). 借鉴第 3 章中式 (3.39) 的推导过程, 可得

$$V(x(t)) \leqslant \sum_{i\in\mathcal{V}}\frac{M_i}{2}\left\|x_i(t) - \frac{1}{N}\sum_{j\in\mathcal{V}}x_j(t)\right\|^2 = x(t)^{\mathrm{T}}(P\otimes I_n)x(t), \tag{4.34}$$

其中, $P=[P_{ij}]\in\mathbb{R}^{N\times N}$ 是如下定义的半正定矩阵:

$$P_{ij}=\begin{cases}\left(\dfrac{1}{2}-\dfrac{1}{N}\right)M_i+\dfrac{1}{2N^2}\displaystyle\sum_{l\in\mathcal{V}}M_l, & i=j,\\ -\dfrac{M_i+M_j}{2N}+\dfrac{1}{2N^2}\displaystyle\sum_{l\in\mathcal{V}}M_l, & i\neq j.\end{cases}\tag{4.35}$$

注意到 P 和 $\mathcal{L}$ 都是半正定矩阵, 且具有相同的零子空间 $\mathrm{span}\{1_N\}$. 根据引理 2.11, 存在正的常数 ρ , 使得下式成立:

$$\rho=:\sup\{\varepsilon|\varepsilon P\leqslant\mathcal{L}\},\tag{4.36}$$

则对 $\forall t\in[kh,(k+1)h),\ k=0,1,\cdots$, 有

$$\begin{aligned}V(x(t))&\leqslant\frac{1}{\rho}x(t)^{\mathrm{T}}(\mathcal{L}\otimes I_n)x(t)\\&\leqslant\frac{2}{\rho}\Big(\hat{x}(kh)^{\mathrm{T}}(\mathcal{L}\otimes I_n)\hat{x}(kh)+e(kh)^{\mathrm{T}}(\mathcal{L}\otimes I_n)e(kh)\Big)\\&\leqslant\frac{2}{\rho}\hat{x}(kh)^{\mathrm{T}}(\mathcal{L}\otimes I_n)\hat{x}(kh)+\frac{2\lambda_{\max}}{\rho}e(kh)^{\mathrm{T}}e(kh)\\&\leqslant\frac{2}{\rho}\hat{x}(kh)^{\mathrm{T}}(\mathcal{L}\otimes I_n)\hat{x}(kh)+\frac{2\lambda_{\max}}{\rho}\sigma_{\max}^2\|\hat{z}(kh)\|^2\\&\leqslant\frac{2}{\rho}(1+\lambda_{\max}^2\sigma_{\max}^2)\hat{x}(kh)^{\mathrm{T}}(\mathcal{L}\otimes I_n)\hat{x}(kh).\end{aligned}$$

因此, 有

$$\hat{x}(kh)^{\mathrm{T}}(\mathcal{L}\otimes I_n)\hat{x}(kh)\geqslant\frac{\rho V(x(t))}{2(1+\lambda_{\max}^2\sigma_{\max}^2)}.\tag{4.37}$$

将式 (4.37) 代入式 (4.32) 中, 可得

$$\dot{V}(x(t))\leqslant-\frac{\gamma\rho(1-\lambda_{\max}^2\sigma_{\max}^2)}{4(1+\lambda_{\max}^2\sigma_{\max}^2)}V(x(t)).\tag{4.38}$$

将式 (4.38) 从 kh 到 $t(t\leqslant(k+1)h)$ 进行积分, 可得

$$V(x(t))\leqslant\mathrm{e}^{-\varGamma(t-kh)}V(x(kh)),\tag{4.39}$$

其中,

$$\varGamma=\frac{\gamma\rho(1-\lambda_{\max}^2\sigma_{\max}^2)}{4(1+\lambda_{\max}^2\sigma_{\max}^2)}>0,\quad 0<\sigma_{\max}<\frac{1}{\lambda_{\max}}.$$

特别地, 当 $t=(k+1)h$ 时, 有

$$V(x((k+1)h)) \leqslant \mathrm{e}^{-\Gamma h} V(x(kh)). \tag{4.40}$$

反复应用式 (4.40), 可得

$$V(x(t)) \leqslant \mathrm{e}^{-\Gamma t} V(x(0)). \tag{4.41}$$

由式 (2.14)、式 (2.19)、式 (3.26) 和式 (4.30) , 可得

$$\sum_{i=1}^{N} \|x^{*}-x_{i}\|^{2} \leqslant \sum_{i=1}^{N} \frac{M_{i}}{\underline{\theta}} \|x^{*}-x_{i}(0)\|^{2} \mathrm{e}^{-\Gamma t},$$

定理得证. □

可以看出算法的收敛速度依赖于参数 γ, ρ, $\sigma_{\max}$, 越大的 γ, ρ 和越小的 $\sigma_{\max}$ 均可以使得收敛速度越快. 由式 (4.33) ~ 式 (4.36) 可以看出, ρ 依赖于 $\mathcal{L}$, N, x_0, 但与参数 γ, $\sigma_{\max}$ 无关. 因此, 可以选择充分大的 γ, ρ 和充分小的 $\sigma_{\max}$ 以保证充分快的收敛速度, 其中 $\sigma_{\max}$ 满足

$$0<h \leqslant \underline{\theta}/(2\gamma\lambda_{\max}),$$
$$0<\sigma_{\max}<1/\lambda_{\max}.$$

由于驱动时间间隔至少等于正的采样周期 h, 因此式 (4.21) 能够自然排除 Zeno 现象. 由上面的证明过程可以看出, 参数 σ_i 和采样周期 h 的选择需要全局网络拓扑的信息. 正如文献 [70] 中提到的, 最大特征值 $\lambda_{\max}$ 的一个上界可以选择为 $2(N-1)$. 因此, 如果 $\underline{\theta}=\min\{\theta_1,\theta_2,\cdots,\theta_N\}$ 和 N (节点总数量) 对每个节点是预先可知的, 则参数 σ_i 和采样周期 h 可以局部选择为

$$0<h \leqslant \frac{\underline{\theta}}{4\gamma(N-1)}, \quad 0<\sigma_{\max} \leqslant \frac{1}{2(N-1)}.$$

这样选择的原因在于越小的 $\sigma_{\max}$ 可以导致越快的收敛速度. 但是, 太小的 $\sigma_{\max}$ 又会导致控制器更新的频率越快. 因此, 考虑到网络系统的实际需求, 关于参数的选择需要在算法的性能和控制器更新频率之间进行折衷.

4.4 数值仿真

本节通过数值仿真例子来验证本章定理 4.1 和定理 4.2. 如图 4.1 所示, 考虑带有 4 个节点的网络拓扑图 $\mathcal{G}$, 假设每个节点 i 局部目标函数分别是

$$f_i(x) = (x-i)^4 + 8i(x-i)^2, \quad i = 1,2,3,4.$$

显然, 每个 $f_i(x)$ 满足假设 3.1, 并且 $f_i(x)$ $i=1,2,3,4$ 的最优解分别在 $1,2,3,4$ 获得. 这样, 系统状态的初始条件设为 $x_0 = [1,2,3,4]^{\mathrm{T}}$. 本节的目标是求解下面的最优问题

$$\min_x \sum_{i=1}^{4} f_i(x). \tag{4.42}$$

由命题 4.1 可得, 式 (4.42) 有唯一最优解, 并且计算可得最优解为 $x^* = 2.8602$.

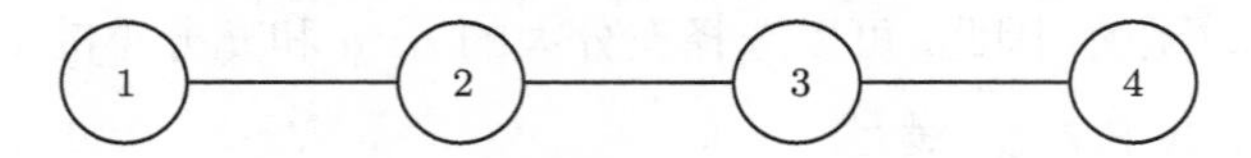

图 4.1　带有 4 个节点的网络拓扑图 $\mathcal{G}$

网络拓扑图 $\mathcal{G}$ 对应的邻接矩阵和拉普拉斯矩阵分别是

$$\mathcal{A} = \begin{bmatrix} 0 & 1 & 0 & 0 \\ 1 & 0 & 1 & 0 \\ 0 & 1 & 0 & 1 \\ 0 & 0 & 1 & 0 \end{bmatrix}, \quad \mathcal{L} = \begin{bmatrix} 1 & -1 & 0 & 0 \\ -1 & 2 & -1 & 0 \\ 0 & -1 & 2 & -1 \\ 0 & 0 & -1 & 1 \end{bmatrix}.$$

经计算可知, 拉普拉斯矩阵的最大特征值是 $\lambda_4 = 3.4142$.

例 4.1　验证定理 4.1, 即基于周期零梯度和算法式 (4.1) 求解式 (4.42).

取局部目标函数 $f_i(x)$ 的凸参数为 $\theta_i = 16$, $i=1,2,3,4$, 则参数 $\underline{\theta} = \min\{\theta_i, i = 1,2,3,4\} = 16$, 所有节点的采样周期 h 均为 0.2 s, 满足 $h < \dfrac{\underline{\theta}}{\lambda_{\max}}$.

仿真结果如图 4.2～图 4.4 所示. 图 4.2 表明, 所有节点的状态收敛于式 (4.42) 的最优解; 从图 4.3 可得, 控制输入是以周期 0.2 s 更新的; 图 4.4 给出了各节点的通信次数的轨迹, 从中可以看出各节点的通信次数都是 300, 因此控制器的更新次数也都是 300.

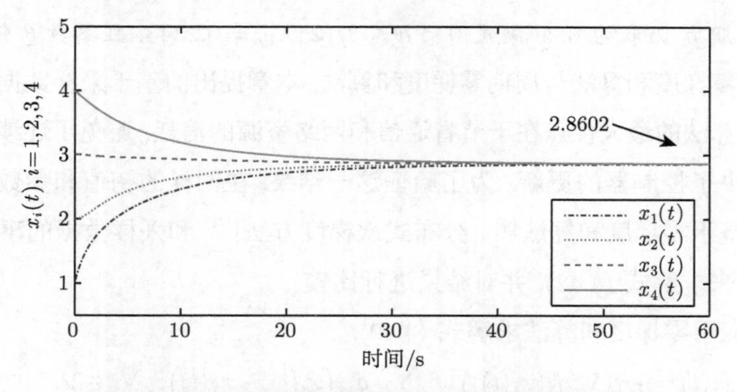

图 4.2 基于周期零梯度和算法的各节点的状态轨迹

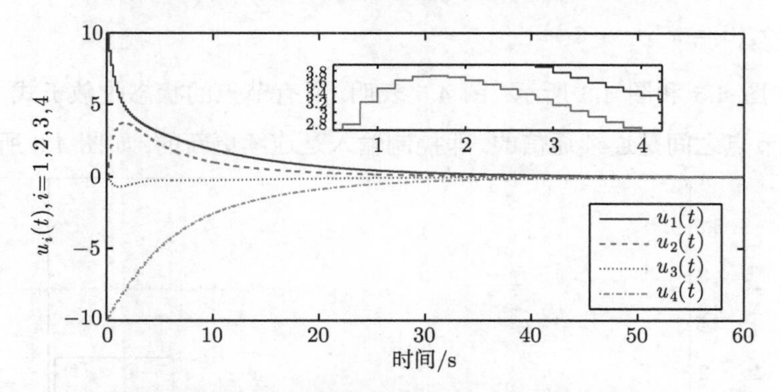

图 4.3 基于周期零梯度和算法的各节点的控制输入

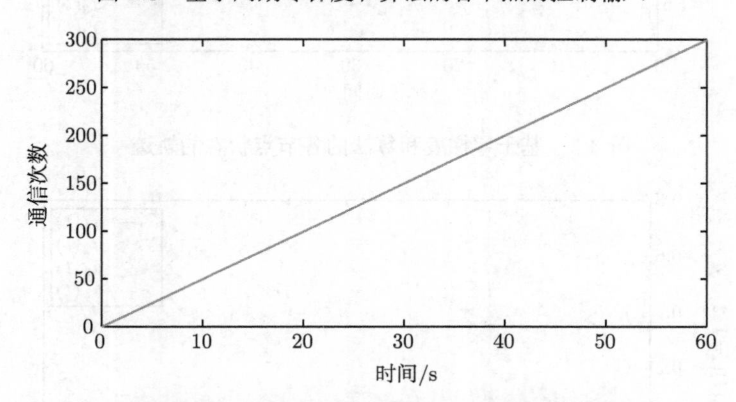

图 4.4 基于周期零梯度和算法的各节点的通信次数的轨迹

注：各节点的通信次数的轨迹重合

例 4.2 验证定理 4.2. 选取参数 $\gamma = 10$, $\sigma_1^2 = 0.057$, $\sigma_2^2 = 0.077$, $\sigma_3^2 = 0.0752$, $\sigma_4^2 = 0.525$ 使得 $\max_i\{\sigma_i^2,\ i = 1,2,3,4\} < (1/\lambda_4)^2 = (1/3.4142)^2 = 0.08579$, 所有节

点的采样周期 h 仍取为 0.2s 满足 $0 < h \leqslant \underline{\theta}/(2\gamma\lambda_4) = 0.2343$, 且参数 $\underline{\theta}$ 仍为 16.

相比于零梯度和算法与周期零梯度和算法, 本章提出的基于采样数据的事件驱动零梯度和算法的最大优点在于节省通信和网络资源的消耗, 避免了连续通信和周期通信, 减少了控制器的更新. 为了验证这一结果, 在同样的初值和参数选择的情况下, 分别基于零梯度和算法[9]、分布式次梯度方法[17] 和采样数据的事件驱动零梯度和算法来求解式 (4.42), 并对结果进行比较.

首先, 应用零梯度和算法求解式 (4.42).

$$\begin{cases} \dot{x}_i(t) = -\gamma\big(\nabla^2 f_i(x_i(t))\big)^{-1} \sum\limits_{j\in\mathcal{N}_i} a_{ij}\big(x_i(t) - x_j(t)\big), & \forall i \in \mathcal{V}, \\ x_i(0) = x_i^*, \quad \forall i \in \mathcal{V}. \end{cases}$$

仿真结果如图 4.5 和图 4.6 所示. 图 4.5 表明, 所有节点的状态收敛于式 (4.42) 的最优解, 但节点之间是连续通信的, 即控制输入是连续更新的, 如图 4.6 所示.

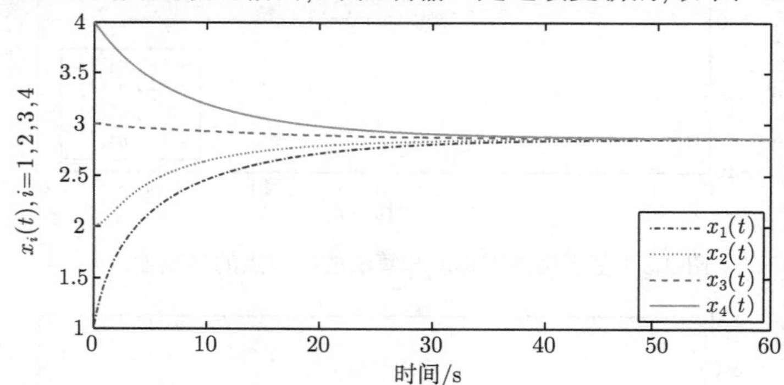

图 4.5　基于零梯度和算法的各节点状态的轨迹

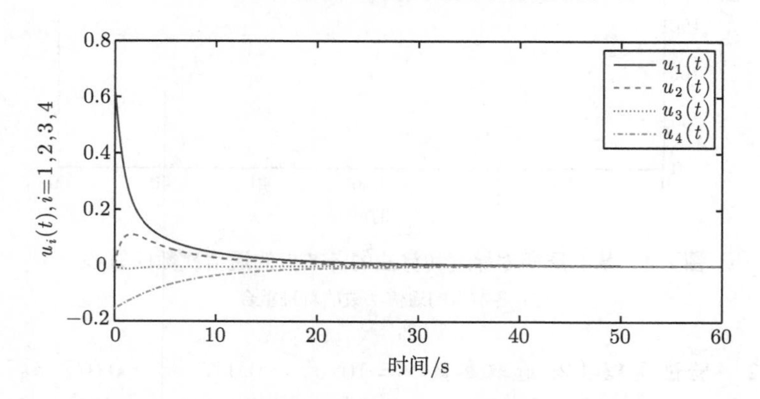

图 4.6　基于零梯度和算法的各节点状态的控制输入

然后，应用本章提出的基于采样数据的事件驱动零梯度和算法求解式 (4.42). 仿真结果如图 4.7~图 4.16 所示，其中每个节点的状态和控制信号的轨迹曲线如图 4.7 和图 4.8 所示，可以看出节点的状态渐近收敛于式 (4.42) 的最优解，而且控制输入是非周期更新的分段常值函数，即仅在驱动时刻进行迭代更新；图 4.9~图 4.12 给出了各节点的驱动时间间隔的轨迹；图 4.13~图 4.16 给出了各节点的状态误差函数 $\|e_i(kh)\|^2$ 和临界值 $\sigma_i^2\|\hat{z}_i(kh)\|^2$ 的轨迹曲线，注意到临界值 $\sigma_i^2\|\hat{z}_i(kh)\|^2$ 的轨迹不是周期变化的，而是分段常值的曲线. 另外，图 4.17 给出了各节点与邻居的通信次数的轨迹，从中可以看出各节点的通信次数均小于 50，因此控制器的更新次数也均小于 50. 除此之外，关于驱动时间间隔更详细的结果在表 4.1 中给出，从表 4.1 中可以看出，每个节点的最小的驱动时间间隔都大于采样周期 (0.2s).

表 4.1　基于 SD-ET-ZGS 算法的各节点的驱动次数和驱动时间间隔

节点	事件驱动次数	最小驱动时间间隔/s	最大驱动时间间隔/s	平均驱动时间间隔/s
1	44	0.4	1.6	1.3318
2	40	1	1.8	1.49
3	37	0.2	1.4	0.3838
4	31	1.6	2	1.9097

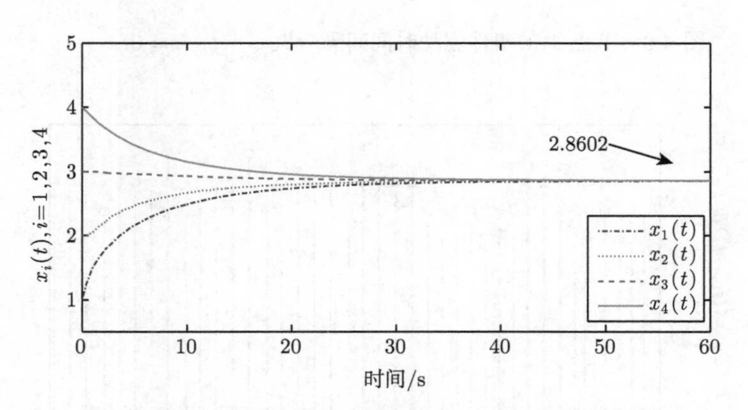

图 4.7　基于 SD-ET-ZGS 算法的各节点状态的轨迹

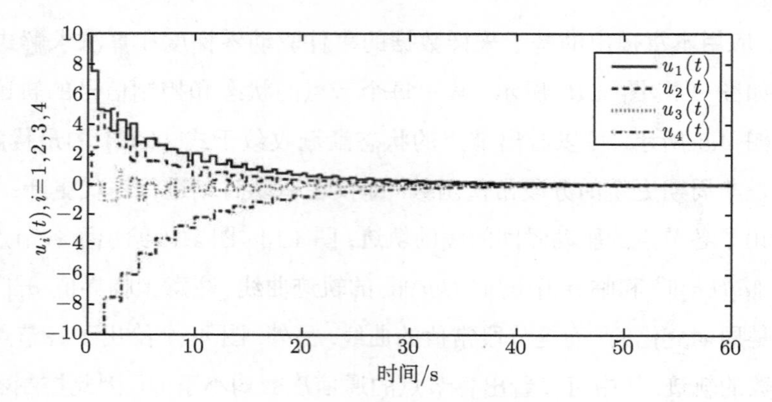

图 4.8　基于 SD-ET-ZGS 算法的各节点的控制输入

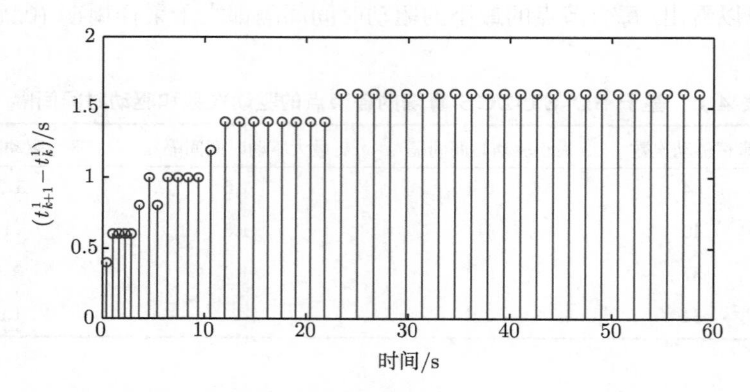

图 4.9　节点 1 的事件驱动时间间隔: $t^1_{k+1}-t^1_k,\ k=0,1,\cdots$

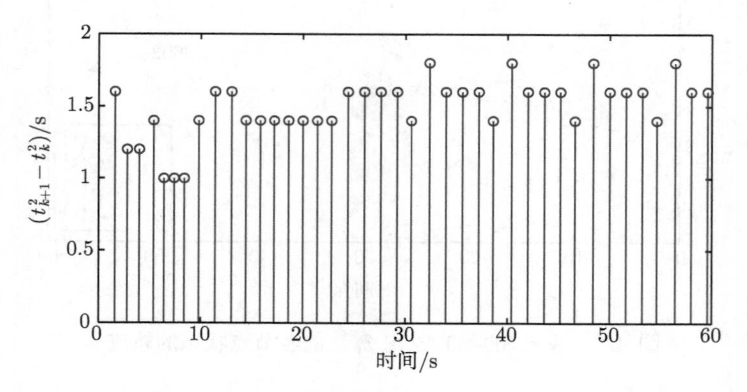

图 4.10　节点 2 的事件驱动时间间隔: $t^2_{k+1}-t^2_k,\ k=0,1,\cdots$

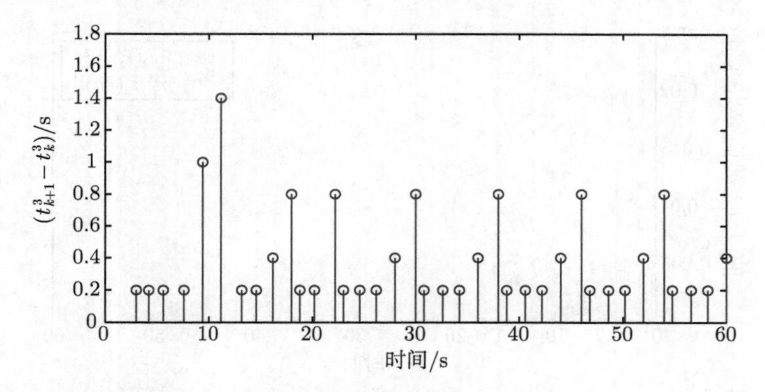

图 4.11 节点 3 的事件驱动时间间隔: $t_{k+1}^3-t_k^3,\ k=0,1,\cdots$

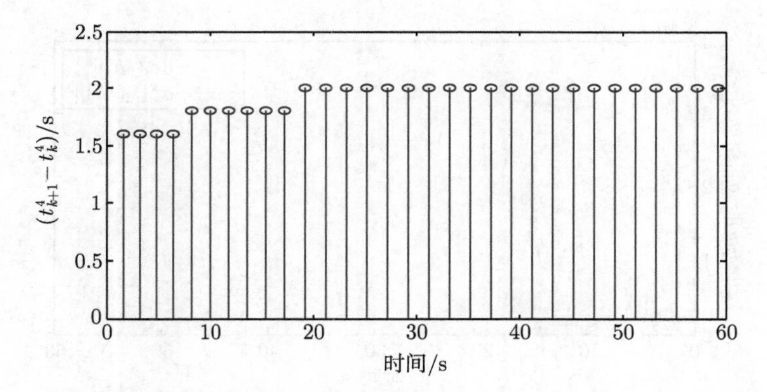

图 4.12 节点 4 的事件驱动时间间隔: $t_{k+1}^4-t_k^4,\ k=0,1,\cdots$

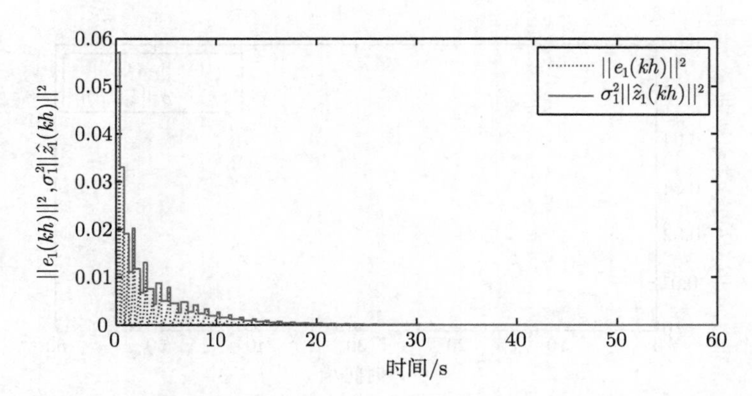

图 4.13 状态误差函数 $\|e_1(kh)\|^2$ 和临界值 $\sigma_1^2\|\hat{z}_1(kh)\|^2$ 的轨迹

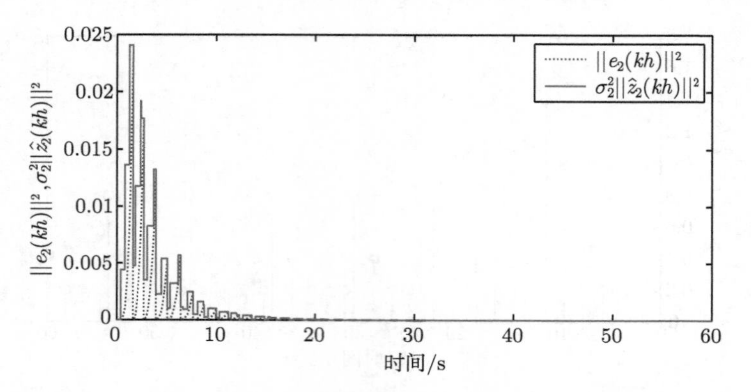

图 4.14　状态误差函数 $\|e_2(kh)\|^2$ 和临界值 $\sigma_2^2\|\hat{z}_2(kh)\|^2$ 的轨迹

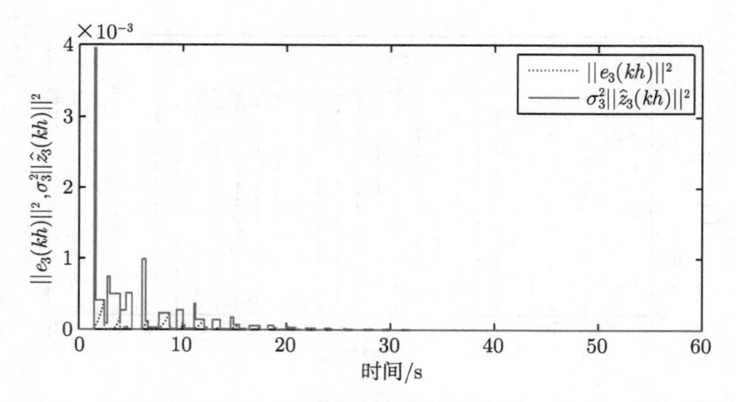

图 4.15　状态误差函数 $\|e_3(kh)\|^2$ 和临界值 $\sigma_3^2\|\hat{z}_3(kh)\|^2$ 的轨迹

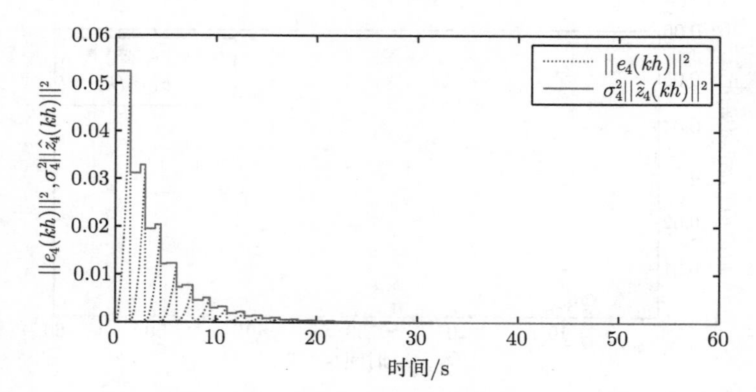

图 4.16　状态误差函数 $\|e_4(kh)\|^2$ 和临界值 $\sigma_4^2\|\hat{z}_4(kh)\|^2$ 的轨迹

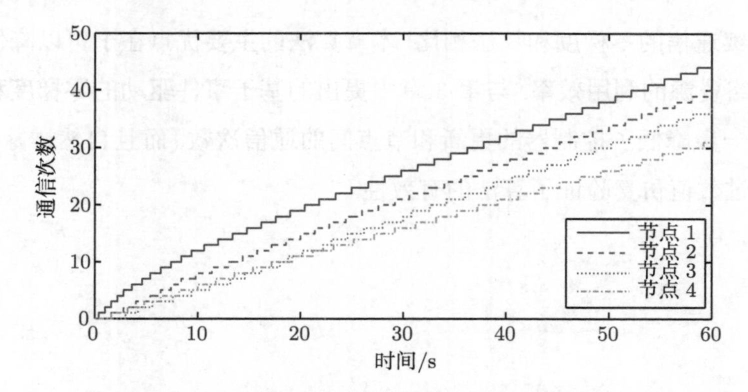

图 4.17 基于 SD-ET-ZGS 算法的各节点的通信次数

最后, 图 4.18 分别给出了应用基于采样数据的事件驱动零梯度和 (SD-ET-ZGS) 算法与分布式次梯度方法 (DSM) 得到的平均收敛误差 $\frac{1}{N}\sum_{i=1}^{N}\|x_i - x^*\|$ 的轨迹曲线, 其中分布式次梯度方法中步长选择为 $\alpha(k)=\frac{1}{k^2+1}$. 由此可以看出, 本章提出的基于采样数据的事件驱动零梯度和算法在降低能量消耗方面要好一些.

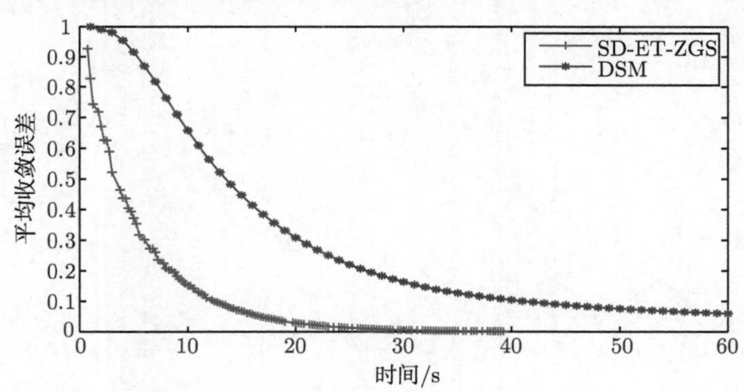

图 4.18 SD-ET-ZGS 算法与 DSM 的平均收敛误差比较结果

4.5 本章小结

本章介绍了基于周期采样数据的分布式优化问题, 分别给出了基于采样数据的周期零梯度和算法和基于采样数据的事件驱动零梯度和算法, 并证明了两种算法的渐近收敛性, 导出了基于采样数据的事件驱动零梯度和算法的收敛速度的一个上界. 与连续通信的零梯度和算法相比, 本章算法的主要优点在于可以降低通信消耗, 提高网络资源的利用效率. 与第 3 章中提出的基于事件驱动的零梯度和算法相比, 不但进一步降低了控制器的更新和节点间的通信次数, 而且自然排除 Zeno 现象. 最后通过数值仿真验证了算法的有效性.

第 5 章　基于群体智能的分布式优化算法

本章首先给出了一个基于群体分布式优化网络的完全分布式的基本框架, 解决了在目标函数没有凸性和次梯度假设情况下的分布式优化问题. 其次, 提出了一种基于一致性的用于协同进化不同智能体粒子群的搜索与评估方法. 该方法可以在没有中央协调者的情况下, 通过局部通信来评估全局目标函数的候选解. 最后, 提供了一个基于一致性位置搜索的局部终止规则, 并给出了详细的适应度评估步骤.

5.1　引　　言

为了能够更好地适应对等网络环境, 在并行计算[40, 177]、参数估计[178]、资源配置[179, 180]、无线传感器网络中的数据融合技术[6, 83, 181] 以及分布式学习等领域应用一种新的分布式算法迫在眉睫[96, 121].

给定一个函数, 形式如下:

$$f(x) = \frac{1}{nm}\sum_{i=1}^{n}\sum_{j=1}^{m}\|\zeta_{ij} - x\|^2. \tag{5.1}$$

此函数是一种基于最小二乘原理的分布式学习函数, 用于求解全局目标的最小值. 而

$$f_i(x) = \frac{1}{m}\sum_{j=1}^{m}\|\zeta_{ij} - x\|^2,$$

其中, $\{\zeta_{ij}\}_{j=1}^{m}$ 是第 i 个传感器得到的估计值 (或测量值)[182, 183]. 它所展示的问题属于典型的分布式优化任务.

本章主要介绍 n 个节点的多智能体网络的优化问题, 每个节点与一个局部标量代价函数 $f_i(x): \mathbb{R}^D \to \mathbb{R}$ 相关联, 该函数仅对该节点可知. $x \in \mathbb{R}^D$ 表示一个全局决策向量, 需要所有节点共同决定. 通过分布式求解的方式可以得到全局变量 x^*

用以解决以下问题:

$$x^* = \arg\min_{x\in\mathbb{R}^D} \frac{1}{n}\sum_{i=1}^{n} f_i(x). \tag{5.2}$$

注意: 每一个节点的信息仅来自周围邻居节点, 每一个节点不会获取整个网络所有局部代价函数 f_i 的信息.

当 $f_i(x)$ 具有诸如凸性和可微性之类的数学特性时, 关于式 (5.2) 的相关研究已取得一些研究成果. Nedić 等[17] 首次研究了基于一致性框架的此类问题. 之后, 很多学者又重新聚焦在这一问题上[6,14-17,136,184-189]. 这些方法主要分为两类: 第一类方法主要是通过网络预先建立的曼哈顿路径实现点对点的网络化优化过程[6, 16, 187, 188]; 第二类方法解决的是将局部次梯度计算和通信一致性问题相结合的优化问题[15, 17, 189, 190]. 在这样的背景下, 为了使整个网络最终取得最小值, 令所有节点分别单独使用局部梯度算法, 同时保持通信.

然而, 文献 [17] 涉及找到一种并行群体算法, 它在处理优化问题时采用了一种更集中而非完全分布式的方式. 图 5.1 为两种分布式模型示意图. 如图 5.1(a) 所示, 虽然算法的结构是由信息传递协议连接的各个独立节点组成, 但网络中的所有节点都知道全局目标函数 f. 本章所讨论的问题并不是只有一种情形. 如图 5.1(b) 所示, 全局目标值表示所有局部目标函数的平均值, 网络中不同的节点具有不同的目标函数. 也就是说, 节点 i 只知道它自己的目标函数 f_i 以及来自邻居节点的交互信息, 全局目标函数 f 通过各个节点间的局部合作达到最小值. 显然, 当所有的 f_i 相同时, 本章所讨论的问题将退化为已有工作. 因此, 本书所讨论的问题更加广泛.

虽然, 并行启发式算法[191] 可用于解决很多大型网络应用中的优化问题, 但将其应用到式 (5.2) 中并建立一个完全的分布式模型却是新颖的. 基于此, 本章试图在对等网络中应用基于群体智能的启发式算法, 通过协同使局部代价函数的平均值达到最小. 此处的难点在于节点 i 上的所有个体的适应度值不是由其本身的局部函数 f_i 评估, 而是由全局函数 $\frac{1}{n}\sum_{i=1}^{n} f_i$ 评估, 这种情况下没有中心协调者的参与该函数很难被观测. 因此, 根据全局目标函数筛选最佳个体变得异常困难. 为了克服这个困难, 所有的节点都必须合作完成全局任务. 但是, 很少有研究者考虑基于启发式的完全分布式优化问题.

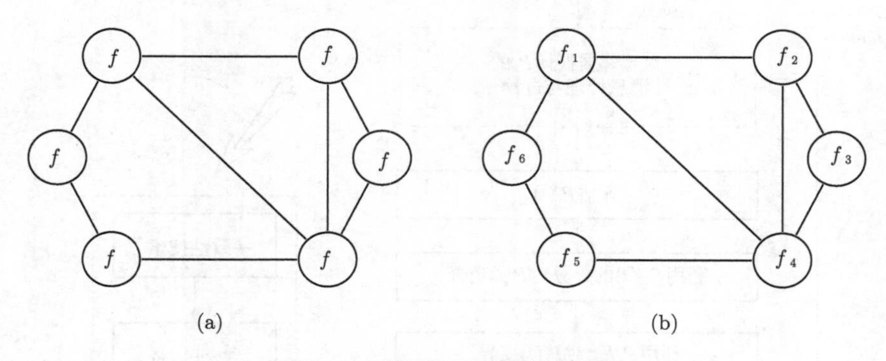

图 5.1 两种分布式模型示意图

5.2 基于群体智能的分布式优化框架

近年来, 分布式优化得到了广泛的关注, 大多数处理此问题都采用了数学方法. 同时为了适应分布式环境, 又新增或重新设计了一些基于群体智能的算法[192, 193], 这样做的目的是在完全分布式架构上能够执行函数优化.

在分布式群体智能优化方案中, 网络中的每一个节点都与一个独立的群体相关联, 而且所有的节点都通过信息传递协议连接. 在每一次迭代中, 所有节点都同等重要, 通过局部计算和邻居通信协同完成适应度评估, 所有群体都通过自身的局部目标函数来改变它们的个体适应度值. 为了通过进化多个节点间的多个群体实现网络优化任务, 给出了一个通用框架, 其中的关键步骤是一致性搜索和协商一致性评估, 以实现对网络中每个群体的个体进行合作评估. 图 5.2 给出了描述这个新架构的流程图, 将一致性搜索和一致性评估步骤用于传统的启发式算法中.

为了简化讨论以及方便描述所提到的通用框架, 本书提出如下基于网络的分布式粒子群优化算法.

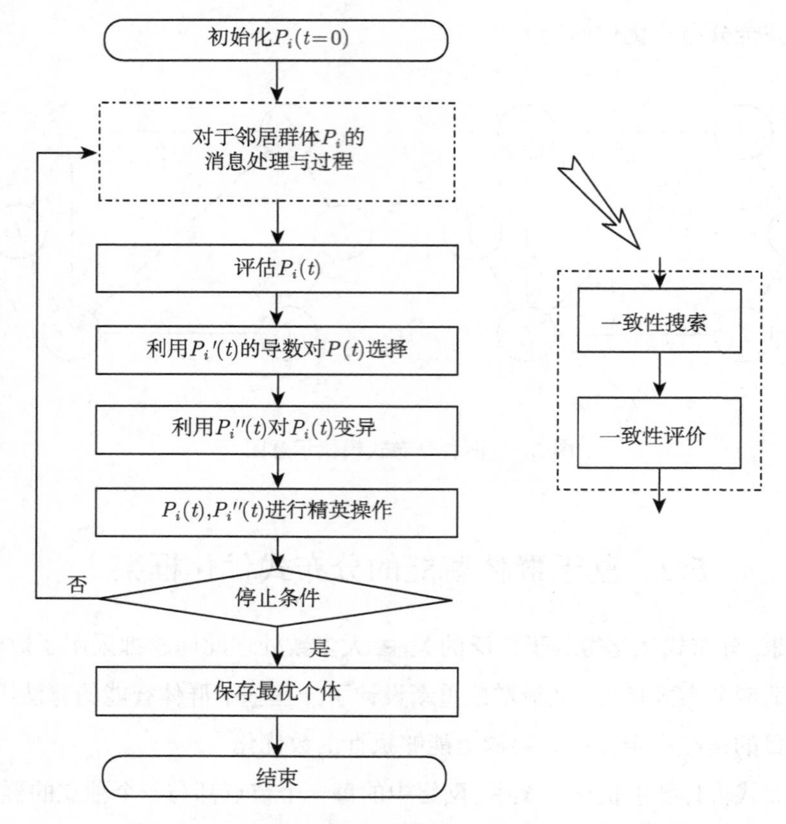

图 5.2　基于网络的群体智能分布式优化算法流程图

5.3　分布式粒子群优化算法

考虑一个网络 $\mathcal{G}(\mathcal{V},\mathcal{E})$, 顶点 $\mathcal{V}=\{1,2,\cdots,n\}$ 表示节点, 边 $\mathcal{E}$ 表示通信节点之间的连接权值, $\mathcal{E}\subseteq\mathcal{V}\times\mathcal{V}$, $\mathcal{V}$ 中节点 i 的邻居集合为 $N_i,\mathcal{N}_i\subseteq\mathcal{V}$. 假定图 $\mathcal{G}$ 是一个连通图, 注意节点不是全连通的, 同时允许图 $\mathcal{G}$ 包含闭环情况. 权值矩阵 $W\in\mathbb{R}^{n\times n}$ 的值表示通过节点进行的信息交互数值, 只有当节点 j 从节点 i 中接收到信息, $[W]_{ij}$ 才不为零. 对于节点 $i,i\in\mathcal{V}$, 大小为 m_i 的群体 $\mathcal{P}_i$ 是可用的, 每个节点都独立的运行一个群体智能优化算法. 网络环境下的分布式计算则通过节点间的信息传递完成.

在式 (5.2) 的实现过程中, 假定网络是确定已知的. 每一个节点 i 运行一次粒子群优化算法, 然后观测其局部目标函数 $f_i(x)$. 节点间不存在类似主仆关系的特殊规则, 所有节点相互协作以实现全局目标优化. 基于分布式粒子群优化算法的全局目标函数形式如下:

$$f(x) \triangleq \frac{1}{n}\sum_{i=1}^{n} f_i(x). \tag{5.3}$$

图 5.3 为式 (5.3) 的图解. 每个节点只能访问自身的局部目标函数以及与其通信的邻居节点信息, 分布式粒子群优化算法在每个节点处分别执行. 在和其他节点进行信息交互时, 由于每个节点只能观测全局目标函数中的一个成分, 故每个节点都单独执行自身的优化程序并分别估计出一个全局最优解 x^*. 令 f^* 表示优化值, 假设所有群体的规模 (群体中包含的个体数目) 都是 m, 粒子在它们各自的群体中被标记为 $1, 2, \cdots, m$. 分别令 x_{ij} 表示第 j 个粒子的位置, v_{ij} 表示第 i 个群体的速度. 在进化过程中函数 f 可以求得最佳位置, 但不是单一局部群体的最佳位置. 鉴于此, 根据式 (5.2) 确定出的首要目标, 本书提出了一种基于一致性的适应度评估策略.

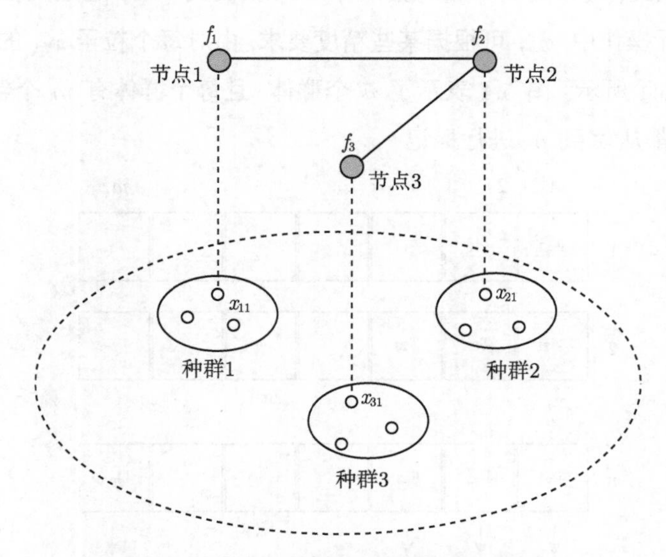

图 5.3 分布式粒子群优化算法框架示意图

考虑 n 个群体的所有第 j 个粒子, 令

$$
\begin{cases}
\hat{f}_1(0) = f_1(x_{1j}), \\
\hat{f}_2(0) = f_2(x_{2j}), \\
\vdots \\
\hat{f}_n(0) = f_n(x_{nj}).
\end{cases}
\tag{5.4}
$$

迭代函数 $\hat{f}(t) = W\hat{f}(t-1)$, $t = 1, 2, \cdots$, 其中初始状态 $\hat{f}(0) = (\hat{f}_1(0), \hat{f}_2(0), \cdots, \hat{f}_n(0))^{\mathrm{T}}$. 根据引理 2.1 可知, $\hat{f}(t)$ 可以实现平均一致性, 即

$$
\hat{f}_i(t) \to \frac{1}{n}\sum_{i=1}^{n}\hat{f}_i(0) = \frac{1}{n}\sum_{i=1}^{n} f_i(x_{ij}). \tag{5.5}
$$

对于所有的 $i \in \{1, 2, \cdots, n\}$, 根据式 (5.4) 和式 (5.5), 如果所有的第 j 个粒子理论上都达到相同的位置, 即 $x_{1j} = x_{2j} = \cdots = x_{nj} \triangleq x_{*j}$, 那么有

$$
\hat{f}_i(t) \to \frac{1}{n}\sum_{i=1}^{n} f_i(x_{*j}) = f(x_{*j}),
$$

其中, $i = 1, \cdots, n$. 在经过一定次数的循环之后, 每个节点都将在 x_{*j} 处获取一个目标评估值. 因此, 对于每一个群体的 x_{*j} 都可以被式 (5.3) 通过局部网络通信渐近评估. 在实际操作中, x_{*j} 可根据某些精度要求, 由对每个粒子 x_{ij} 的评估值所替代, 过程如图 5.4 所示. 图 5.4 表示了 n 个群体, 且每个群体有 m 个粒子, 每个群体的所有粒子都从 1 到 m 进行标记.

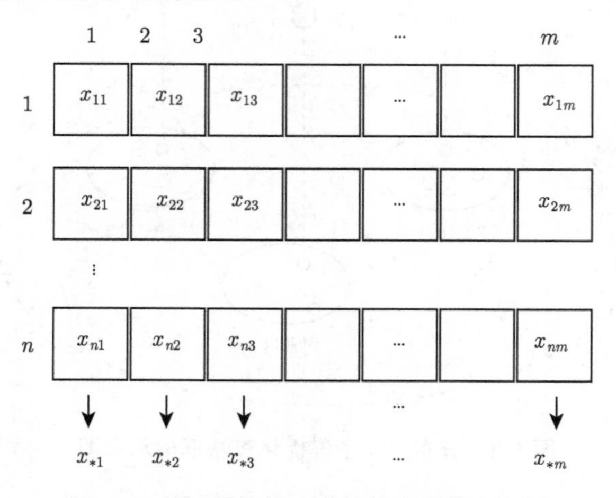

图 5.4 粒子群体的一致性搜索步骤示意图

注 5.1 在位置搜索步骤中，一致性迭代作用于位置向量的分量. 在适应度评估步骤中，一致性迭代作用于目标函数值. 一致性位置 x_{*j} 会根据式 (5.3) 所示的局部目标函数的平均值 $\frac{1}{n}\sum_{i=1}^{n} f_i$ 进行评估，但该平均值不会由单个节点所获取. 可以通过执行一个适应度一致性步骤来获取 $\hat{f}(x_{*j})$ 的评估值. 主要思想虽然简单，但很有效. 对于网络环境下粒子群进化的风险评估，此举是一个基本的解决方式.

分布式粒子群优化算法的主要步骤如下：

步骤 1. *设定公共参数*：对算法进行参数设定，包括节点数量 n、网络权重矩阵 W、群体大小 m、粒子群惯性权重 ω、认知要素 c_1、社会要素 c_2、速度上界 $v_{\max}$、最大迭代次数 $\text{iter}_{\max}$、一致性搜索精度等级 τ_1 以及一致性进化精度等级 τ_2.

步骤 2. *局部初始化*：对粒子的位置和每个群体的独立速度进行初始化.

步骤 3. *一致性搜索*：运行一致性迭代，在一致性搜索精度等级 τ_1 下移动到相同的位置，以驱动粒子在不同的群体中具有相同的标签，让一致性位置成为粒子群优化算法评估步骤的潜在解决方案.

步骤 4. *一致性评估*：每个群体根据自身的局部目标函数计算它们的粒子数值，然后设定这些数值作为初始状态以进行适应度一致性迭代，设定一致性函数值作为每一个对应粒子的适应度值.

步骤 5. *种群进化*：对每个群体根据粒子群算法公式更新每一个粒子的位置和速度.

步骤 6. *根据局部终止规则终止*：利用局部终止规则终止一致性搜索和一致性适应度评估步骤.

根据上面介绍的分布式粒子群优化算法的过程，优化公式 (5.3) 需要进行四个步骤：第一步，一致性位置搜索；第二步，一致性适应度评估；第三步，粒子群进化；第四步，针对两个一致性步骤执行终止准则. 基于无向拓扑的分布式粒子群优化算法的伪代码如表 5.1 所示. 在有向网络中应用的算法只能通过修改有向通信下的一致性步骤的形式进行微调.

表 5.1　分布式粒子群优化算法的伪代码

算法的伪代码

```
   // 步骤1: 初始化
1  对每一个群体的x_ij, v_ij 各自进行初始化;
   // 步骤2: 一致性搜索
2  x̂_ij ← x_ij;
3  repeat
4  |  for j = 1 to m do
5  |  |  for d = 1 to D do
6  |  |  |  x̂^d_ij ← [W]_ii x̂^d_ij + Σ_{l∈N_i} [W]_il x̂^d_lj, i = 1 : n;
7  until 达到一致性搜索停止条件;
8  x_ij ← x̂_ij;
   // 步骤3: 一致性评估
9  f̂_ij ← f_i(x_ij);
10 repeat
11 |  for j = 1 to m do
12 |  |  f̂_ij ← [W]_ii f̂_ij + Σ_{l∈N_i} [W]_il f̂_lj, i = 1 : n;
13 until 达到一致性评估索停止条件;
14 f_ij ← f̂_ij;
   // 步骤4:  粒子群进化
15 p_ij ← x_ij; pf_ij ← f_ij; k = 1;
16 while k < iter_max do
17 |  for 每个群体i do
18 |  |  ω ← ω_min + k(ω_max − ω_min)/iter_max ;
19 |  |  best_i ← {j : pf_ij = min(pf_i:)};
20 |  |  for j = 1 to m do
21 |  |  |  for d = 1 to D do
22 |  |  |  |  v^d_ij ← ωv^d_ij + c_1 r_1(·)(p^d_ij − x^d_ij) + c_2 r_2(·)(p^d_ibest_i − x^d_ij);
23 |  |  |  |  v^d_ij ← min(v_max , max(−v_max , v^d_ij));
24 |  |  |  |  x^d_ij ← x^d_ij + v^d_ij;
25 |  |  |  |  if x^d_ij > x_max then
26 |  |  |  |  |  x^d_ij ← x_max ; v^d_ij ← −v^d_ij;
27 |  |  |  |  if x^d_ij < x_min then
28 |  |  |  |  |  x^d_ij ← x_min ; v^d_ij ← −v^d_ij;
   |  |  // 重复一致性搜索和一致性评估步骤
29 |  |  重复执行 2～14行;
30 |  |  if f_ij < pf_ij then
31 |  |  |  p_ij ← x_ij; pf_ij ← f_ij;
32 |  k++;
```

5.3.1　一致性搜索

在粒子群优化步骤中, 由于种群中的粒子采取随机初始化, 从前面的讨论可以看出, 所有群体的第 j 个粒子都会根据式 (5.3) 评估到相同的位置. 令初始化状态为 $\hat{x}_{ij}(0) = x_{ij}$, $i = 1, 2, \cdots, n$, 在每个位置的一致性迭代中, 每个节点都利用从邻居节点中接收的信息对每个维度更新其评估值 x_{ij}, 即

$$\hat{x}_{ij}^d(t)=[W]_{ii}\hat{x}_{ij}^d(t-1)+\sum_{l\in\mathcal{N}_i}[W]_{il}\hat{x}_{lj}^d(t-1),$$

其中, $i=1,\cdots,n$; $d=1,\cdots,D$; $[W]_{ii},[W]_{il}$ 是 W 中的项. 上述迭代公式的向量形式如下:

$$\hat{x}_{:j}^d(t)=W\hat{x}_{:j}^d(t-1),\quad j=1,2,\cdots,m, \tag{5.6}$$

初始状态为 $\hat{x}_{:j}^d(0)=(x_{1j}^d,x_{2j}^d,\cdots,x_{nj}^d)^{\mathrm{T}}$, 其中 d 是组成成分索引值. $\hat{x}_{:j}^d$ 表示一个新的矢量, 用来存储所有 n 个节点中第 d 个组件的第 j 个粒子数值.

权值矩阵 W 表示在图中的连接值, W 的选择对平均一致性算法的收敛性有重要的影响[44, 194]. 根据一致性理论, 权值矩阵 W 的设计取决于网络拓扑结构. 现在讨论网络拓扑的两种基本类型: 无向图拓扑和有向图拓扑.

1. 无向图情形

由引理 2.1 可知, 如果通信拓扑是强连通和平衡的, 那么在分布式方式下可以迭代实现平均一致性. 在无向图 $\mathcal{G}$ 中, 节点由对称权值相连.

假设 5.1 权值矩阵 $W\in\mathbb{R}^{n\times n}$ 满足 $W1_n=1_n$, $1_n^{\mathrm{T}}W=1_n^{\mathrm{T}}$ 且 $\rho\left(W-\frac{1}{n}1_n1_n^{\mathrm{T}}\right)<1$.

对于一个确定连接的无向图, 当权值矩阵 W 满足假设 5.1, 根据引理 2.1, 式 (5.6) 收敛于初始值的平均值, 即

$$\hat{x}_{ij}^d(t)\to\hat{x}_{*j}^d=\frac{1}{n}\sum_{i=1}^n x_{ij}^d,\quad j=1,2,\cdots,m.$$

可以采用 Metropolis-Hastings 权值[194] 产生平均一致性. Metropolis-Hastings 权值表示如下:

$$[W]_{il}=\begin{cases}\dfrac{1}{1+\max\{d_i,d_l\}}, & i\neq l,\ (i,l)\in\mathcal{E},\\ 1-\displaystyle\sum_{l\in\mathcal{N}_i}\dfrac{1}{1+\max\{d_i,d_l\}}, & i=l,\\ 0, & i\neq l,\ (i,l)\notin\mathcal{E}.\end{cases} \tag{5.7}$$

注 5.2 $\hat{x}_{ij}$ 代表向量 x_{ij} 的平均值, 对于所有群体 n 的第 j 个粒子, $i = 1, 2, \cdots, n$. 主要目标是获取一个新的位置, 通过全局目标函数进行评估. 根据式 (5.2) 提出的基于网络的分布式粒子群优化算法的执行是很有必要的.

2. 有向图情形

虽然产生一个双随机矩阵有多种途径, 且都被广泛地应用于达到平均一致性中, 但大多数已知的方案对于有向图情形并不适用. 被称为 Push-Sum 一致[195] (或比例一致[196]) 的一致性算法对于通信网络中的分布式求平均值是一种更自然的算法.

给定一个 强连通图的拓扑结构, 使用列随机矩阵 W 表示 $\mathcal{G}$. 每次迭代中, 节点 l 将其总和 $s_l(t)$ 和权重 $w_l(t)$ 分割为 $\{S_l(i) = ([W]_{il}s_l(t), [W]_{il}w_l(t)), i \in \mathcal{V}\}$, 其中, $\sum_{i=1}^{n}[W]_{il} = 1$, 然后把它们传递到每一个邻居节点的共享单元 $S_l(i)$ 中. 注意 Push-Sum 算法不适用于在双随机矩阵的情况下计算平均值.

对于 $j = 1, 2, \cdots, m$, 一致性搜索算法初始化设定为 $s_{:j}^d(0) = (x_{1j}^d, x_{2j}^d, \cdots, x_{nj}^d)^{\mathrm{T}}$, $w_{:j}(0) = 1_n$, 即

$$s_{:j}^d(t) = W s_{:j}^d(t-1), \tag{5.8}$$

$$w_{:j}^d(t) = W w_{:j}^d(t-1), \tag{5.9}$$

其中, $t = 1, 2, \cdots$. 每次迭代的平均值局部估计计算公式如下:

$$\hat{x}_{:j}^d(t) = \frac{s_{:j}^d(t)}{w_{:j}^d(t)}, \tag{5.10}$$

以上所示的除法是元素级的. 对于所有迭代, 质量守恒定律允许算法收敛到平均值[197], 即

$$\hat{x}_{ij}^d(t) \to \hat{x}_{*j}^d = \frac{1}{n}\sum_{i=1}^{n} x_{ij}^d.$$

在本章中, 列随机矩阵 W 由以下公式获得:

$$[W]_{il} = \begin{cases} \dfrac{1}{1 + d_l^{\mathrm{out}}}, & i \in \mathcal{N}_l^{\mathrm{out}} \cup \{l\}, \\ 0, & \text{其他}. \end{cases} \tag{5.11}$$

5.3.2 一致性评价

前面的一致性搜索步骤驱动粒子在不同的群体中随机初始化, 经过充足的迭代之后, 具有相同标签的粒子几乎处于相同的位置. 平均一致性位置 $\hat{x}_{ij}$ 的估计可由全局目标函数评估.

1. 无向图情形

在一个无向图 $\mathcal{G}$ 中, 节点由对称权值连接. 设定初始状态如下:

$$\begin{cases} \hat{f}_1(0) = f_1(\hat{x}_{1j}), \\ \hat{f}_2(0) = f_2(\hat{x}_{2j}), \\ \vdots \\ \hat{f}_n(0) = f_n(\hat{x}_{nj}). \end{cases} \tag{5.12}$$

在每次一致性迭代中, 每个节点使用从其邻居节点接收的加权数据更新其估计值, 即

$$\hat{f}_{ij}(t) = [W]_{ii}\hat{f}_{ij}(t-1) + \sum_{l \in \mathcal{N}_i} [W]_{il}\hat{f}_{lj}(t-1), \quad i = 1, \cdots, n.$$

以上迭代公式可以表示为如下向量形式:

$$\hat{f}_{:j}(t) = W\hat{f}_{:j}(t-1), \quad j = 1, 2, \cdots, m, \tag{5.13}$$

其中, 初始化状态为 $\hat{f}_{:j}(0) = (\hat{f}_{1j}(0), \hat{f}_{2j}(0), \cdots, \hat{f}_{nj}(0))^{\mathrm{T}}$. 对于确定的无向图, 相关线性一致性算法收敛, 即

$$\hat{f}_{ij}(t) \to \frac{1}{n}\sum_{i=1}^{n} \hat{f}_i(0) = \frac{1}{n}\sum_{i=1}^{n} f_i(\hat{x}_{ij}), \, j = 1, 2, \cdots, m.$$

2. 有向图情形

令列随机矩阵 W 表示一个给定的强连通图 $\mathcal{G}$. 利用 Push-Sum 算法, 可以达到平均一致性.

对于 $j = 1, 2, \cdots, m$, 一致性搜索算法初始化设定为 $s'_{:j}(0) = (f_1(\hat{x}_{1j}),$

$f_2(\hat{x}_{2j}),\cdots,f_n(\hat{x}_{nj}))^{\mathrm{T}}$, $w'_{:j}(0)=1_n$, 即

$$s'_{ij}(t)=[W]_{ii}s'_{ij}(t-1)+\sum_{l\in\mathcal{N}_i^{\mathrm{in}}}[W]_{il}s'_{lj}(t-1),$$
$$w'_{ij}(t)=[W]_{ii}s'_{ij}(t-1)+\sum_{l\in\mathcal{N}_i^{\mathrm{in}}}[W]_{il}w'_{lj}(t-1).$$

每次迭代的平均值局部估计计算公式如下:

$$\hat{f}_{ij}(t)=\frac{s'_{ij}(t)}{w'_{ij}(t)}.$$

平均一致性可由如下公式实现:

$$\hat{f}_{ij}(t)\to\frac{1}{n}\sum_{i=1}^{n}f_i(\hat{x}_{ij}). \tag{5.14}$$

5.3.3 粒子群合作演化

粒子群优化算法是一个随机递归过程, 它的灵感来自于鸟类智能[198, 199]. 种群中每一个个体表示一种潜在的解决方案, 此方案通过适应度函数进行评估. 虽然粒子群优化算法已经存在很多种不同的表示形式, 本章只采用标准的形式进行构建. 而基于改进的粒子群优化算法具有更高级的形式, 可以根据所提出的基于群体智能的分布式优化框架进一步扩展.

如图 5.3 所示, 每一个节点执行一次粒子群优化算法. 该算法首先在普通搜索空间中随机初始化 n 个粒子群体, 在每次迭代中, 一致性粒子 x_{ij} 的适应度根据适应度函数 $\hat{f}(\cdot)$ 计算可得. 而在每次粒子群优化算法迭代步骤 k 根据以下公式完成更新:

$$\begin{aligned}v_{ij}^d(k+1)=&\omega v_{ij}^d(k)+c_1r_1(\cdot)(p_{ij}^d(k)-x_{ij}^d(k))\\&+c_2r_2(\cdot)(g_{ij}^d(k)-x_{ij}^d(k)),\end{aligned} \tag{5.15}$$

$$x_{ij}^d(k+1)=x_{ij}^d(k)+v_{ij}^d(k+1), \tag{5.16}$$

其中, $x_{ij}=(x_{ij}^1,x_{ij}^2,\cdots,x_{ij}^D)^{\mathrm{T}}\in\mathbb{R}^D$ 和 $v_{ij}=(v_{ij}^1,v_{ij}^2,\cdots,v_{ij}^D)^{\mathrm{T}}\in\mathbb{R}^D$ 分别表示种群 i 的第 j 个粒子的位置和速度; 向量 p_{ij} 表示由种群 i 本身的第 j 个粒子找到的当前最佳位置; 向量 g_{ij} 表示由整个种群 i 的粒子所找到的最佳位置. 对于惯性权

值 ω, 加速度解 c_1, c_2 以及随机参数 r_1, r_2 的定义则是参考独立的基本粒子群优化算法给出.

在当前研究中, 惯性权值 ω 根据以下公式[200] 设定为线性递减.

$$\omega = \omega_{\min} + \frac{k(\omega_{\max} - \omega_{\min})}{\mathrm{iter}_{\max}},$$

其中, $\mathrm{iter}_{\max}$ 表示粒子群算法的最大迭代次数; $\omega_{\max}$ 和 $\omega_{\min}$ 分别表示初始权值和最终权值; k 表示当前迭代次数. 参数 $v_{\max}$ 表示粒子速度的上限值[201] . 对于粒子速度的限定值, 则由如下公式给出:

$$\begin{cases} v_{ij}^d = v_{\max}, & v_{ij}^d > v_{\max}, \\ v_{ij}^d = -v_{\max}, & v_{ij}^d < -v_{\max}, \end{cases}$$

其中, v_{ij}^d 是速度矢量 v_{ij} 的分量. $v_{\max}$ 的值通常取为 $Kx_{\max}$, $0.1 \leqslant K \leqslant 1.0$[202]. 粒子位置的维数 d 由以下等式约束, 即

$$\begin{cases} x_{ij}^d = x_{\max}, & v_{ij}^d = -v_{ij}^d, & x_{ij}^d > x_{\max}, \\ x_{ij}^d = x_{\min}, & v_{ij}^d = -v_{ij}^d, & x_{ij}^d < x_{\min}. \end{cases}$$

每个种群成员的个体最佳位置由如下公式更新, 即

$$p_{ij}(k) = \begin{cases} p_{ij}(k-1), & f(x_{ij}(k)) \geqslant f(p_{ij}(k-1)), \\ x_{ij}(k), & f(x_{ij}(k)) < f(p_{ij}(k-1)). \end{cases}$$

种群 i 的所有粒子根据如下公式找到全局最佳位置, 即

$$g_{ij}(k) = \arg\min_{p_{ij}} f(p_{ij}(k-1)), \quad 1 \leqslant j \leqslant m.$$

5.3.4 局部终止规则

文献 [104] 定义了最早的收敛时间 $T_{\mathrm{ave}}(\epsilon)$, 此处的误差 $\|x(t) - x_{\mathrm{ave}} 1_n\| \leqslant \epsilon \|x(0)\|$ 与一致性算法的初始状态 $x(0)$ 的相关性较小. 但是, 在实际应用中, 发现网络中的单个节点无法确定何时可以终止近邻通信. 通常可以提前设定一个需求精度等级 $\tau > 0$, 然后令迭代过程运行尽可能多的次数, 以确保满足 $\|x(k) - x_{\mathrm{ave}} 1_n\| \leqslant \tau$.

局部终止规则[203] 可以通过一种分布式的方式来终止一致性条件. 在一致性步骤中, 每一个节点检查自身近期通信记录, 若当前值已足够接近平均值, 则停止局

部通信. 在网络公共信息中存在两个参数：一个是公差参数 $\tau > 0$; 另一个是用 C 表示的一个正整数. 每个节点 i 更新局部估计值 $x_i(t)$, 对于计数函数 $c_i(t)$, 对其初始化为 $c_i(0) = 0$. 节点根据当前自身的计数值, 被设计为有源和无源两种通信模式. 在 t 时刻, 如果 $c_i(t) < C$, 则节点 i 处于有源模式; 如果 $c_i(t) \geqslant C$, 则节点 i 处于无源模式. 若节点处于有源状态, 则会立即向邻居节点发送信息交换请求. 当节点从邻居节点接收到请求, 不管该节点处于何种状态, 都必须直接与邻居节点建立通信. 因此, 在两次一致性迭代的短暂间隙中, 网络一旦检测到存在一个处于有源状态的节点, 节点间的通信连锁反应将会通过网络立即执行, 直到一个一致性迭代过程完成才可结束.

当一致性迭代存在时, 每个节点检查其自身局部评估值的改变量. 如果节点局部值的改变量小于公差参数 τ, 计数函数 $c_i(t)$ 增加 1; 否则, $c_i(t)$ 重置为 0. 当 $c_i(t) \geqslant C$ 时, 该节点由之前的有源状态变为无源状态. 无源节点不会主动发送请求进行通信, 它只能被动的处理信息. 但在 t 时刻, 即使 $c_i(t) \geqslant C$, 无源节点仍会更新它自身的估计值, 然后在下一时刻 t_1 与邻居节点通信时计数. 另外, 如果估计值的改变量大于 τ, 无源节点将会被重置为 $c_i(t_1) = 0$ 并恢复有源通信. 当所有节点都处于无源状态时, 则不会有节点启动新一轮通信, 网络中的一致性迭代终止. 利用局部终止规则获取平均一致性的算法伪代码如表 5.2 所示.

表 5.2　局部终止规则的一致性的算法伪代码

算法的伪代码
1 初始化：对于d维计算。$\{x_i^d(0)\}_{i\in\mathcal{V}}$, $c_i(0) = 0$ for all $i \in \mathcal{V}$, and $t = 1$; ($\{x_i^d(t)\}_{i\in\mathcal{V}}$ 储存在向量$x(t) \in \mathbb{R}^n$)
2 **repeat**
3 　对每个节点$i \in \mathcal{V}$ 检查其自身的估计值和计数值
4 　**if** $c_i(t-1) < C$ **then**
5 　　节点i 需要一次迭代
6 　　$x(t) = Wx(t-1)$;
7 　　**for** $i = 1$ to n **do**
8 　　　**if** $\lvert x_i^d(t) - x_i^d(t-1)\rvert \leqslant \tau$ **then**
9 　　　　$c_i(t) = c_i(t-1) + 1$;
10 　　　**else**
11 　　　　$c_i(t) = 0$;
12 　$t \leftarrow t + 1$;
13 **until** $c_i(t-1) \geqslant C$ 对于所有的$i \in \mathcal{V}$;

在该方案中, 局部终止规则在一致性搜索和一致性评价步骤中同时采用. τ 在

两个一致性步骤中都表示精度等级, 在网络中进行预先设定. 为了减少迭代次数, 令 $C = 1$. 在一致性搜索步骤中, 一致性迭代在每一个位置矢量 x_{ij} 的每个维度 $d = 1, 2, \cdots, D$ 都有作用. 设定初始状态为 $\hat{x}^d_{:j}(0) = (x^d_{1j}, x^d_{2j}, \cdots, x^d_{nj})^{\mathrm{T}}$, 然后执行式 (5.6). 当 $\max_{i=1}^n(\max_{j=1}^m |\hat{x}^d_{ij}(t) - \hat{x}^d_{ij}(t-1)|) \leqslant \tau$, 此时包含了所有的 d, 一致性搜索步骤停止. 当满足条件 $\max_{i=1}^n(\max_{j=1}^m |\hat{f}_{ij}(t) - \hat{f}_{ij}(t-1)|) \leqslant \tau$ 时, 一致性评价步骤也停止.

5.4 数 值 仿 真

为了测试所提出的算法, 本书研究了具有不同网络拓扑结构的分布式粒子群优化算法. 第一个例子基于无向/有向网络拓扑结构的小型网络进行测试; 第二个例子是 在一个更大的网络上随机生成随机图进行测试.

5.4.1 实验 1: 小规模的无向/有向网络

首先考虑图 5.5 包含的五个节点的简单实例, 其中图 5.5(a) 为无向图拓扑, 图 5.5(b) 为有向图拓扑. 二维和五维问题在两个拓扑结构中都进行测试.

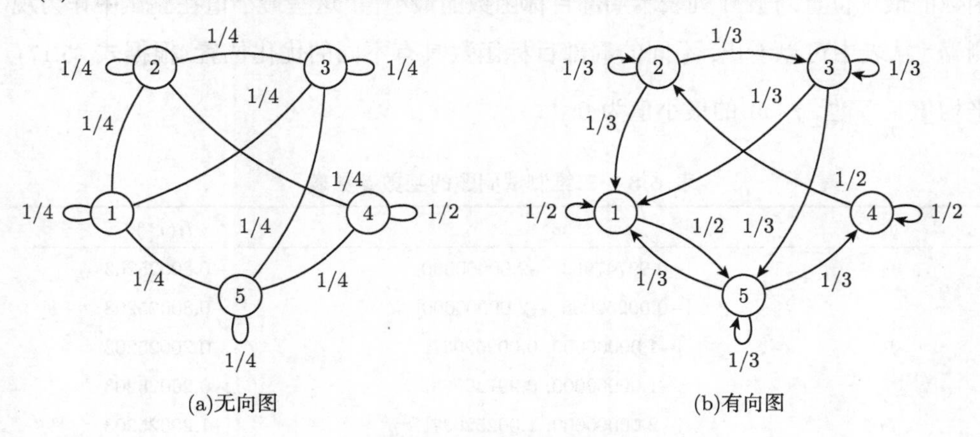

图 5.5 通信拓扑结构图

为了测试本章中提出的分布式算法, 为 5 个节点各设计了 1 个局部目标函数, 函数形式如下:

$$f_i(x) = \sum_{j=1}^{D}(x_j^2 - 10\cos(2\pi x_j) + 10 + [A]_{ij}x_j), \quad i = 1, 2, \cdots, 5, \tag{5.17}$$

其中, $\sum_{i=1}^{5}[A]_{ij} = 0$, $j = 1, 2, \cdots, D$, 即矩阵 $A \in \mathbb{R}^{5\times D}$ 且满足 $Ax = 0$. 这里的 5 个局部目标函数的平均值 $\frac{1}{5}\sum_{i=1}^{5} f_i(x)$ 等于 $\sum_{j=1}^{D}(x_j^2 - 10\cos(2\pi x_j) + 10)$. 此方法较为简单, 可通过添加适当的一阶项得到不同的局部目标函数.

对于二维和五维问题的 A 矩阵分别设定如下:

$$\begin{bmatrix} 1 & 4 \\ 2 & -1 \\ 4 & -3 \\ -4 & 2 \\ -3 & -2 \end{bmatrix}, \quad \begin{bmatrix} 3 & 1 & -4 & 1 & 3 \\ 2 & 4 & -1 & 2 & 2 \\ -1 & -1 & 5 & -5 & -5 \\ -3 & -1 & 1 & -2 & -2 \\ -1 & -3 & -1 & 4 & 2 \end{bmatrix}.$$

从上面的矩阵可以看出, 矩阵的每一列的和为 0, 矩阵的所有元素都在搜索范围之内.

表 5.3 罗列了测试二维测试问题的函数的参数, 其中, x_i^* 列的值表示局部目标函数的最优位置, $f(x_i^*)$ 列表示局部目标函数的最小值, 这些最小值在测试中作为观测器. 从表中可以看出, 不同的局部目标函数具有不同的优化位置. 根据式 (5.17), 平均值 $\frac{1}{n}\sum_{i=1}^{n} f_i(x)$ 的最小值为 0.

表 5.3 二维测试问题的函数参数表

f_i	x_i^*	$f_i(x_i^*)$
f_1	[−0.99747963, −2.00000000]	−0.80025203
	[−0.00252036, −2.00000000]	−0.80025203
f_2	[−1.00000000, 0.00252037]	−0.20025203
	[−1.00000000, 0.99747963]	−0.20025203
f_3	[−2.00000000, 1.00252037]	−1.20025203
	[−2.00000000, 1.99747963]	−1.20025203
f_4	[2.00000000, −1.00000000]	−1.00000000
f_5	[1.00252037, 1.00000000]	−0.60025203
	[1.99747963, 1.00000000]	−0.60025203

二维和五维问题的最大迭代次数分别设定为 1000 和 30000, 所有仿真实验都运行 30 次, 每个案例的重复实验所需的种群大小为 $m = 20$. 之后的两种拓扑结构由分布式粒子群优化算法测试.

(1) 无向图. 使用 Metropolis-Hastings 算法构建无向图权值矩阵 W, 该矩阵是对称的且满足双随机. 图 5.5(a) 所示的无向图权值矩阵 W 如下所示:

$$\begin{bmatrix} 1/4 & 1/4 & 1/4 & 0 & 1/4 \\ 1/4 & 1/4 & 1/4 & 1/4 & 0 \\ 1/4 & 1/4 & 1/4 & 0 & 1/4 \\ 0 & 1/4 & 0 & 1/2 & 1/4 \\ 1/4 & 0 & 1/4 & 1/4 & 1/4 \end{bmatrix}.$$

(2) 有向图. 有向图权值矩阵使用了 Metropolis-Hastings 算法, 该矩阵是非对称的且满足列随机. 图 5.5(b) 所示的有向图权值矩阵如下所示:

$$\begin{bmatrix} 1/2 & 1/3 & 1/3 & 0 & 1/3 \\ 0 & 1/3 & 0 & 1/2 & 0 \\ 0 & 1/3 & 1/3 & 0 & 0 \\ 0 & 0 & 0 & 1/2 & 1/3 \\ 1/2 & 0 & 1/3 & 0 & 1/3 \end{bmatrix}.$$

在单一节点处, 利用标准粒子群优化算法设定惯性权值参数. 设 $\omega_{\max} = 0.9$, $\omega_{\min} = 0.4$, 令 $c_1 = c_2 = 2.0$. 此处表示种群中的所有个体具有相同的认知学习能力和社交学习能力. 当更新一个粒子的速度值时, 在不同维度下具有不同的精度等级. 速度的上限值规定为 $v_{\max} = Kx_{\max}$, 同时根据问题的自身特性设定 $K = 0.5$. 为了避免粒子在搜索空间中快速移动的问题, 此处选取一个小的 K 值. 在一致性搜索步骤和一致性评价步骤中, 利用局部终止规则减小迭代次数, 同时设定 $C = 1$. 在无向图和有向图情形中采用的精度等级均分别采用 $\tau = 10^{-3}$ 和 $\tau = 10^{-8}$. 取 $D = \{2, 5\}, \tau = \{10^{-3}, 10^{-8}\}$, 在无向图拓扑结构和有向图拓扑结构下分别进行测试, 所有组合情况独立运行 30 次.

二维 ($D = 2$) 问题的收敛图分别如图 5.6 和图 5.7 所示; 五维 ($D = 5$) 问题的收敛图分别如图 5.8 和图 5.9 所示. 其中, 每幅图代表一个节点运行 30 次

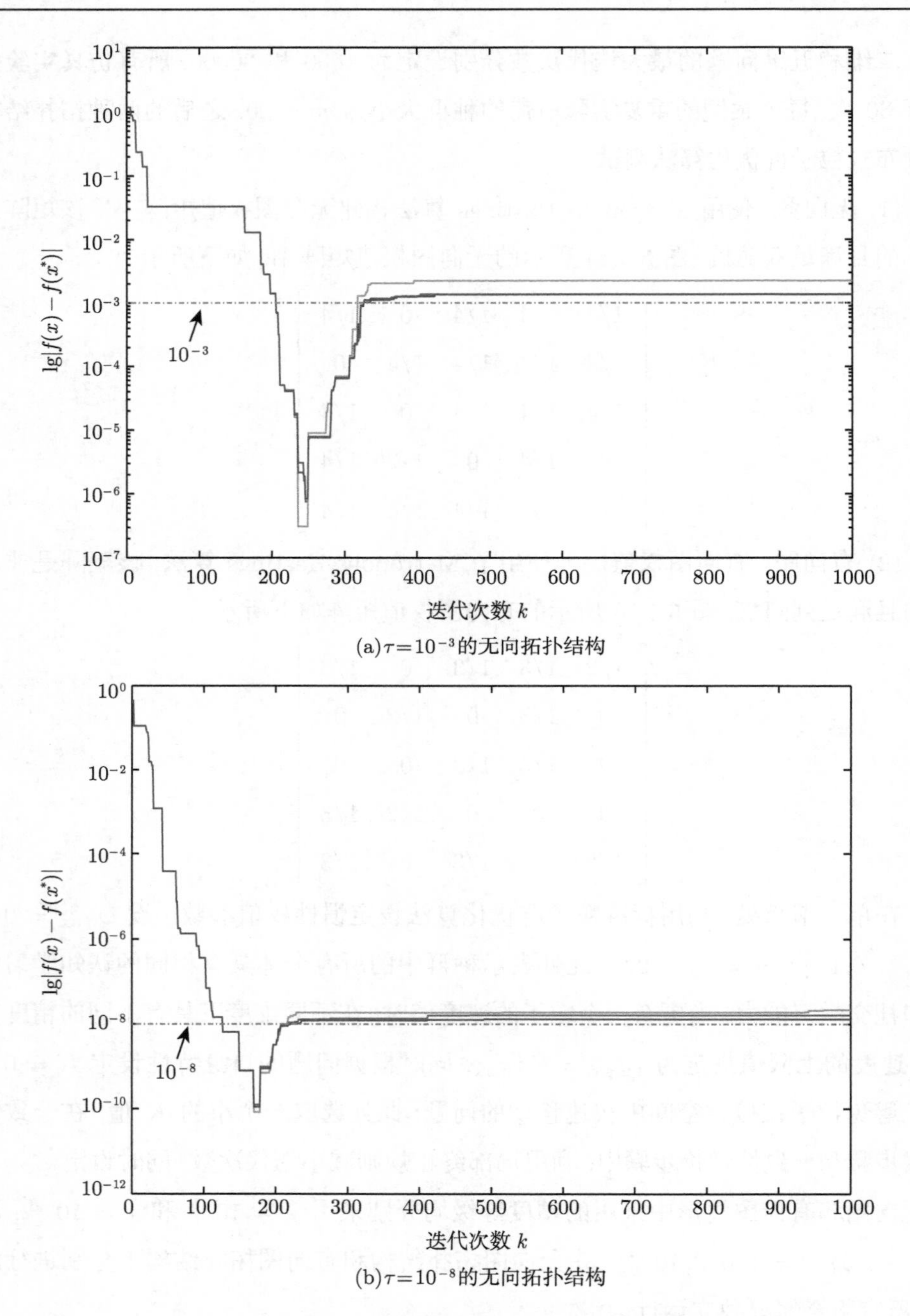

(a)$\tau=10^{-3}$的无向拓扑结构

(b)$\tau=10^{-8}$的无向拓扑结构

图 5.6　基于无向拓扑结构的二维问题的收敛图

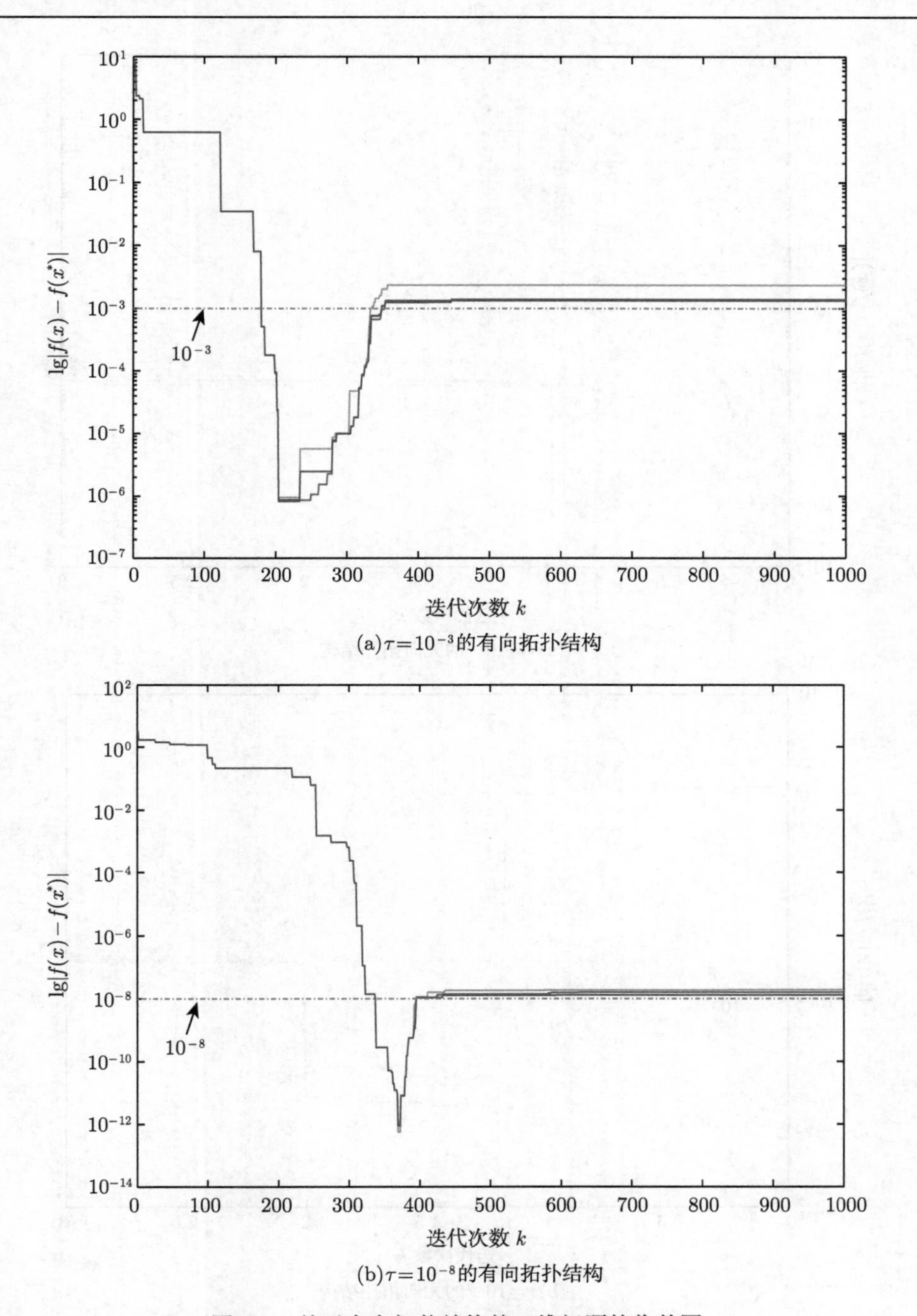

(a) $\tau=10^{-3}$的有向拓扑结构

(b) $\tau=10^{-8}$的有向拓扑结构

图 5.7 基于有向拓扑结构的二维问题的收敛图

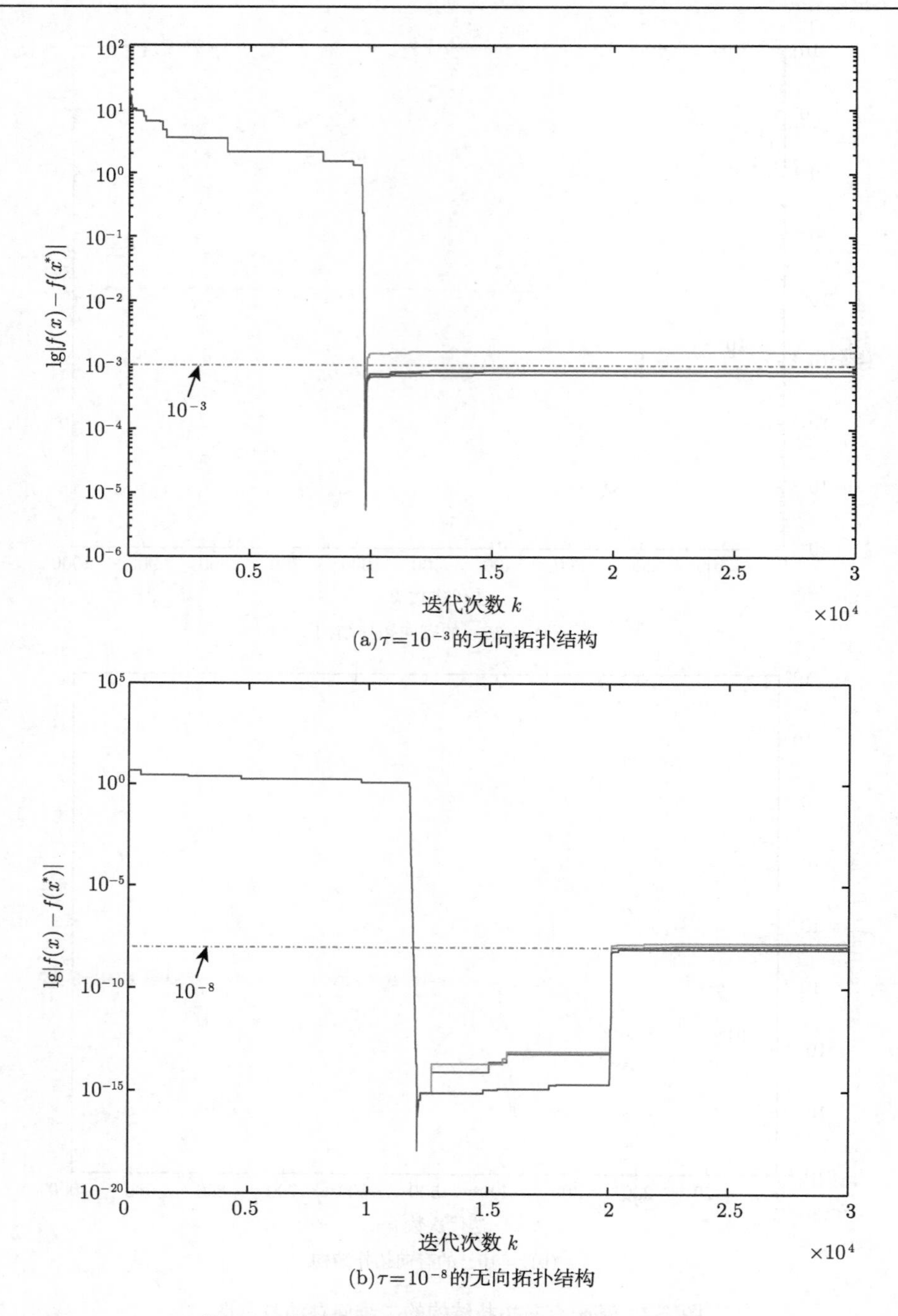

(a) $\tau=10^{-3}$的无向拓扑结构

(b) $\tau=10^{-8}$的无向拓扑结构

图 5.8　基于无向拓扑结构的五维问题的收敛图

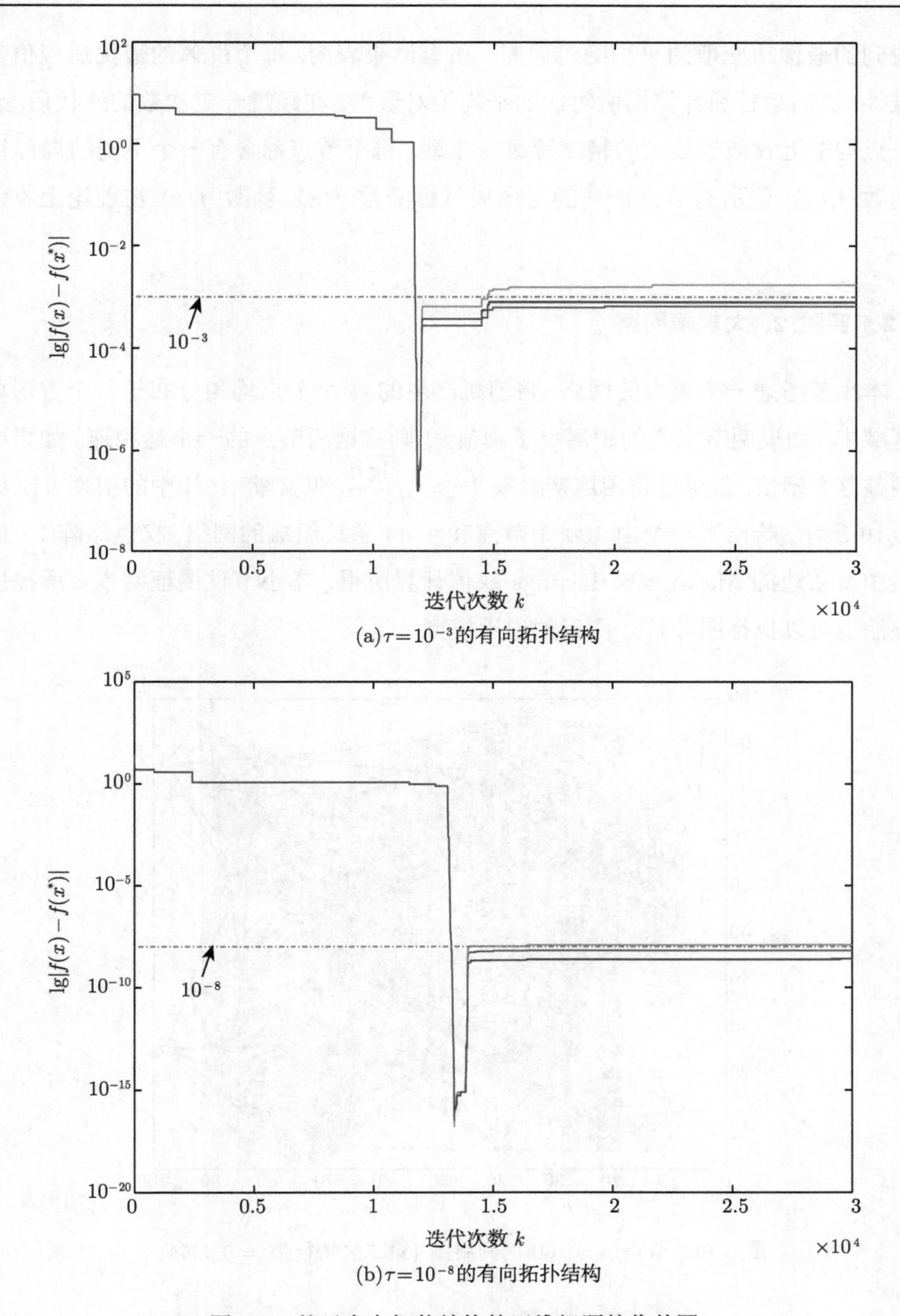

(a) $\tau=10^{-3}$的有向拓扑结构

(b) $\tau=10^{-8}$的有向拓扑结构

图 5.9 基于有向拓扑结构的五维问题的收敛图

所得到的最优适应值的平均绝对误差. 所有结果表明, 每个群体的最优适应值都经过 30 次的运行后计算出所对应的平均绝对误差. 在经过一定次数的迭代后, 五个节点均渐近收敛于要求的精度等级. 注意: 每个节点都含有一个不同的局部目标函数 $f_i(x)$, 但所有节点评估的是全局目标函数 $f(x)$, 函数 $f(x)$ 在理论上收敛于 0.

5.4.2　实验 2: 大规模网络

本小节考虑一个更大的网络, 将随机产生的 n 个节点均匀分布于一个方形单元区域中. 如果两节点间的距离小于阈值 r, 则将这两节点的一个边相连. 如果适当调整这个阈值, 就可以将图连接起来 $\left(r > \sqrt{\frac{\lg n}{n}}\right.$, 见文献 [104] 中的引理 9$\left.\right)$. 如图 5.10 所示, 给出了一个由 100 个节点和 1144 条边组成的网络, 权值矩阵 W 的元素由每条边的 Metropolis-Hastings 权值计算所得. 本小节试图证明本章所提出的方法也可以执行图 5.1(b) 所示的通用模型.

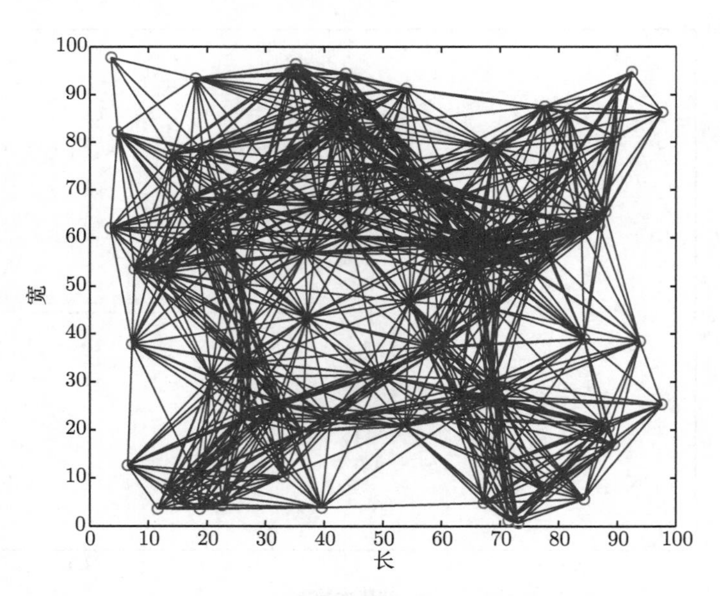

图 5.10　节点 $n = 100$ 的网络图 (第二大特征值 = 0.9054)

现使用六个已知的标准测试程序对函数进行数值优化测试, 分别是 Sphere, Rosenbrock, Ackley, Griewank, Rastrign 以及 Schwefel , 如表 5.4 所示 [204]. 进行

测试的函数具有特殊性能, 可使它们更加适合于评估优化问题. 在实验中想要通过分布式粒子群优化算法, 在随机邻居拓扑结构中找到适应度的最小值. 对于所有函数, 搜索空间的维度 D 设定为 $2(D=2)$. 这些函数根据式 (5.15) 和式 (5.16), 利用粒子群优化算法进行测试实验. 学习系数 c_1 和 c_2 的界限均选定为 $2.0(c_1=c_2=2.0)$, 每个种群中的个体数 m 为 20, 粒子群优化算法在每个节点处由其本身进行初始化. 当 ω 在 0.4~0.9 时, 惯性权值呈线性递减. 一致性精度等级 $\tau=10^{-8}$, 最终的运行结果为 10 次不同搜索的平均值.

表 5.4 测试函数表

函数	$f_i(x)$	搜索空间 S	最优值 x^*	全局最小值 $f_i(x^*)$
Sphere	$\sum_{j=1}^{D} x_j^2$	$[-100,\ 100]^D$	$(0,\cdots,0)$	0
Rosenbrock	$\sum_{j=1}^{D-1}(100(x_j^2-x_{j+1})+(x_j-1)^2)$	$[-30,\ 30]^D$	$(1,\cdots,1)$	0
Ackley	$-20\exp\left(-0.2\sqrt{\frac{1}{D}\sum_{j=1}^{D} x_j^2}\right)$ $-\exp\left(\frac{1}{D}\sum_{j=1}^{D}\cos(2\pi x_j)\right)$ $+20+e$	$[-32,\ 32]^D$	$(0,\cdots,0)$	0
Griewank	$\sum_{j=1}^{D}\frac{x_j^2}{4000}-\prod_{j=1}^{D}\cos\left(\frac{x_j}{\sqrt{j}}\right)+1$	$[-600,\ 600]^D$	$(0,\cdots,0)$	0
Rastrigin	$\sum_{j=1}^{D}(x_j^2-10\cos(2\pi x_j)+10)$	$[-5.12,\ 5.12]^D$	$(0,\cdots,0)$	0
Schwefel	$418.9829\times D-\sum_{j=1}^{D} x_j\sin\left(\sqrt{(\lvert x_j\rvert)}\right)$	$[-500,\ 500]^D$	$(420.97,\cdots,420.97)$	0

图 5.11 描述了基于六种著名的测试函数的分布式标准粒子群优化算法的收敛性. 图中横坐标表示迭代次数, 纵坐标表示对数刻度的适应度值. 图中展示了每个种群中的最佳适应度值, 每幅图都表示对 100 个种群迭代次数增长到 k 的曲线. 根据图 5.11 可以知道, 在所有的标准检查程序测试中, 除了 Schwefel 函数, 分布式标准粒子群优化算法均收敛于 $f(x)$ 的最小值. 因为算法采用的是传统粒子群算法, 所以这种情况在复杂的多模型问题中性能不佳. Schwefel 函数的复杂度、网络的大小、正在进行的网络通信和计算的精度都可能影响算法的整体性能.

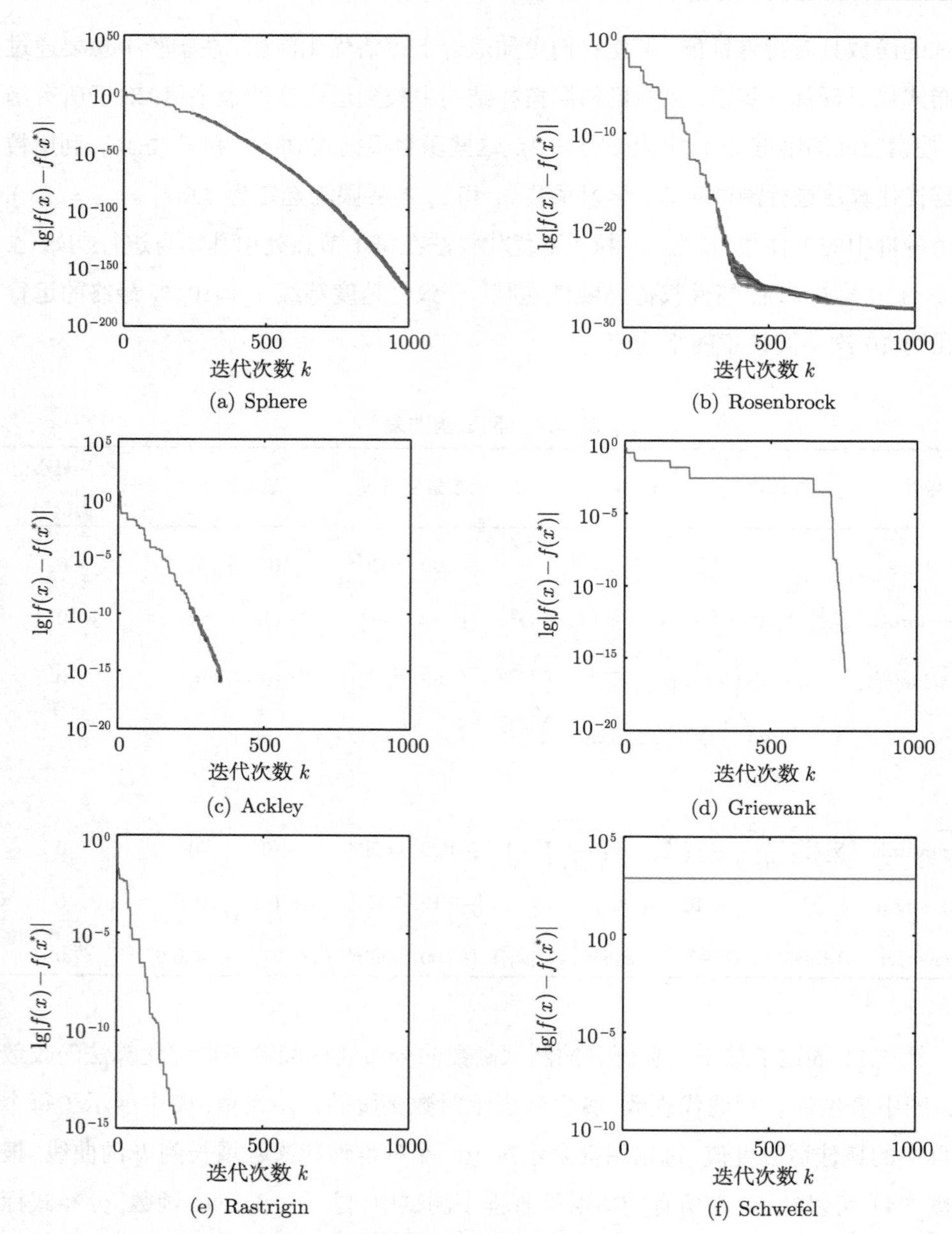

图 5.11　基于六种测试函数的二维问题收敛图 ($n = 100, D = 2$)

5.5　本 章 小 结

分布式粒子群优化算法是一种没有中心协调者的分布式解决方案, 网络中的每个节点与其他节点都具有相同的状态, 所有节点只需观测自身目标并与邻居节点交换需求信息.

不同于其他分布式粒子群优化算法, 分布式标准粒子群优化算法是完全分布式的. 每个节点自身的局部目标函数只被该节点所知, 全局目标函数则是所有局部目标函数的集合. 然而, 在大多数已知的分布式粒子群优化算法中, 所有的节点都具有一个相同的目标函数. 这些节点只是向周围邻居节点以一种分散式的拓扑结构通过分享全局极值向量实现合作优化同一目标[205]. 分布式粒子群优化算法使用一致性搜索和一致性评估步骤分别对所有节点的适应度值进行评估. 在一致性步骤中, 只在邻居中进行局部信息交互, 并使用局部终止法则实现最终的终止. 这种方式在实际运行中具有更高的可行性.

本章所提出的算法使用协同一致性进行评估. 时间一致性将影响整个网络的全部收敛时间, 这一点非常重要. 对于一个连通图, 一致性算法可以保持一个指数收敛速率并通过权值矩阵 W 的第二大特征值 λ_2 获取一致性速率的上、下限[41]. 因此, 设计一个合适的网络拓扑对于加速算法的实现至关重要.

第6章　分布式机器学习算法

本章基于模糊逻辑系统研究无向连通的通信网络拓扑中的分布式机器学习问题, 属于分布式的网络数据处理问题, 网络中的所有节点仅通过与邻居节点共享所学知识, 协同地寻找一个相同但未知的模式.

分布式机器学习问题经常存在于传统的集中式数据处理不适合或不可实现的情况. 例如, 整个训练数据集太大以至于它不能在任意的单个节点上存储或处理; 受每个节点能量和带宽的限制, 原始数据不能被收集在任何节点上; 由于隐私和机密性的要求, 原始数据不能共享. 因此, 从理论和实践的角度对这一问题进行研究是非常有价值的.

6.1　引　　言

随着分布式网络数据处理的快速发展, 以大数据[206-211] 为背景的针对基准分布式机器学习问题的成果丰硕 [211-223]. 分布式机器学习中的迭代学习方法已被应用到多个控制领域, 包括最优控制 [224]、智能控制 [225, 226]、分布式协作学习控制[227-229] 和动态规划 [230] 等. 相应地, 研究者提出了一些著名的分布式学习算法, 用来解决上述分布式机器学习问题, 如基于分布式平均一致性策略[218] 的分布式学习算法, 使用交替方向乘子法[218] 和扩散最小均方法[213-217] 的分布式学习算法. 在无向连通拓扑结构的通信网络中, 上述算法可以利用分布式数据来训练每个节点的全局最优输出权重向量. 通过这些算法, 每个节点在全局成本函数的约束下, 最终得到公共输出权向量.

在以分布式平均一致性为基础的学习算法中, 每个节点根据其局部邻居的加权平均更新输出权重向量, 最终输出的权重向量是所有节点初始输出权重的平均, 这只是该节点网络的局部最优解. 分布式平均一致性算法已被证明 [194, 222, 231] 具有指数收敛性. 因此, 与传统的集中式学习算法相比, 分布式算法是一个重大的突破.

然而, 分布式平均一致性学习算法的缺陷是其计算出的局部权值向量不是全局最优的. 这个缺点反映了“平均一致性”和“一致性”之间的差异.

以交替方向乘子法为基础的学习算法所计算出的输出权向量在理论上是全局最优一致的. 然而, 因为基于交替方向乘子法的学习算法增加了辅助变量 z, 所以其计算量远远大于分布式平均一致性的学习算法的计算量. 此外, 基于交替方向乘子法的学习算法的收敛速度要慢于分布式平均一致性的学习算法[218].

扩散的最小均方算法, 包括先自适应后组合的扩散最小均方算法和先组合后自适应的扩散最小均方算法, 也被用来计算全局代价函数的最优输出权向量. 然而, 准确地分析扩散最小均方算法的收敛性是一个非常困难的问题[232]. 此外, 扩散最小均方算法的实现过程中涉及相邻节点之间局部原始数据的交互[215]. 在隐私和保密的要求下, 这是一个严重到几乎致命的限制, 通信的成本也随之增加.

因此, 尽可能地提高现有分布式学习算法的收敛速度和收敛精度, 降低通信量和计算复杂度, 具有重要的意义, 同时也充满挑战. 基于上述讨论和最近的研究工作[228], 在相同的分布式学习框架下, 本书提出了一种基于模糊逻辑系统的分布式合作学习算法来解决上述问题[213-218].

不同于文献 [228] 中使用的径向基函数神经网络, 本书使用通用逼近器–模糊逻辑系统[139-147] 作为每个节点的基本学习模型. 相比于神经网络[233-237], 模糊逻辑系统有更多的先验知识和专家经验. 因此, 基于模糊逻辑系统的分布式合作学习算法通过训练得到全局最优输出权重向量, 为所有网络节点建立一种公共的最优模型.

6.2 基于模糊逻辑系统的分布式合作学习算法

6.2.1 问题描述

本小节分析具有 N 个节点的无向连通通信网络下的分布式学习问题. 首先, 用图 6.1 所示的几何拓扑图概括地描述这个问题. 在学习过程中, 节点 i 仅能够接收到来自其邻居节点的输出权重向量. 例如, 节点 i 可以接收节点 j 的输出权重向量 W_j, 但它不能接收来自节点 e 的输出权重向量 W_e. 该问题的目标是利用整个网络不同节点上的原始数据集, 仅通过相邻节点之间的局部通信, 最终导出全局最优权重 W^*.

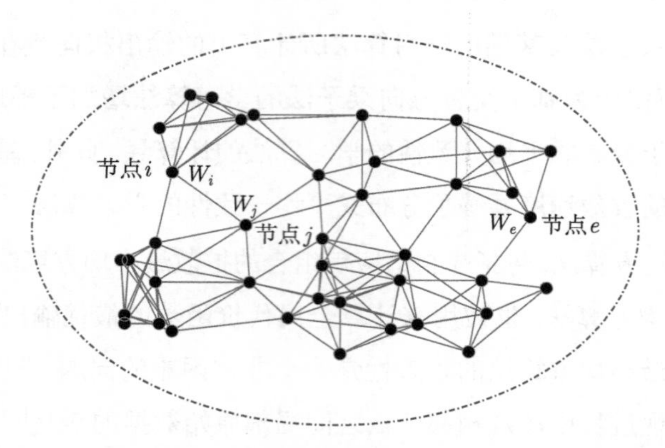

图 6.1　以 40 个节点为例的无向连通分布式机器学习网络拓扑

网络中的全体数据集 $\mathcal{S}=\cup_{i=1}^{N}\mathcal{S}_i$, 其大小 $K=\sum_{i=1}^{N}N_i$, 其中, $\mathcal{S}_i=\{(x_i^l,y_i^l)\}_{l=1}^{N_i}$ 是节点 $i(i=1,\cdots,N)$ 的数据集, 大小是 N_i. (x_i^l,y_i^l) 是该分布式环境中的一对实际测量值. 每一个节点 i 的局部实际测量输入和输出向量分别是 $X_i=[x_i^1,x_i^2,\cdots,x_i^{N_i}]^{\mathrm{T}}\in\mathbb{R}^{N_i}$ 和 $Y_i=[y_i^1,y_i^2,\cdots,y_i^{N_i}]^{\mathrm{T}}\in\mathbb{R}^{N_i}$. 此外, y_i^l 可以被考虑为由一个未知的模式 (或函数) 建模的输出, 该模式被表示为

$$y_i^l=f(x_i^l)+\varepsilon_i^l, \tag{6.1}$$

其中, $\varepsilon_i^l\in\mathbb{R}$ 是噪声, $l=1,\cdots,N_i$. 此外, $f(x_i^l)$ 可以被视为模糊基函数的一个线性组合, 该模糊基函数由下式给出:

$$f(x_i^l)=\sum_{j=1}^{n}w_{ij}s_j(x_i^l)=s(x_i^l)^{\mathrm{T}}W_i, \tag{6.2}$$

其中, $s(x_i^l)=[s_1(x_i^l),s_2(x_i^l),\cdots,s_n(x_i^l)]^{\mathrm{T}}\in\mathbb{R}^n$ 是模糊基函数向量; $W_i=[w_{i1},w_{i2},\cdots,w_{in}]^{\mathrm{T}}\in\mathbb{R}^n$. 因此, 很容易得到如下 $f(x_i^l)$ 的向量形式:

$$F_i=S_iW_i, \tag{6.3}$$

其中,

$$F_i=[f(x_i^1),f(x_i^2),\cdots,f(x_i^{N_i})]^{\mathrm{T}}\in\mathbb{R}^{N_i\times n},$$

$$S_i = [s(x_i^1), s(x_i^2), \cdots, s(x_i^{N_i})]^{\mathrm{T}} \in \mathbb{R}^{N_i \times n}.$$

本章的主要目的是提出一个新的分布式学习算法来解决该机器学习问题. 该问题通常表现为两个基准问题, 即回归问题和分类问题. 在这些基准问题中, 全局代价函数被表示如下:

$$G(\mathcal{W}) = \frac{1}{2}\sum_{i=1}^{N}(\|Y_i - S_i W_i\|^2 + \sigma\|W_i\|^2) = \sum_{i=1}^{N} g(W_i), \tag{6.4}$$

$$\text{s.t. } W_i = W_j,\ i,\ j = 1, 2, \cdots, N,$$

其中,

$$\mathcal{W} = \{W_1, W_2, \cdots, W_N\};$$

$$g(W_i) = \frac{1}{2}(\|Y_i - S_i W_i\|^2 + \sigma\|W_i\|^2). \tag{6.5}$$

并且, $\sigma > 0$ 是一个可调参数, 该参数被视为局部学习误差的 2-范数和 W_i 的 2-范数之间的一个权衡. 很容易看到, 式 (6.4) 的最小化是一个二次凸优化问题. 因此, 理论上存在一个唯一的输出权重向量 W^* 使得全局代价函数 $G(\mathcal{W})$ 达到它的最小值.

6.2.2 算法描述

本小节提出一个新的基于模糊逻辑系统的分布式合作学习算法来解决在无向连通通信拓扑下的分布式学习问题. 该算法设计如下:

$$\begin{cases} W_i(k+1) = \gamma[S_i^{\mathrm{T}} S_i + \sigma I_n]^{-1}\Big[\sum\limits_{j\in\mathcal{N}_i} a_{ij}\big(W_j(k) - W_i(k)\big)\Big] + W_i(k), \quad k \in \mathbb{N}, \\ W_i(0) = [S_i^{\mathrm{T}} S_i + \sigma I_n]^{-1} S_i^{\mathrm{T}} Y_i, \quad i = 1, 2, \cdots, N, \end{cases} \tag{6.6}$$

其中, $W_i(k)$ 是由基于模糊逻辑系统的分布式合作学习算法在迭代 k 步后得到的局部输出权重向量; $W_i(0)$ 为 W_i 的初始值; $\gamma[S_i^{\mathrm{T}} S_i + \sigma I_n]^{-1}\sum_{j\in\mathcal{N}_i} a_{ij}\big[(W_j(k) - W_i(k))\big]$ 是算法中节点 i 的合作项, 表示节点 i 与其邻居节点之间合作学习的效果; $\gamma[S_i^{\mathrm{T}} S_i + \sigma I_n]^{-1}$ 是合作项的稀疏矩阵, 保证了算法的收敛性.

式 (6.6) 可以改写为矩阵形式:

$$\begin{cases} W(k+1) = -\gamma[S^{\mathrm{T}} S + (\sigma I_N) \otimes I_n]^{-1}(\mathcal{L} \otimes I_n) W(k) + W(k), \quad k \in \mathbb{N}, \\ W(0) = [S^{\mathrm{T}} S + (\sigma I_N) \otimes I_n]^{-1} S^{\mathrm{T}} Y, \end{cases} \tag{6.7}$$

其中, $W(k)=[W_1^{\mathrm{T}}(k),W_2^{\mathrm{T}}(k),\cdots,W_N^{\mathrm{T}}(k)]^{\mathrm{T}}\in\mathbb{R}^{Nn\times 1}$; $S=\mathrm{diag}\{S_1,S_2,\cdots,S_N\}\in\mathbb{R}^{K\times Nn}$; $Y=[Y_1^{\mathrm{T}},Y_2^{\mathrm{T}},\cdots,Y_N^{\mathrm{T}}]^{\mathrm{T}}\in\mathbb{R}^{K\times 1}$.

图 6.2 为以单个节点为例描述的基于模糊逻辑系统的分布式合作学习算法, 在每个时刻 $k+1$, 节点 i 接收邻居节点在时刻 k 的局部输出权向量 $W_j(k), j\in\mathcal{N}_i$, 并通过使用 $W_j(k)$ 和 $W_i(k)$ 计算它本身的状态 $W_i(k+1)$. 然后, $W_i(k+1)$ 被立即传递到节点 i 的邻居节点.

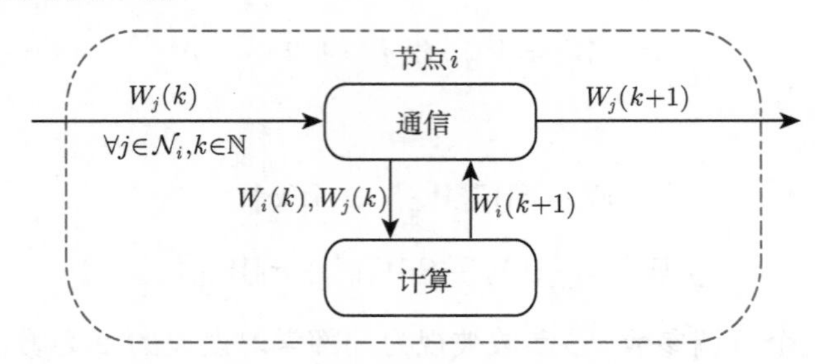

图 6.2　以单个节点为例描述基于 FLS 的 DCL 算法

基于模糊逻辑系统的分布式合作学习算法的伪代码如表 6.1 所示. 其中, W_{DCL}^* 是得到的最优输出权重向量.

表 6.1　基于模糊逻辑系统的分布式合作学习算法的伪代码

算法的伪代码
输入量: 网络中的节点数 N , 每个节点 i 的训练集 $\mathcal{S}_i=\{(x_i^l,y_i^l)\}_{l=1}^{N_i}$, $X_i=[x_i^1,x_i^2,\cdots,x_i^{N_i}]^{\mathrm{T}}$, $Y_i=[y_i^1,y_i^2,\cdots,y_i^{N_i}]^{\mathrm{T}}$,$i=1,\cdots,N$. 对于标量情况, 输入空间的模糊区域 A_q, 输出空间的模糊区域 B_q , A_q 拥有独立的模糊基函数 $s_q(x)$, $q=1,2,\cdots,n$. 模糊规则数 $n\in\mathbb{Z}_+$, 权衡参数 σ, 迭代次数 $P\in\mathbb{Z}_+$.
初始化: $W_i(0)=[S_i^{\mathrm{T}}S_i+\sigma I_n]^{-1}S_i^{\mathrm{T}}Y_i$
输出量: 最优输出权重向量 $W_i(P)=W_{\mathrm{DCL}}^*$
1: 对每个节点计算其 S_i .
2: **for** $k=1$ **to** P
3: 　　**for** $i=1$ **to** N
4: 　　　　利用式 (6.6), 为节点 i 计算 $W_i(k)$.
5: 　　**end for**
6: **end for**
7: 返回 $W_i(k)$ 给每个节点 i

定理 6.1 在无向连通通信拓扑下, 考虑基于模糊逻辑系统的分布式合作学习算法式 (6.6), 则下面的不等式成立:

$$\sum_{i=1}^{N}\|W^{*}-W_i(k)\|^2\leqslant\frac{2}{\xi}V(0)\theta^k, \tag{6.8}$$

其中,

$$\begin{aligned}
&V(0)=\frac{1}{2}\sum_{i=1}^{N}\big(W^{*}-W_i(0)\big)^{\mathrm{T}}(S_i^{\mathrm{T}}S_i+\sigma I_n)\big(W^{*}-W_i(0)\big);\\
&\theta=1-\frac{2\lambda_2\gamma}{\Xi}\left(1-\frac{\lambda_N\gamma}{\xi}\right),\quad \text{且}\\
&\xi=\min_{i\in\mathcal{V}}\xi_i,\quad \xi_i=\lambda_{\min}(S_i^{\mathrm{T}}S_i+\sigma I_n),\\
&\Xi=\max_{i\in\mathcal{V}}\Xi_i,\quad \Xi_i=\lambda_{\max}(S_i^{\mathrm{T}}S_i+\sigma I_n).
\end{aligned}$$

为了证明定理 6.1, 引入如下两个引理.

引理 6.1 对于无向连通通信拓扑 $\mathcal{G}$, 如果 $\sum_{i=1}^{N}\nabla g\big(W_i(k)\big)=0_n$, 且

$$V(k)=\sum_{i=1}^{N}\Big[g(W^{*})-g\big(W_i(k)\big)-\nabla g\big(W_i(k)\big)^{\mathrm{T}}\big(W^{*}-W_i(k)\big)\Big], \tag{6.9}$$

可得如下不等式:

$$\begin{aligned}
V(k)&\leqslant\sum_{i=1}^{N}\frac{\Xi_i}{2}\left\|W_i(k)-\frac{1}{N}\sum_{j=1}^{N}W_j(k)\right\|^2\\
&\leqslant\frac{\Xi}{2}\sum_{i=1}^{N}\left\|W_i(k)-\frac{1}{N}\sum_{j=1}^{N}W_j(k)\right\|^2.
\end{aligned} \tag{6.10}$$

引理 6.2 对于无向连通图集 $\mathbb{G}$, $\mathcal{G}\in\mathbb{G}$ 是一个具有 N 个节点的图, 并且 $\bar{\mathcal{G}}$ 是 $\mathcal{G}$ 的完全图. 类似于 $\mathcal{G}$ 的拉普拉斯矩阵 $\mathcal{L}$, 定义 $\bar{\mathcal{L}}\in\mathbb{R}^{N\times N}$ 是 $\bar{\mathcal{G}}$ 的拉普拉斯矩阵. 于是, N 作为 $\bar{\mathcal{L}}$ 的一个特征值的阶为 $N-1$. 进一步, 因为 $\mathcal{L}$ 有 $N-1$ 个正的特征值, 其中 λ_2 是最小的, 所以存在一个 $W\in\mathbb{R}^{N\times N}$, 其列中包含 $\mathcal{L}$ 的 N 个正交的特征向量. 因此, $\lambda_2W^{\mathrm{T}}\bar{\mathcal{L}}W\leqslant NW^{\mathrm{T}}\mathcal{L}W$. 进而, 可得 $\lambda_2\bar{\mathcal{L}}\leqslant N\mathcal{L}$.

注 6.1 对于图集 $\mathbb{G}$, $\lambda_2(\mathcal{L}_G)$ 为任意的具有相同顶点集的图 $G\in\mathbb{G}$ 的非递减函数. 也就是说, 当 $G_1\subseteq G_2$(G_1, G_2 具有相同的顶点集, $G_1,G_2\in\mathbb{G}$), $\lambda_2(\mathcal{L}_{G_1})\leqslant$

$\lambda_2(\mathcal{L}_{G_2})$. 显然, 因为 $\mathcal{G} \subseteq \bar{\mathcal{G}}$, 所以 $\lambda_2(\mathcal{L}_{\mathcal{G}}) \leqslant \lambda_2(\mathcal{L}_{\bar{\mathcal{G}}})$. 而且, 对于含有 N 个节点的图 $\bar{\mathcal{G}}$, $\lambda_2(\mathcal{L}_{\bar{\mathcal{G}}}) = N$. 因此, $\lambda_2(\mathcal{L}_{\bar{\mathcal{G}}}) = \lambda_3(\mathcal{L}_{\bar{\mathcal{G}}}) = \cdots = \lambda_N(\mathcal{L}_{\bar{\mathcal{G}}}) = N$. 故对于同样含有 N 个节点的非完全图 $\mathcal{G}$, $\lambda_2(\mathcal{L}_{\mathcal{G}}) \leqslant N$.

证明　构造如下 Lyapunov 函数:

$$V(k) = \frac{1}{2}\sum_{i=1}^{N}\big(W^* - W_i(k)\big)^{\mathrm{T}}(S_i^{\mathrm{T}}S_i + \sigma I_n)\big(W^* - W_i(k)\big). \tag{6.11}$$

进一步推导可得

$$V(k) \geqslant \sum_{i=1}^{N}\frac{\xi_i}{2}\|W^* - W_i(k)\|^2 \geqslant \frac{\xi}{2}\sum_{i=1}^{N}\|W^* - W_i(k)\|^2. \tag{6.12}$$

在无向连通通信拓扑下, 根据式 (6.6) 容易导出

$$\begin{aligned}&\sum_{i=1}^{N}(S_i^{\mathrm{T}}S_i + \sigma I_n)\big(W_i(k+1) - W_i(k)\big)\\ &= \gamma\sum_{i=1}^{N}\sum_{j\in\mathcal{N}_i} a_{ij}\big(W_j(k) - W_i(k)\big) = 0_n.\end{aligned}$$

进而, 有

$$\begin{aligned}&\sum_{i=1}^{N}(S_i^{\mathrm{T}}S_i + \sigma I_n)\big(W_i(k+1) - W_i(k)\big)\\ &= \sum_{i=1}^{N}\nabla^2 g\big(W_i(k)\big)\big(W_i(k+1) - W_i(k)\big) = 0_n.\end{aligned}$$

因此, $\sum_{i=1}^{N}\nabla g\big(W_i(k)\big)$ 是一个常量. 此外, 可以得到, 对 $\forall k \in \mathbb{N}$, 下面的等式成立:

$$\begin{aligned}\sum_{i=1}^{N}\nabla g\big(W_i(k)\big) &= \sum_{i=1}^{N}\nabla g\big(W_i(0)\big)\\ &= \sum_{i=1}^{N}[-S_i^{\mathrm{T}}Y_i + (S_i^{\mathrm{T}}S_i + \sigma I_n)W_i(0)] = 0_n.\end{aligned}$$

因此, 可以得到 $G(\mathcal{W})$ 的最优系数值 W^*. 再根据式 (6.5),可得

$$\sum_{i=1}^{N}\Big[g(W^*) - g\big(W_i(k)\big) - \nabla g\big(W_i(k)\big)^{\mathrm{T}}\big(W^* - W_i(k)\big)\Big]$$

$$
\begin{aligned}
&= \sum_{i=1}^{N}\left[\frac{1}{2}\big(W^* - W_i(k)\big)^{\mathrm{T}}(S_i^{\mathrm{T}}S_i + \sigma I_n)\big(W^* - W_i(k)\big)\right] \\
&= V(k).
\end{aligned} \tag{6.13}
$$

根据引理 6.2, 容易得到

$$
\begin{aligned}
&\sum_{i\in\mathcal{V}}\left\|W_i(k) - \frac{1}{N}\sum_{i\in\mathcal{V}}W_j(k)\right\|^2 \\
=&\frac{1}{N}[W_1(k)^{\mathrm{T}}, W_2(k)^{\mathrm{T}}, \cdots, W_N(k)^{\mathrm{T}}](\bar{\mathcal{L}}\otimes I_n) \\
&\times [W_1(k)^{\mathrm{T}}, W_2(k)^{\mathrm{T}}, \cdots, W_N(k)^{\mathrm{T}}]^{\mathrm{T}} \\
=&\frac{1}{N}W^{\mathrm{T}}(\bar{\mathcal{L}}\otimes I_n)W \leqslant \frac{1}{\lambda_2}W^{\mathrm{T}}(\mathcal{L}\otimes I_n)W.
\end{aligned} \tag{6.14}
$$

因此, 结合式 (6.14) 以及引理 6.1, 有

$$
V(k) \ \ \leqslant \ \ \frac{\Xi}{2\lambda_2}W^{\mathrm{T}}(\mathcal{L}\otimes I_n)W. \tag{6.15}
$$

进一步, 可得 $V(k)$ 的增量

$$
\begin{aligned}
&\Delta V(k+1) = V(k+1) - V(k) \\
=&-\frac{1}{2}\sum_{i=1}^{N}\big(W_i(k)^{\mathrm{T}}(S_i^{\mathrm{T}}S_i + \sigma I_n)W_i(k) \\
&- W_i(k+1)^{\mathrm{T}}(S_i^{\mathrm{T}}S_i + \sigma I_n)W_i(k+1)\big).
\end{aligned} \tag{6.16}
$$

为了便于简化, 在函数中构造了中间项. 因此, 可以得到

$$
\begin{aligned}
\Delta V(k+1) \leqslant& \sum_{i=1}^{N}\big(W_i(k+1) - W_i(k)\big)^{\mathrm{T}}(S_i^{\mathrm{T}}S_i + \sigma I_n)W_i(k+1) \\
=&-\gamma W(k)^{\mathrm{T}}(\mathcal{L}\otimes I_n)W(k+1).
\end{aligned} \tag{6.17}
$$

结合式 (6.7) 和式 (6.17), 可得

$$
\begin{aligned}
\Delta V(k+1) =& V(k+1) - V(k) \\
\leqslant& -\gamma W(k)^{\mathrm{T}}(\mathcal{L}\otimes I_n)[-\gamma(S^{\mathrm{T}}S + (\sigma I_N)\otimes I_n)^{-1} \\
&\times (\mathcal{L}\otimes I_n)W(k) + W(k)]
\end{aligned}
$$

$$\leqslant -\gamma\left(1-\frac{\lambda_N\gamma}{\xi}\right)W(k)^{\mathrm{T}}(\mathcal{L}\otimes I_n)W(k). \tag{6.18}$$

假设 γ 满足 $1-\frac{\lambda_N\gamma}{\xi}>0$, 即 $0<\gamma<\frac{\xi}{\lambda_N}$. 根据式 (6.11) 可知, $V(k)$ 是非负的. 将式 (6.15) 代入式 (6.18), 可得

$$V(k+1)-V(k)\leqslant -\frac{2\lambda_2\gamma}{\Xi}\left(1-\frac{\lambda_N\gamma}{\xi}\right)V(k). \tag{6.19}$$

最终得到

$$V(k+1)\leqslant \theta V(k), \tag{6.20}$$

其中, $\theta=1-\frac{2\lambda_2\gamma}{\Xi}\left(1-\frac{\lambda_N\gamma}{\xi}\right)$.

为了让 $\{V(k)\}_{k=1}^{+\infty}$ 是非递增序列, 将 $0<\gamma<\frac{\xi}{\lambda_N}$ 转化为 $0<1-\frac{\lambda_N\gamma}{\xi}<1$. 此外, 为了使得式 (6.19) 保持这个特性, 令 $0<\theta<1$ 且很容易得到 $0<\gamma<\frac{\Xi}{2\lambda_2}$. 因此, 结合上述得到的结果, 令 $0<\gamma<\min\left\{\frac{\xi}{\lambda_N},\frac{\Xi}{2\lambda_2}\right\}$, 保证了 $\{V(k)\}_{i=1}^{+\infty}$ 既非负又非递增. 根据递推关系式 (6.20), 采用逆外推的方法可得 $V(k)$ 和 $V(0)$ 的关系如下:

$$V(k)\leqslant \theta V(k-1)\leqslant \cdots \leqslant \theta^k V(0). \tag{6.21}$$

结合式 (6.12) 和式 (6.21), 可得

$$\sum_{i=1}^{N}\|W^*-W_i(k)\|^2\leqslant \frac{2}{\xi}V(k)\leqslant \frac{2}{\xi}\theta^k V(0). \tag{6.22}$$

因此, $W_i(k)$ 指数收敛于 W^*.

定理得证. □

根据定理 6.1, 基于模糊逻辑系统的分布式合作学习算法是指数收敛的, 目标函数 f 得到了它的最优估计, 即 $\lim_{k\to+\infty}W_i(k)=W^*$, $i=1,\cdots,N$.

基于交替方向乘子法的学习算法[218] 的收敛速率只能被粗略估计, 并且最小均方算法[213-217] 是很难被准确估计的[232]. 因此, Lyapunov 理论是算法构建和精确分析算法收敛速率的有效工具.

6.3 分布式学习算法比较

6.3.1 现有分布式学习算法

为了对比模糊逻辑系统的分布式合作学习算法和现有的分布式学习算法, 首先给出机器学习领域的三个经典的分布式学习算法, 即基于分布式平均一致性的学习算法、基于交替方向乘子法的学习算法和扩散最小均方算法. 其次, 从最优输出向量、收敛速度、每一个迭代步的通信量和计算复杂度四个方面在各分布式算法之间进行比较.

1. 基于分布式平均一致性的学习算法

基于分布式平均一致性 (DAC) 的学习算法在无向连通的通信网络中是一个有效的迭代算法[218]. 局部的输出权重向量 W_i 被初始化为 $W_i(0)$. 在每一个迭代步 $k \in \mathbb{N}$, $W_i(k)$ 更新为节点 i 的邻居节点在上个迭代步之后的输出权重向量的一个加权和

$$W_i(k) = \sum_{j \in \mathcal{N}_i} c_{ij} W_j(k-1), \tag{6.23}$$

其中, 连通性矩阵 $C = [c_{ij}]_{N \times N}$ 是一个最大限度的转移概率矩阵[39, 218], 并且 c_{ij} 被定义为

$$c_{ij} = \begin{cases} \dfrac{1}{d}, & j \in \mathcal{N}_i \text{且 } j \neq i, \\ 1 - \dfrac{d_i}{d}, & j = i, \\ 0, & \text{其他}, \end{cases}$$

其中, d_i 是节点 i 的邻居节点个数, 即节点 i 的度, 并且 d 是通信网络拓扑的最大度.

根据文献 [218], 可以得出结论：所有的局部输出权重向量收敛于全局初始值的平均值 $W^*_{\mathrm{DAC}} = \dfrac{1}{N} \sum_{i=1}^{N} W_i(0)$.

2. 基于交替方向乘子法的学习算法

在大数据时代, 几种基于交替方向乘子法 (ADMM)[2] 的分布式学习算法[218, 221] 被提出用来解决各种分布式学习问题, 这些机器学习问题本质上是约束凸优化问题. 这里, 主要讨论文献 [218] 中的基于交替方向乘子法学习算法, 其代价函数表示为

$$G_{\mathrm{ADMM}}(\mathcal{W})=\frac{1}{2}\left[\sum_{i=1}^{N}\|S_iW_i-Y_i\|^2\right]+\frac{\lambda}{2}\|z\|^2 . \tag{6.24}$$

通过向正则化参数 (或权衡参数) λ 增加一个条件来使 $G_{\mathrm{ADMM}}(\mathcal{W})$ 与 $G(\mathcal{W})$ 一致, 即 $\lambda=N\sigma$. 因此, 基于交替方向乘子法的学习算法被重写为

$$\begin{aligned}W^*_{\mathrm{ADMM}}=\underset{z,W_1,\cdots,W_N\in\mathbb{R}^n}{\arg\min}\ &\frac{1}{2}\left[\sum_{i=1}^{N}\left(\|S_iW_i-Y_i\|^2+\sigma\|z\|^2\right)\right]\\ &\text{s.t. } W_i=z,\ i=1,2,\cdots,N,\end{aligned} \tag{6.25}$$

其中, W^*_{ADMM} 是基于交替方向乘子法的学习算法得到的最优输出权重向量, 并且 z 可以被看作是一个辅助变量. W_i 可以被迭代计算为

$$\begin{cases}W_i(k+1)=(S_i^{\mathrm{T}}S_i+\gamma_{\mathrm{ADMM}}I_n)^{-1}\big(S_i^{\mathrm{T}}Y_i-t_i(k)+\gamma_{\mathrm{ADMM}}z(k)\big),\\ t_i(k+1)=t_i(k)+\gamma_{\mathrm{ADMM}}\big(W_i(k+1)-z(k+1)\big),\\ z(k+1)=\dfrac{\gamma_{\mathrm{ADMM}}\overline{W}+\overline{t}}{\lambda/N+\gamma_{\mathrm{ADMM}}},\\ \overline{W}=\dfrac{1}{N}\displaystyle\sum_{i=1}^{N}W_i(k+1),\quad \overline{t}=\dfrac{1}{N}\sum_{i=1}^{N}t_i(k),\\ W_i(0)=\left(S_i^{\mathrm{T}}S_i+\dfrac{\lambda}{N}I_n\right)^{-1}S_i^{\mathrm{T}}Y_i;\quad t_i(0)=0_n;\quad z(0)=0_n,\\ k\in\mathbb{N},\ i=1,2,\cdots,N,\end{cases} \tag{6.26}$$

其中, γ_{ADMM} 是惩罚参数. 对于基于交替方向乘子法的学习算法中的参数更加详细的解释, 请参考文献 [218].

3. 扩散最小均方算法

首先简单回顾先自适应后组合和先组合后自适应的扩散最小均方算法[219]. 为了在相同条件下进行比较, 一些小的变化被引入到局部代价函数中, 以使得扩散最

小均方算法的局部代价函数等于 $g(W_i)$. 然后, 这些算法的全局代价函数也等于 $G(\mathcal{W})$.

在扩散最小均方算法中, 无向连通通信网络中的局部代价函数是

$$J(W_i) = \frac{1}{2}\Big[\sum_{j\in\mathcal{N}_i} m_{ji}\Big(E\big(\|Y_j - S_jW_j\|^2\big) + \frac{1}{N_j}\|W_j\|^2\Big)\Big], \quad i=1,2,\cdots,N, \quad (6.27)$$

其中, 系数矩阵 $M=[m_{ji}]\in\mathbb{R}^{N\times N}$ 是一个对称的转移概率矩阵, 具体算法如下:

$$m_{ji}=\begin{cases}\dfrac{1}{\max(d_j,d_i)}, & j\in\mathcal{N}_i\text{且}j\neq i,\\ \displaystyle\sum_{p\in\mathcal{N}_j,p\neq i}\max\left\{0,\frac{1}{d_j}-\frac{1}{d_p}\right\}=1-\sum_{p\in\mathcal{N}_j,p\neq i}m_{pi}, & j=i,\\ 0, & \text{其他}.\end{cases}$$

$J(W_i)$ 与 $g(W_i)$ 是一致的, 并且全局代价函数 $\sum_{i=1}^N J(W_i)$ 与 $G(\mathcal{W})$ 也是一致的.

先自适应后组合的扩散最小均方算法和先组合后自适应扩散最小均方算法的迭代公式如下.

先自适应后组合 (ATC) 的扩散最小均方 (LMS) 算法:

$$\begin{cases}\varphi_i(k+1)=W_i(k)+\mu S_i\big(Y_i-S_iW_i(k)\big), & k\in\mathbb{N},\\ W_i(k+1)=\displaystyle\sum_{l\in\mathcal{N}_i}m_{ji}\varphi_j(k+1), & i=1,2,\cdots,N.\end{cases} \quad (6.28)$$

先组合后自适应 (CTA) 的扩散最小均方 (LMS) 算法:

$$\begin{cases}\varphi_i(k)=\displaystyle\sum_{l\in\mathcal{N}_i}m_{ji}W_j(k),\\ W_i(k+1)=\varphi_i(k)+\mu S_i\big(Y_i-S_i\varphi_i(k)\big).\end{cases} \quad (6.29)$$

其中, W_i 被初始化为 $W_i(0)=[S_i^{\mathrm{T}}S_i+\sigma I_n]^{-1}S_i^{\mathrm{T}}Y_i$. 一般地, 令 μ 为正的迭代步长, W_{ATC}^* 和 W_{CTA}^* 分别表示由先自适应后组合和先组合后自适应的扩散算法得到的最优输出权重向量. 对于扩散最小均方算法参数的更详细解释, 请参考文献 [214]、[215] 和 [219].

6.3.2　五种分布式学习算法的比较

表 6.2 从四个方面对基于模糊逻辑系统 (FLS) 的分布式合作学习 (DCL) 算法和现有的四种分布式学习算法进行比较.

表 6.2　基于 FLS 的 DCL 算法与现有四种分布式学习算法的比较

算法	最优权向量	收敛速度	通信量 单步迭代	计算 复杂度
基于 DAC 的 学习算法	$\frac{1}{N}\sum_{i=1}^{N}W_i(0)$	h^{-k}(指数收敛)	$W_j,\ j\in\mathcal{N}_i,$ $i,\ i=1,2,\cdots,N$	$O(n^2)$
基于 ADMM 的 学习算法	W^*	$P*h^{-k}$	$W_j,\ t_j,\ j\in\mathcal{V}\backslash\{i\},$ $i,\ i=1,2,\cdots,N$	$O(n^2)$
ATC 的扩散 LMS 算法	W^*	难以估计	$X_i,\ Y_j,\ \varphi_j,\ j\in\mathcal{N}_i,$ $i,\ i=1,2,\cdots,N$	$O(n^2)$
CTA 的扩散 LMS 算法	W^*	难以估计	$X_i,\ Y_j,\ W_j,\ j\in\mathcal{N}_i,$ $i,\ i=1,2,\cdots,N$	$O(n^2)$
基于 FLS 的 DCL 算法	W^*	h^{-k}(指数收敛)	$W_j,\ j\in\mathcal{N}_i,$ $i,\ i=1,2,\cdots,N$	$O(n^2)$

注: $h>1$ 是一个常量, P 是所有分布式学习算法的迭代次数.

由表 6.2 可以得到, 基于分布式平均一致性的学习算法得不到最优的权重向量 W^*, 而其他的分布式学习算法在理论上得到的都是全局最优的权重向量, 即 $W^*_{\rm DCL}=W^*_{\rm ADMM}=W^*_{\rm ATC}=W^*_{\rm CTA}=W^*$. 就收敛速度而言, 基于模糊逻辑系统的分布式合作学习算法和分布式平均一致性的学习算法拥有指数收敛速度. 根据文献 [218], 基于交替方向乘子法的学习算法的收敛速度是基于分布式平均一致性的学习算法 P 倍. 精确分析和估计扩散最小均方算法的收敛速度是很困难的[232], 原因是其依赖于步长 μ, 而步长 μ 是快速的收敛性和较小的稳态均方误差的一个权衡. 步长 μ 越大, 收敛速度越快, 均方误差越小, 如果步长 μ 太大, 扩散最小均方误差甚至不能收敛. 此外, 就每一步迭代步中的通信量而言, 在基于模糊逻辑系统的分布式合作学习算法和基于分布式平均一致性的学习算法中, 只有相邻节点之间的局部权重向量的交换. 基于交替方向乘子法的学习算法的通信量大于基于模糊逻辑系统的分布式合作学习算法的通信量. 扩散最小均方算法涉及相邻节点之间的局部原始数据流动[215]. 扩散最小均方算法不适合严格要求隐私和保密性的情况, 且通信量增加很多. 关于计算复杂度, 总的来说, 所有算法都处于相同的水平. 但是, 就每一步的计算量来说, 这些算法差别很大. 基于交替方向乘子法的学习算法计算量最大, 因为该算法使用了一个辅助变量 z, 然而基于模糊逻辑系统的分布式合作学习和基于分布式平均一致性的学习算法计算量较小.

注 6.2 在基于模糊逻辑系统的分布式合作学习的算法中, 通信网络中的初始权重向量 $W_i(0) = [S_i^{\mathrm{T}} S_i + \sigma I_n]^{-1} S_i^{\mathrm{T}} Y_i, i = 1, \cdots, N$. 而在其他的四种算法中, $W_i(0)$ 初始值与模糊逻辑系统的分布式合作学习算法中的初始值相同, 这样更容易比较所有算法的性能. 此外, 由于基于模糊逻辑系统的分布式合作学习算法的性质, 该算法不能被任意初始化. 在基于模糊逻辑系统的分布式合作学习算法中, $[S_i^{\mathrm{T}} S_i + \sigma I_n]^{-1} S_i^{\mathrm{T}} Y_i$ 是局部最优的权重向量, 对于网络中的节点 i, 即局部代价函数 $g(W_i)$ 的最优向量 W_i^*. 更重要的是, 这样的初始化的主要原因如下.

(1) 基于分布式平均一致性学习算法中的局部输出权重向量的最优值 W_{DAC}^* 是由 $W_i(0)$ 直接确定的, 与基于模糊逻辑系统的分布式合作学习算法中将 $W_i(0)$ 进行同样的初始化很容易区分"平均一致性"和"一致性".

(2) 基于交替方向乘子法的学习算法中原始的 $W_i(0)$ 和基于模糊逻辑系统的分布式合作学习算法中的极为相似, 且基于交替方向乘子法的学习算法允许一个特定的初始化.

(3) 扩散最小均方算法是自适应的滤波算法, 其中 $W_i(0)$ 可以被任意初始化[11].

注 6.3 在仿真实验中, 在 P 次迭代后, 很容易验证基于交替方向乘子法的学习算法[218] 停止条件是满足的. 迭代次数全部被设置为 P 是由于更容易在所有算法之间进行性能比较的原因.

6.4 应用与软件实现

本节通过使用四个可用的数据集[238], 检测和比较五种机器学习算法解决在无向连通通信网络中的回归和分类问题时的性能. 考虑到数据类型和数据规模, 使用图 6.3 的拓扑来实现合成数据的仿真, 使用图 6.4 拓扑来实现真实数据的仿真; 使用均方误差指标[239, 240, 241, 242] 检测回归任务中分布式学习算法的准确率, 使用误分辨率[219, 243, 244] 指标检测分类任务中分布式学习算法的准确率.

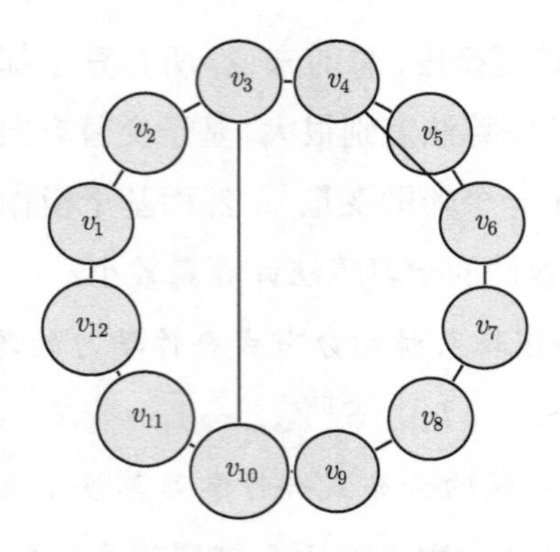

图 6.3 十二节点的无向连通拓扑

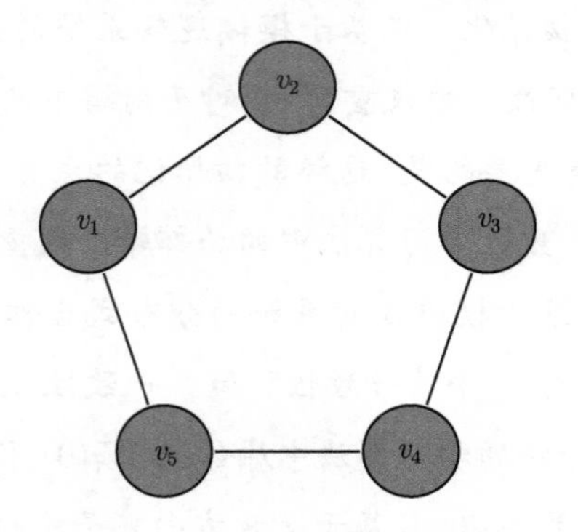

图 6.4 五节点的无向连通拓扑

在图 6.3 和图 6.4 中, 每个节点分别被分配相同大小的局部数据集 $\mathcal{S}_i = \{(x_i^l, y_i^l)\}_{l=1}^{N_i}$. 而且, 在所有仿真实验中, 每个算法的迭代次数 P 都被设置成 2000 . 通过使用可用数集[238] 中的实验数据, 在一次实验的最后一次迭代之后, 所有的算法收敛到全局稳定状态. 每个仿真实验都被分别重复执行了 1、10 和 50 次. 所有重复的仿真实验都经过计算并列在表 6.3~ 表 6.10 中.

表 6.3 sinc 函数逼近的平均训练稳态均方误差比较 (单位: dB)

试验次数	基于 FLS 的 DCL 算法	基于 DAC 的学习算法	基于 ADMM 的学习算法	ATC 的扩散 LMS 算法	CTA 的扩散 LMS 算法
1	−17.2593	−17.2335	−17.2576	−17.2508	−17.2508
10	−17.2727	−17.2481	−17.2722	−17.2677	−17.2677
50	−17.2729	−17.2475	−17.2721	−17.2674	−17.2674

表 6.4 sinc 函数逼近的平均测试稳态均方误差比较 (单位: dB)

试验次数	基于 FLS 的 DCL 算法	基于 DAC 的学习算法	基于 ADMM 的学习算法	ATC 的扩散 LMS 算法	CTA 的扩散 LMS 算法
1	−34.8343	−18.2206	−34.8664	−34.6631	−34.6555
10	−34.1406	−17.2481	−34.1685	−34.0489	−34.0476
50	−34.2352	−16.1095	−34.2461	−34.1112	−34.1111

表 6.5 机翼自噪声预测的平均训练稳态均方误差比较 (单位: dB)

试验次数	基于 FLS 的 DCL 算法	基于 DAC 的学习算法	基于 ADMM 的学习算法	ATC 的扩散 LMS 算法	CTA 的扩散 LMS 算法
1	−17.6870	−17.6754	−17.6878	−17.6857	−17.6857
10	−17.6783	−17.6700	−17.6799	−17.6807	−17.6807
50	−17.6542	−17.6428	−17.6555	−17.6539	−17.6539

表 6.6 机翼自噪声预测的平均测试稳态均方误差比较 (单位: dB)

试验次数	基于 FLS 的 DCL 算法	基于 DAC 的学习算法	基于 ADMM 的学习算法	ATC 的扩散 LMS 算法	CTA 的扩散 LMS 算法
1	−17.3016	−17.2973	−17.3041	−17.3153	−17.3153
10	−17.1110	−17.1121	−17.1139	−17.1392	−17.1392
50	−17.0594	−17.0515	−17.0606	−17.0790	−17.0790

表 6.7 双月模式分类问题的平均训练稳态误分类率比较

试验次数	基于 FLS 的 DCL 算法	基于 DAC 的学习算法	基于 ADMM 的学习算法	ATC 的扩散 LMS 算法	CTA 的扩散 LMS 算法
1	0.0667%	0.2222%	0.0667%	0.0778%	0.0778%
10	0.0689%	0.2956%	0.0756%	0.1078%	0.1044%
50	0.0638%	0.2998%	0.0684%	0.1091%	0.1073%

表 6.8 双月模式分类问题的平均测试稳态误分类率比较

试验次数	基于 FLS 的 DCL 算法	基于 DAC 的学习算法	基于 ADMM 的学习算法	ATC 的扩散 LMS 算法	CTA 的扩散 LMS 算法
1	0.0889%	0.2667%	0.0889%	0.1778%	0.1778%
10	0.1244%	0.4000%	0.1200%	0.2044%	0.2044%
50	0.1262%	0.4062%	0.1200%	0.1867%	0.1867%

表 6.9　鸢尾花植物分类问题的平均训练稳态误分类率比较

试验次数	基于 FLS 的 DCL 算法	基于 DAC 的学习算法	基于 ADMM 的学习算法	ATC 的扩散 LMS 算法	CTA 的扩散 LMS 算法
1	4.1667%	12.5000%	4.1667%	4.1667%	4.1667%
10	4.0000%	7.7500%	4.0000%	4.1667%	4.1667%
50	3.9000%	7.3167%	3.9000%	4.4667%	4.4667%

表 6.10　鸢尾花植物分类问题的平均训练稳态误分类率比较

试验次数	基于 FLS 的 DCL 算法	基于 DAC 的学习算法	基于 ADMM 的学习算法	ATC 的扩散 LMS 算法	CTA 的扩散 LMS 算法
1	6.6667%	13.3333%	6.6667%	6.6667%	6.6667%
10	4.3333%	8.0000%	4.3333%	5.3333%	5.3333%
50	4.7333%	9.0000%	4.7333%	5.9333%	5.9333%

6.4.1　回归问题

1. 合成数据实例: sinc 函数的逼近

通过使用一个合成的数据集, 比较五种分布式学习算法关于 sinc 函数的逼近的性能[245, 246, 247]. sinc 函数定义如下:

$$f(x)=\begin{cases}\dfrac{\sin(x)}{x}, & x\neq 0,\\ 1, & x=0.\end{cases}$$

仿真实验从区间 $[-8,8]$ 中随机选取 9000 个训练样本和 3000 个测试样本, 图 6.5 为训练样本图. 通过使用 sinc 函数, 得到对应的输出数据, 该输出数据添加了零均值且零值信噪比是 10. 对应的测试输出数据是不加噪声的. 而且, 750 个输出–输入数据对被分配给每个节点. 在基于模糊逻辑系统的分布式合作学习算法中, 设置 $n=320$, $\gamma=0.0032$ 以及 $\sigma=0.03$; 在基于交替方向乘子法的学习算法中, 设置正则化参数 λ 和惩罚参数 γ_{ADMM} 分别为 0.36 和 0.01; 在扩散先自适应后组合的最小均方算法和先组合后自适应的最小均方算法中, 步长都被设置为 0.001.

9000 个没有高斯噪声的训练输出数据被用来计算训练过程的瞬态网络均方误差. 图 6.6 表明基于模糊逻辑系统的分布式合作学习算法的均方误差是指数收敛

的, 阐释了瞬态网络均方误差的变化, 这个变化表明了五种分布式学习算法的收敛速度. 在后面的仿真中, 在训练过程中瞬态网络均方误差的计算只使用带噪声的实际输出. 因此, 除了分数式平均一致性的学习算法, 其他所有算法都能在学习过程中不受扰动噪声的影响而精确逼近 sinc 函数. 这些算法的平均的训练和测试的性能分别显示在表 6.3 和表 6.4 中.

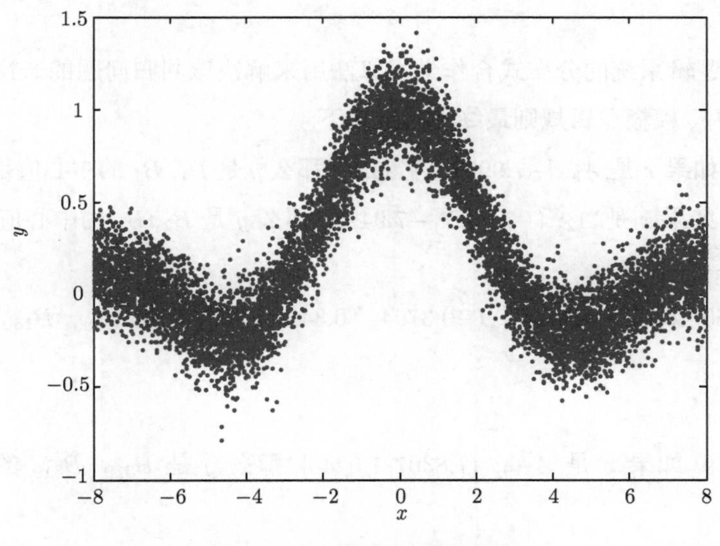

图 6.5 sinc 函数的训练样本

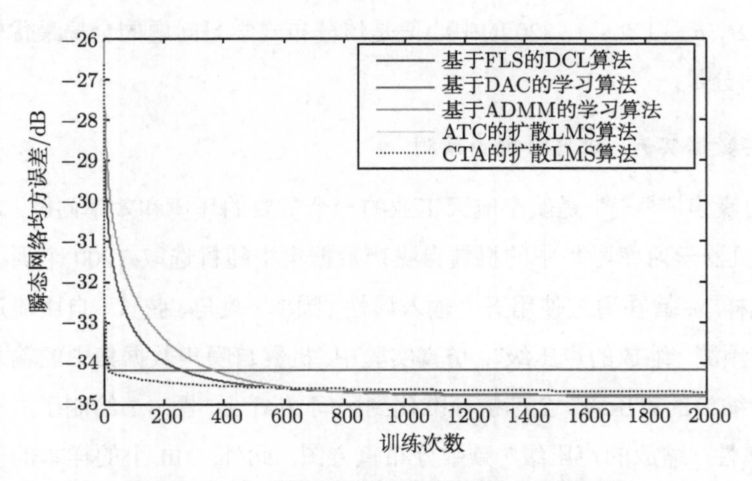

图 6.6 sinc 函数逼近的瞬态网络均方误差比较

在仿真训练中, 因为期望通过训练得到的输出数据是添加了高斯噪声的, 高斯噪声在一定程度上影响了训练的精度, 所以基于一致性的学习算法的均方误差要稍低于其他算法. 然而, 在仿真测试中, 经过 50 次实验后, 在稳态均方误差的指标上, 基于模糊逻辑系统的分布式合作学习算法和基于交替方向乘子法学习算法以及基于扩散最小均方算法的学习性能几乎是一样的, 并且优于基于分布式平均一致性的学习算法.

在模糊逻辑系统的分布式合作学习算法用来解决该回归问题的一次仿真实验的训练过程中, 模糊逻辑规则最终被确定如下.

规则 1: **如果** x 是 A_1: $[-7.9920, -7.9827]$, **那么** y 是 B_1, B_1 的中心值是 -0.0023;

规则 2: **如果** x 是 A_2: $(-7.9827, -7.9493]$, **那么** y 是 B_2, B_2 的中心值是 0.1080;

············

规则 160: **如果** x 是 A_{160}: $(-0.3794, -0.3487]$, **那么** y 是 B_{160}, B_{160} 的中心值是 0.8809;

············

规则 319: **如果** x 是 A_{319}: $(7.8307, 7.9240]$, **那么** y 是 B_{319}, B_{319} 的中心值是 0.1823;

规则 320: **如果** x 是 A_{320}: $(7.9240, 7.9747]$, **那么** y 是 B_{320}, B_{320} 的中心值是 0.

注意: $B_q, q = 1, 2, \cdots, 320$ 的中心值是该分布式学习问题的全局最优输出权重向量 W^* 的分量.

2. **真实数据实例: 机翼自噪声预测**

机翼自噪声[248, 249] 是航空航天工业的一个重要的环境和效率问题. 本仿真实验在 UCI 机器学习库[238] 中的机翼自噪声数据集中随机选取 1200 个训练样本和 303 个测试样本, 旨在通过使用五个输入属性 (频率、攻角、弦长、自由流速度和吸力侧位移) 预测 “缩放的声压级”. 仿真实验中, 机翼自噪声数据集中的输入属性和输出属性 “缩放的声压级” 全都被标准化到区间 [0,1] 上. 图 6.7 绘制了五个输入属性和输出属性 “缩放的声压级” 频数分布直方图. 此外, 240 个的样本的五维训练数据向量被随机分配给每个节点. 在基于模糊逻辑系统的分布式合作学习算法中, 设置 $n = 200$, $\gamma = 0.03$ 和 $\sigma = 0.03$; 在基于交替方向乘子法学习算法中, 设置正则

化参数 λ 和惩罚参数 γ_{ADMM} 分别为 0.15 和 0.01; 在基于先自适应后组合的扩散最小均方算法和先组合后自适应的扩散最小均方算法中, 步长都被设置为 0.00012. 五种分布式学习算法的平均训练和测试结果如表 6.5 和表 6.6 所示.

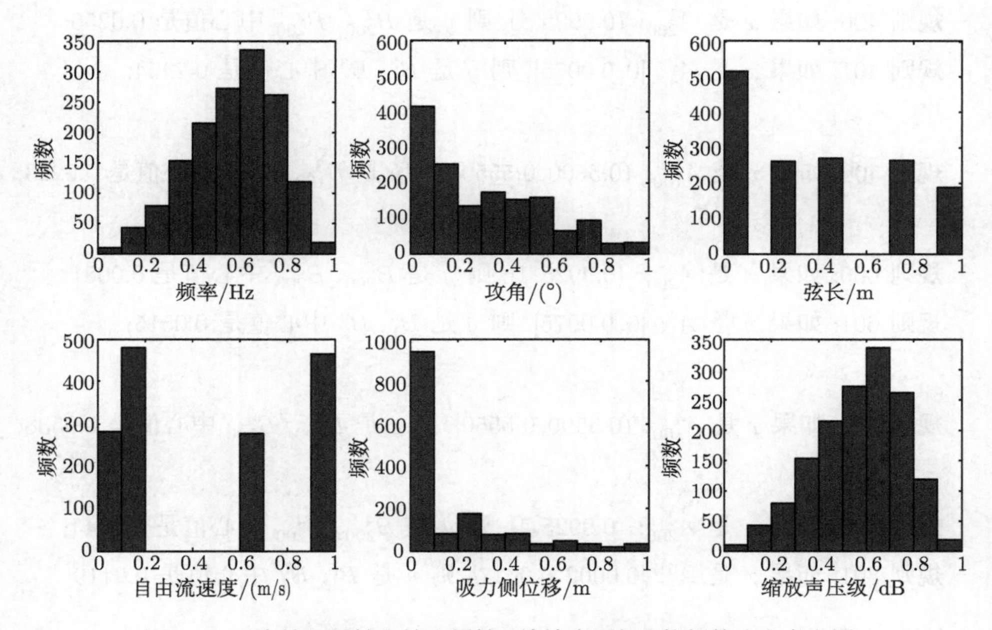

图 6.7 五个输入属性和输出属性"缩放声压级"的频数分布直方图

注意到经过 50 次实验后, 因为使用通过仿真实验中的实际数据局部最优权重的平均非常接近于全局最优的权重向量, 所以基于分布式平均一致性的学习算法的稳态均方误差在训练和测试结果中稍低于其他算法.

在基于模糊逻辑系统的分布式合作学习算法用来解决该回归问题的一次仿真实验的训练过程中, 模糊逻辑规则最终被确定如下.

规则 1: **如果** x 是 A_1^1: $[0, 0.0060]$, **则** y 是 B_1^1, B_1^1 中心值是 0.5503;

....

规则 100: **如果** x 是 A_{100}^1: $(0.4389, 0.4429]$, **则** y 是 B_{100}^1, B_{100}^1 中心值是 -0.0781;

....

规则 200: **如果** x 是 A_{200}^1: $(0.7920, 0.7980]$, **则** y 是 B_{200}^1, B_{200}^1 中心值是 0.0785;

规则 201: **如果** x 是 A_1^2: $[0, 0.0075]$, **则** y 是 B_1^2, B_1^2 中心值是 0.1977;

规则 300: **如果** x 是 A_{100}^2: $(0.5500, 0.5550]$, **则** y 是 B_{100}^2, 其 B_{100}^2 中心值是 0.0510;

....

规则 400: **如果** x 是 A_{200}^1: $(0.9925, 1]$, **则** y 是 B_{200}^2, B_{200}^2 中心值是 0.0256;

规则 401: **如果** x 是 A_1^3: $[0, 0.0075]$, **则** y 是 B_1^3, B_1^3 中心值是 0.2454;

....

规则 500: **如果** x 是 A_{100}^3: $(0.5500, 0.5550]$, **则** y 是 B_{100}^3, B_{100}^3 中心值是 0.0223;

....

规则 600: **如果** x 是 A_{200}^3: $(0.9925, 1]$, **则** y 是 B_{200}^3, B_{200}^3 中心值是 0.0081;

规则 601: **如果** x 是 A_1^4: $[0, 0.0075]$, **则** y 是 B_1^4, B_1^4 中心值是 0.0515;

....

规则 700: **如果** x 是 A_{100}^4: $(0.5500, 0.5550]$, **则** y 是 B_{100}^4, B_{100}^4 中心值是 0.0538;

....

规则 800: **如果** x 是 A_{200}^4: $(0.9925, 1]$, **则** y 是 B_{200}^4, B_{200}^4 中心值是 0.1444;

规则 801: **如果** x 是 A_1^5: $[0.0002, 0.0077]$, **则** y 是 B_1^5, B_1^5 中心值是 0.2119;

....

规则 900: **如果** x 是 A_{100}^5: $(0.5501, 0.5551]$, **则** y 是 B_{100}^5, B_{100}^5 中心值是 0.0635;

....

规则 1000: **如果** x 是 A_{200}^5: $(0.9925, 1]$, **则** y 是 B_{200}^5, B_{200}^5 中心值是 -0.0197.

6.4.2 分类问题

1. 合成数据实例: 双月模式的分类问题

在这个仿真实验中, 9000 个训练样本和 2250 个测试样本随机选取于如图 6.8 所示的双月玩具数据集. 上半部和下半部都在竖直方向上添加了零均值的高斯噪声, 每个节点的信噪比设置为 12. 竖直和水平方向上的坐标对作为该玩具数据集的属性对, 被视为测量的输入向量. 该数据集中每一个样本的标签被视为期望的输出. 仿真的目的是通过应用五种分布式机器学习算法来区分上半部和下半部.

在仿真中, 对每一个节点, 375 个上半部的训练样本和 375 个下半部的训练样本随机选取于该数据集中. 在基于模糊逻辑系统的分布式合作学习算法中, 设置 $n = 250$, $\gamma = 0.0032$ 和 $\sigma = 0.03$; 在基于交替方向乘子法的学习算法中, 正则化参数 λ 和惩罚参数 γ_{ADMM} 分别被设置为 0.36 和 0.05; 在先自适应后组合的扩散最小均方算法和先组合后自适应的扩散最小均方算法中, 步长都被设置为 0.001. 五种分布式学习算法的平均训练和平均测试结果分别显示在表 6.7 和表 6.8 中.

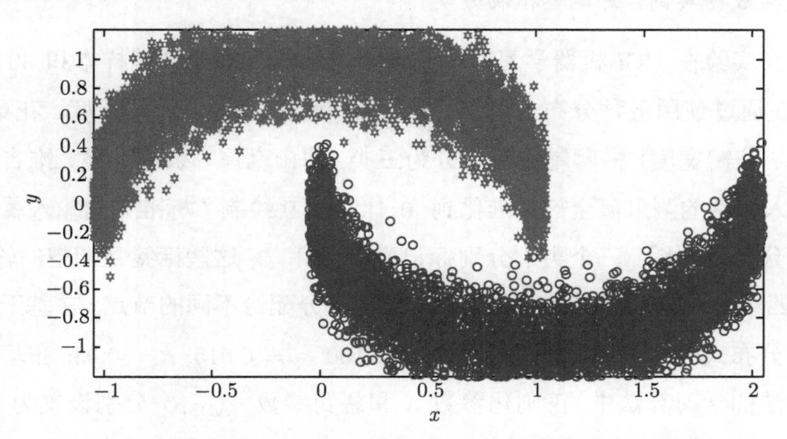

图 6.8 带有标记 0 和 1 两种点的双月模式的玩具数据集

注意到在经过 50 次实验之后的训练和测试的结果中, 基于分布式平均一致性学习算法的稳态误分类率要远大于其他四种算法, 而其他四种算法的平均稳态误分类率几乎相同.

在基于模糊逻辑系统的分布式合作学习算法用来解决该分类问题的仿真实验的训练过程中, 模糊逻辑规则最终被确定如下.

规则 1: **如果** x_1 是 A_1^1 :$[-1.0424, -1.0362]$, **那么** y 是 B_1^1, 其中心值是 -0.1996;

....

规则 125: **如果** x_1 是 A_{125}^1: $(0.9528, 0.9590]$, **那么** y 是 B_{125}^1, 其中心值是 0.2312;

....

规则 250: **如果** x_1 是 A_{250}^1: $(2.0399, 2.0461]$, **那么** y 是 B_{250}^1, 其中心值是 0.6744;

规则 251: **如果** x_2 是 A_1^2: $[-1.6047, -1.6345]$, **那么** y 是 B_1^2, 其中心值是 0.7278;

....

规则 375: **如果** x_2 是 A_{125}^2: $(-0.0036, 0.0026]$, **那么** y 是 B_{125}^2, 其中心值是

0.4204;

....

规则 500: **如果** x_2 是 A^2_{250}: $(1.4537, 1.4599]$, **那么** y 是 B^2_{250}, 其中心值是 -0.3487.

2. 真实数据实例: 鸢尾属植物分类

本仿真实验在 UCI 机器学习库[238] 中随机选取 120 个训练样本和 30 个测试样本, 旨在通过使用五种分布式算法并利用四个输入属性 (花萼长度、花萼宽度、花瓣长度、花瓣宽度) 将鸢尾花植物分为三类 (即山鸢尾、杂色鸢尾、维吉尼亚鸢尾), 将输入属性的测量值全部标准化到 $[0, 1]$, 图 6.9 绘制了标准化的输入属性测量值的频数分布直方图. 三个类别分别标记为 0, 1 和 2, 这些标签是期望的输出. 此外, 24 个四维的训练数据向量的训练样本被随机分配给不同的节点. 在基于模糊逻辑系统的分布式合作学习算法中, 设置 $n = 100$, $\gamma = 0.015$, $\sigma = 0.03$; 在基于交替方向乘子法的学习算法中, 正则化参数 λ 和惩罚参数 γ_{ADMM} 分别设置为 0.36 和 0.01; 在先自适应后组合的扩散最小均方算法和先组合后自适应的扩散最小均方算法中, 设置步长为 0.001. 五种分布式学习算法的平均分类结果如表 6.9 和表 6.10 所示.

注意到在 50 次实验之后的训练和测试的仿真结果中, 基于分布式平均一致性的学习算法的稳态误分类率分别大于其他四种算法. 而其他四种算法的误分类率几乎相同.

在基于模糊逻辑系统的分布式合作学习算法用来解决该分类问题的一次仿真实验的训练过程中, 模糊逻辑规则最终确定如下.

规则 1: **如果** x 是 A^1_1: $[0.1389, 0.1429]$, **那么** y 是 B^1_1, 其中心值是 0.2442;

....

规则 50: **如果** x 是 A^1_{50}: $(0.5497, 0.5538]$, **那么** y 是 B^1_{50}, 其中心值是 0.2397;

....

规则 100: **如果** x 是 A^1_{100}: $(0.9404, 0.9444]$, **那么** y 是 B^1_{100}, 其中心值是 0.2396;

规则 101: **如果** x 是 A^2_1: $[0.1250, 0.1294]$, **那么** y 是 B^2_1, 其中心值是 0.3335;

....

规则 150: **如果** x 是 A_{50}^2: $(0.5712, 0.5756]$, **那么** y 是 B_{50}^2, 其中心值是 0.2214;

....

规则 200: **如果** x 是 A_{100}^2: $(0.9956, 1]$, **那么** y 是 B_{100}^2, 其中心值是 0.2127;

规则 201: **如果** x 是 A_1^3: $[0.0508, 0.0549]$, **那么** y 是 B_1^3, 其中心值是 0.2136;

....

规则 250: **如果** x 是 A_{50}^3: $(0.4658, 0.4698]$, **那么** y 是 B_{50}^3, 其中心值是 0.2152;

....

规则 300: **如果** x 是 A_{100}^3: $(0.8603, 0.8644]$, **那么** y 是 B_{100}^3, 其中心值是 0.3464;

规则 301: **如果** x 是 A_1^4: $[0, 0.0050]$, **那么** y 是 B_1^4, 其中心值是 0.3988;

....

规则 350: **如果** x 是 A_{50}^4: $(0.0510, 0.5150]$, **那么** y 是 B_{50}^4, 其中心值是 0;

....

规则 400: **如果** x 是 A_{100}^4: $(0.9950, 1]$, **那么** y 是 B_{100}^4, 其中心值是 0.

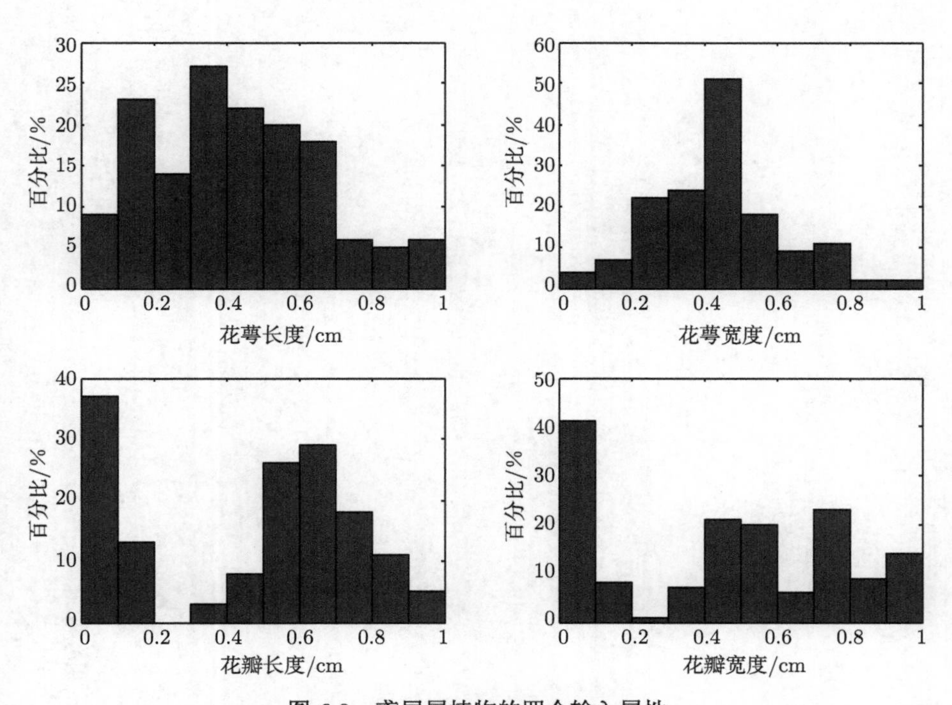

图 6.9 鸢尾属植物的四个输入属性

6.5 本章小结

本章提出了一个基于模糊逻辑系统的分布式合作学习算法, 以解决无向连通通信网络下的分布式学习问题. 首先, 描述并提出基于模糊逻辑系统的分布式合作学习算法, 并证明该算法的收敛性. 然后, 介绍了四种分布式学习算法, 通过将基于模糊逻辑系统的分布式合作学习算法与这四种分布式算法在最优输出向量、收敛速度、迭代步的通信量和计算复杂度四个方面进行比较, 突出了基于模糊逻辑系统的分布式合作学习算法的优点. 最后, 数值仿真验证了基于模糊逻辑系统的分布式合作学习算法的有效性.

第 7 章　基于自适应神经网络输出反馈控制的分布式合作学习

本章将输出反馈分布式合作方法推广到分布式学习情形中, 对每个智能体系统, 利用文献 [113] 提出的模型和控制律, 但用分布式合作学习律置换传统的学习律. 首先, 确保径向基函数回归向量满足合作持续激励条件. 其次, 在网络拓扑是无向连通拓扑结构的假设条件下, 忽略神经网络逼近误差, 基于文献 [165]、[250]、[251] 和 [252] 中的主要定理结论, 证明闭环系统是一致局部指数稳定的, 跟踪误差和观测误差收敛到原点的小邻域内, 且神经网络估计权值收敛于理想的最优值, 该值位于所有观测器状态的联合轨迹区域内.

7.1　引　　言

由于系统中广泛存在不确定性, 系统建模和辨识成为控制领域一个重要的问题. 在过去的二十年间, 神经网络 (如径向基函数神经网络和多层神经网络) 已经被广泛地应用于不确定复杂非线性控制系统中. 由于神经网络具有万能逼近特性, 因此它们经常被用于在线建模系统或控制器中的未知非线性函数. 这种控制方案被称作自适应神经网络控制, 而 Lyapunov 稳定性理论经常被用于分析闭环系统的稳定性和控制性能.

在多智能体控制领域, 存在这样一种实际应用问题, 每一个智能体需要执行不同于其他智能体的特定控制任务. 本章致力于研究径向基函数神经网络和输出反馈控制的不确定多智能体系统的分布式合作学习问题, 目标是在完成控制任务的同时, 保证径向基函数神经网络学习到智能体的动态. 这与现有的文献 [107] $\sim$ [110] 不同, 这些文献研究了基于径向基函数神经网络的不确定多智能体系统一致性问题, 但并没有考虑径向基函数神经网络的学习能力.

受分布式合作学习的启发, 本章进一步考虑基于径向基函数神经网络的不确定多智能体系统的输出反馈分布式合作学习问题. 由于引入高增益观测器来估计不可测的系统状态, 闭环系统的维数随之增加. 因此, 本章的关键问题是讨论高增益观测器的引入是否破坏径向基函数神经网络的分布式合作学习能力, 主要的技术难点在于证明径向基函数回归向量满足合作持续激励条件. 注意到文献 [167]、[250]、[251], 除了某些特定的情况, 均假定每一个智能体系统都可以获得全状态的信息, 本章将通过详细地分析和证明来解决这一问题.

7.2 自适应神经网络输出反馈控制器设计

考虑一组非线性多智能体系统, 其中第 $i(i=1,2,\cdots,N)$ 个系统动态由下式给出:

$$\begin{cases} \dot{x}_{i1} = x_{i2}, \\ \vdots \\ \dot{x}_{i,n-1} = x_{in}, \\ \dot{x}_{in} = f(x_i) + u_i, \\ y_i = x_{i1}, \end{cases} \tag{7.1}$$

其中, $x_i = [x_{i1},\cdots,x_{in}] \in \mathbb{R}^n$, $u_i \in \mathbb{R}$ 和 $y_i \in \mathbb{R}$ 分别为系统的状态、控制输入和输出; $f:\mathbb{R}^n \to \mathbb{R}$ 是一个未知的光滑非线性函数, 且 $f(\cdot)$ 是局部 Lipschitz 的. 在第 i 个系统中, 仅输出 y_i 可测.

给定第 i 个系统的参考模型为

$$\begin{cases} \dot{x}_{d_{ij}} = x_{d_{i,j+1}} \quad j=1,\cdots,n-1, \\ \dot{x}_{d_{in}} = f_{d_i}(x_{d_i},t), \\ y_{d_i} = x_{d_{i1}}, \end{cases} \tag{7.2}$$

其中, $x_{d_i} = [x_{d_{i1}},\cdots,x_{d_{in}}]^{\mathrm{T}} \in \mathbb{R}^n$ 是系统状态; y_{d_i} 是参考输出; $f_{d_i}(x_{d_i},t)$ 是一个已知的光滑非线性函数; 从初始条件 $x_{d_i}(0)$ 出发的系统轨迹记为 $\varphi_{d_i}(x_{d_i}(0))$ (简记为 φ_{d_i}). 假定式 (7.2) 的状态一致有界, 即对于所有 $t \geqslant 0$, x_{d_i} 保持在紧集 Ω_{d_i} 中, 且系统轨迹 φ_{d_i} 为回归运动.

目标是: ① 设计一个分布式合作自适应 (DCA) 神经网络输出反馈控制器 u_i 使得所有信号有界, 并且输出 y_i 能够跟踪期望轨迹 y_{d_i}; ②通过使用分布式合作学习方案来研究径向基函数神经网络的合作学习能力.

对式 (7.1) 引入高增益观测器式 (2.26), 并定义如下变量:

$$\xi_i = [\xi_{i1}, \cdots, \xi_{in}]^{\mathrm{T}}, \tag{7.3}$$

$$\hat{x}_i = [\hat{x}_{i1}, \hat{x}_{i2}, \cdots, \hat{x}_{in}]^{\mathrm{T}} = \left[x_{i1}, \frac{\xi_{i2}}{\kappa_i}, \frac{\xi_{i3}}{\kappa_i^2} \cdots, \frac{\xi_{in}}{\kappa_i^{n-1}}\right]^{\mathrm{T}}, \tag{7.4}$$

其中, ξ_i 表示式 (2.26) 的状态; $\hat{x}_i$ 表示式 (7.1) 的估计状态.

根据神经网络的万能逼近特性, 未知函数 $f(\hat{x}_i)$ 可以用神经网络表示如下:

$$f(\hat{x}_i) = S(\hat{x}_i)^{\mathrm{T}} W + \varepsilon(\hat{x}_i), \tag{7.5}$$

其中, $S(\hat{x}_i) : \mathbb{R}^n \to \mathbb{R}^l$; $\|\varepsilon(\hat{x}_i)\| \leqslant \epsilon$, ϵ 是一个正常数.

记 $\hat{W}_i$ 为第 i 个系统权值 W 的估计值, 设计自适应神经网络输出反馈控制器如下:

$$u_i = -\hat{z}_{i,n-1} - c_{in}\hat{z}_{in} - S(\hat{x}_i)^{\mathrm{T}}\hat{W}_i + \dot{\alpha}_{i,n-1}, \tag{7.6}$$

其中,

$$\hat{z}_{i1} = \hat{x}_{i1} - x_{d_{i1}}, \tag{7.7}$$

$$\hat{z}_{ij} = \hat{x}_{ij} - \alpha_{i,j-1}, \quad j = 2, \cdots, n; \tag{7.8}$$

$$\alpha_{i1} = x_{d_{i2}} - c_{i1}\hat{z}_{i1}, \tag{7.9}$$

$$\alpha_{ij} = \dot{\alpha}_{i,j-1} - \hat{z}_{i,j-1} - c_{ij}\hat{z}_{ij}, \tag{7.10}$$

$c_{i1}, \cdots, c_{in} > 0$ 为控制增益; $\dot{\alpha}_{i,n-1}$ 可以表示为

$$\dot{\alpha}_{i,n-1} = \alpha_{i,1}^{(n-1)} - \sum_{j=1}^{n-2}\left(\hat{z}_{ij}^{(n-j-1)} + c_{i,j+1}\hat{z}_{i,j+1}^{(n-j-1)}\right), \tag{7.11}$$

其中, $\hat{z}_{ij}$ 的第 k 阶 $(k = 1, \cdots, n-j-1)$ 导数 $\hat{z}_{ij}^{(k)}$ 满足

$$
\begin{cases}
\hat{z}_{ij}^{(1)} & = -\hat{z}_{i,j-1} - c_{ij}\hat{z}_{ij} + \hat{z}_{i,j+1} = L_{ij_1}(\hat{z}_{i1}, \cdots, \hat{z}_{i,j+1}), \\
\hat{z}_{ij}^{(2)} & = L_{ij_2}(\hat{z}_{i1}, \cdots, \hat{z}_{i,j+2}), \\
\quad\vdots & \\
\hat{z}_{ij}^{(n-j-1)} & = L_{ij_{n-j-1}}(\hat{z}_{i1}, \cdots, \hat{z}_{i,n-1}),
\end{cases}
\tag{7.12}
$$

其中, L_{ij_k} 为线性组合. 由 $\alpha_{i1} = x_{d_{i2}} - c_{i1}\hat{z}_{i1}$, 得

$$
\alpha_{i1}^{(n-1)} = x_{d_{i2}}^{(n-1)} - c_{i1}\hat{z}_{i1}^{(n-1)} = f_{d_i}(x_{d_i}) - L_{i1_{n-1}}(\hat{z}_{i1}, \cdots, \hat{z}_{i,n-1}).
$$

因此, $\dot{\alpha}_{i,n-1}$ 可由式 (7.11) 计算得到.

7.3 分布式合作学习方案

受到确定性学习理论[128-134] 和分布式合作自适应理论[165] 的启发, 通过在系统之间建立通信拓扑结构, 提出一种分布式合作学习方案如下:

$$
\dot{\hat{W}}_i = \rho\left[S(\hat{x}_i)\hat{z}_{in} - \sigma_i\hat{W}_i\right] - \gamma\sum_{j\in\mathcal{N}_i} a_{ij}\left(\hat{W}_i - \hat{W}_j\right),
\tag{7.13}
$$

其中, $\rho > 0$ 是自适应增益; σ_i 是一个小的正常数; $\gamma > 0$ 为设计参数; $\mathcal{N}_i$ 表示智能体 i 的一组邻居. $\mathcal{A} = [a_{ij}]_{N\times N}$ 为通信拓扑图 $\mathcal{G}$ 的邻接矩阵, $a_{ij} > 0$ 表示第 i 个系统可以从第 j 个系统中接收信息, 即 $\hat{W}_j$ 可以被第 i 个系统接收和利用; 否则 $a_{ij} = 0$, 即两个系统之间没有任何通信. 本章假定图 $\mathcal{G}$ 是无向连通的.

在式 (7.13) 中, $S(\hat{x}_i)\hat{z}_{in}$ 是一个局部修正项, 仅依赖于第 i 个系统的信息, 其目标是使得 $\hat{W}_i$ 收敛到局部最优权重. 此外, 受到多智能体系统一致性[44, 135] 的启发, 设计合作项 $\gamma\sum_{j\in\mathcal{N}_i} a_{ij}\left(\hat{W}_i - \hat{W}_j\right)$ 使得通信网络在邻居之间进行局部合作, 这使得所有权值估计 $\hat{W}_i$ 都尽可能相等, 实现了式 (7.13) 的在线合作学习.

一般情况下, 式 (7.13) 有以下几种特殊情况.

(1) 当系统间没有通信时, 即所有的 $a_{ij} = 0$, 式 (7.13) 变为

$$
\dot{\hat{W}}_i = \rho\left[S(\hat{x}_i)\hat{z}_{in} - \sigma_i\hat{W}_i\right].
\tag{7.14}
$$

该方案被称为分散学习方案, 广泛应用于未知非线性系统的自适应神经网络辨识和控制中[112, 113, 115, 116, 253]. 采用这种方案, 设计的控制器简单易行. 但是, 这种方案存在明显的缺点：在瞬态过程中缺乏必要的信息交流而导致神经网络的学习能力受到限制.

(2) 当每个子系统都可以获得其他所有子系统的信息时, 即所有的 $a_{ij} > 0$, 式 (7.13) 变为

$$\dot{\hat{W}}_i = \rho\left[S(\hat{x}_i)\hat{z}_{in} - \sigma_i\hat{W}_i\right] - \gamma\sum_{j=1}^{N} a_{ij}\left(\hat{W}_i - \hat{W}_j\right). \tag{7.15}$$

该方案称作集中学习方案, 因为每个子系统都可以在线利用有全局的信息交换, 所以具有良好的学习能力. 然而, 它有两个主要的缺点, 由于网络通信能力的限制, 它们存在全局通信成本高、容错能力差的问题.

注 7.1 与式 (7.14) 相比, 式 (7.13) 通过引入局部通信, 使得在控制器中的神经网络具有更好的学习能力, 具体内容将在后面的定理 7.1 中给出; 与式 (7.15) 相比, 式 (7.13) 仍然可以保持相同的学习能力, 且每个子系统只需要与其邻居交换信息, 而不是所有其他子系统, 这降低了通信成本, 提高了容错能力. 综上所述, 分布式合作学习方案是分散学习和合作学习方案的折衷方案.

7.4 闭环系统稳定性和神经网络学习能力

记 $\tilde{W}_i = \hat{W}_i - W$. 由式 (7.1)、式 (7.2)、式 (7.6) 和式 (7.13) 组成的整个闭环系统如下:

$$\begin{cases} \dot{\hat{z}}_1 = -c_1\hat{z}_1 + \hat{z}_2, \\ \vdots \\ \dot{\hat{z}}_j = -\hat{z}_{j-1} - c_j\hat{z}_j + \hat{z}_{j+1},\ j = 2, \cdots, n-1, \\ \vdots \\ \dot{\hat{z}}_n = -\hat{z}_{n-1} - c_n\hat{z}_n - \Phi(\hat{x})^{\mathrm{T}}\tilde{W} + \bar{\varepsilon}(\hat{x}), \\ \dot{\tilde{W}} = \rho\left[\Phi(\hat{x})\hat{z}_n - \sigma\hat{W}\right] - \gamma(\mathcal{L}\otimes I_l)\tilde{W}, \end{cases} \tag{7.16}$$

其中,

$$\hat{z}_j = [z_{1j}, \cdots, z_{Nj}]^{\mathrm{T}}; \quad c_j = \mathrm{diag}\{c_{1j}, \cdots, c_{Nj}\}, \quad j = 1, \cdots, n;$$

$$\Phi(\hat{x}) = \mathrm{diag}\{S(\hat{x}_1), \cdots, S(\hat{x}_N)\};$$

$$\hat{W} = [\hat{W}_1, \cdots, \hat{W}_N]^{\mathrm{T}}; \quad \tilde{W} = [\tilde{W}_1, \cdots, \tilde{W}_N]^{\mathrm{T}};$$

$$\bar{\varepsilon}(\hat{x}) = [\varepsilon(\hat{x}_1), \cdots, \varepsilon(\hat{x}_N)]^{\mathrm{T}}; \quad \sigma = \mathrm{diag}\{\sigma_1, \cdots, \sigma_N\}.$$

记 $\varphi_{\zeta i}$ 为估计状态的 $\hat{x}_i$ 的轨迹. 为了便于表示, 本书给出如下几种记号.

(1) $(\cdot)_{\zeta_i}$ 和 $(\cdot)_{i_{\zeta_i}}$ 分别表示 $(\cdot)$ 和 $(\cdot)_i$ 靠近轨迹 φ_{ζ_i} 的部分;

(2) $(\cdot)_{i_\zeta}$ 和 $(\cdot)_{i_{\bar{\zeta}}}$ 分别表示与 $(\cdot)_i$ 靠近和远离联合轨迹 $\varphi_\zeta = \varphi_{\zeta_1} \cup \cdots \cup \varphi_{\zeta_N}$ 的部分;

(3) $(\cdot)_\zeta$ 和 $(\cdot)_{\bar{\zeta}}$ 分别表示 $(\cdot)$ 靠近和远离联合轨迹 φ_ζ 的部分;

(4) $\overline{W}_i = \mathrm{mean}_{t\in[t_1,t_2]}\hat{W}_i$, 其中 $[t_1, t_2]$ $(t_2 > t_1 > T)$ 表示暂态过程之后的一段时间区间.

定理 7.1 考虑由式 (7.1)、式 (7.2)、式 (7.6) 和式 (7.13) 组成的闭环系统式 (7.16). 假定通信拓扑结构 $\mathcal{G}$ 是无向连通的. 对于由初始条件 $x_{d_i}(0) \in \Omega_{d_i}$ 和 $\hat{W}_i(0) = 0$ 出发的任何周期性轨迹 φ_{d_i} $(i = 1, 2, \cdots, N)$, 有

(1) 闭环系统中的所有信号保持一致有界;

(2) 通过选择适当的参数, 跟踪误差 $y_i - y_{d_i}$ 收敛到原点的一个小邻域内;

(3) 暂态过程之后, 权值的估计值 $\hat{W}_{i_\zeta}$, $i = 1, 2, \cdots, N$ 沿着轨迹 φ_ζ 收敛到它们的公共最优值 W_ζ 的某个小邻域内; 对于期望的误差限 ϵ, 未知函数 $f(\cdot)$ 具有 N 个几乎有相同的逼近 $S(\cdot)^{\mathrm{T}}\overline{W}_i$.

证明 (1) 考虑 Lyapunov 函数

$$V = \frac{1}{2}\sum_{j=1}^{n}\hat{z}_j^{\mathrm{T}}\hat{z}_j + \frac{1}{2\rho}\tilde{W}^{\mathrm{T}}\tilde{W}.$$

V 的导数为

$$\dot{V} = \sum_{j=1}^{n}\hat{z}_j^{\mathrm{T}}\dot{\hat{z}}_j + \frac{1}{\rho}\tilde{W}^{\mathrm{T}}\dot{\tilde{W}}$$

$$
\begin{aligned}
&=\hat{z}_1^{\mathrm{T}}\left(-c_1\hat{z}_1+\hat{z}_2\right)+\sum_{j=2}^{n-1}\hat{z}_j^{\mathrm{T}}\left(-\hat{z}_{j-1}-c_j\hat{z}_j+\hat{z}_{j+1}\right)\\
&\quad+\hat{z}_n^{\mathrm{T}}\left[-\hat{z}_{n-1}-c_n\hat{z}_n-\varPhi(\hat{x})^{\mathrm{T}}\tilde{W}+\varepsilon(\hat{x})\right]\\
&\quad+\tilde{W}^{\mathrm{T}}\varPhi(\hat{x})\hat{z}_n-\tilde{W}^{\mathrm{T}}\sigma\hat{W}-\frac{\gamma}{\rho}\tilde{W}^{\mathrm{T}}(\mathcal{L}\otimes I_l)\tilde{W}\\
&=-\sum_{j=1}^{n}\hat{z}_j^{\mathrm{T}}c_j\hat{z}_j+\hat{z}_n^{\mathrm{T}}\varepsilon(\hat{x})-\tilde{W}^{\mathrm{T}}\sigma\hat{W}-\frac{\gamma}{\rho}\tilde{W}^{\mathrm{T}}(\mathcal{L}\otimes I_l)\tilde{W}\\
&\leqslant-\sum_{j=1}^{n}\hat{z}_j^{\mathrm{T}}c_j\hat{z}_j+\hat{z}_n^{\mathrm{T}}\varepsilon(\hat{x})-\tilde{W}^{\mathrm{T}}\sigma\hat{W},
\end{aligned}
\tag{7.17}
$$

其中, $c_n=c_{n_0}+c_{n_1}$, 且 $c_{n_0},c_{n_1}>0$. 容易验证下列不等式成立:

$$
\begin{aligned}
-\hat{z}_n^{\mathrm{T}}c_{n_0}\hat{z}_n+\hat{z}_n^{\mathrm{T}}\bar{\varepsilon}(\hat{x})&=-\sum_{i=1}^{N}c_{in_0}\hat{z}_{ni}^2+\sum_{i=1}^{N}\hat{z}_{in}\varepsilon(\hat{x}_i)\\
&\leqslant-\sum_{i=1}^{N}c_{in_0}\hat{z}_{in}^2+\epsilon\sum_{i=1}^{N}|\hat{z}_{in}|\\
&\leqslant\sum_{i=1}^{N}\frac{\epsilon^2}{4c_{in_0}},
\end{aligned}
\tag{7.18}
$$

$$
\begin{aligned}
-\tilde{W}^{\mathrm{T}}\sigma\hat{W}&=-\sum_{i=1}^{N}\sigma_i\tilde{W}_i^{\mathrm{T}}(\tilde{W}_i+W)\\
&\leqslant-\sum_{i=1}^{N}\sigma_i\|\tilde{W}_i\|^2+\sum_{i=1}^{N}\sigma_i\|\tilde{W}_i\|\|W\|\\
&\leqslant-\sum_{i=1}^{N}\frac{\sigma_i}{2}\|\tilde{W}_i\|^2+\sum_{i=1}^{N}\frac{\sigma_i}{2}\|W\|^2.
\end{aligned}
\tag{7.19}
$$

将式 (7.18) 和式 (7.19) 代入式 (7.17), 可得

$$
\begin{aligned}
\dot{V}\leqslant&-\sum_{j=1}^{n-1}\hat{z}_j^{\mathrm{T}}c_j\hat{z}_j-\hat{z}_n^{\mathrm{T}}c_{n_1}\hat{z}_n\\
&-\sum_{i=1}^{N}\frac{\sigma_i}{2}\|\tilde{W}_i\|^2+\sum_{i=1}^{N}\frac{\sigma_i}{2}\|W\|^2+\sum_{i=1}^{N}\frac{\epsilon^2}{4c_{ni_0}}.
\end{aligned}
$$

容易证明, 当

$$
|\hat{z}_{ij}|>\sqrt{\sum_{k=1}^{N}\frac{\epsilon^2}{4c_{ij}c_{kn_0}}}+\sqrt{\sum_{k=1}^{N}\frac{\sigma_k}{2c_{ij}}\|W\|^2}:=z_{ij}^*,\quad 1\leqslant j\leqslant n-1,\quad i=1,2,\cdots,N,
$$

$$|\hat{z}_{in}| > \sqrt{\sum_{k=1}^{N}\frac{\epsilon^2}{4c_{in_1}c_{kn_0}}} + \sqrt{\sum_{k=1}^{N}\frac{\sigma_k}{2c_{in_1}}\|W\|^2} := z_{in}^*, \tag{7.20}$$

或

$$\|\tilde{W}_i\| > \sqrt{\sum_{k=1}^{N}\frac{\epsilon^2}{4\sigma_i c_{kn_0}}} + \sqrt{\sum_{k=1}^{N}\frac{\sigma_k}{2\sigma_i}\|W\|^2} := w_i^*, \quad i = 1, 2, \cdots, N, \tag{7.21}$$

成立时, 可使 $\dot{V}$ 负定.

由此可得, $\hat{z}_{ij}$ 和 $\tilde{W}_i$ 是一致最终有界的, 即 $|\hat{z}_{ij}| \leqslant z_{ij}^*$, $\|\tilde{W}_i\| \leqslant w_i^*$. 由式 (7.7)~式 (7.12) 可得, $\hat{x}_{ij}$ 和 α_{ij} 是一致有界的. 由式 (7.6) 可得, 控制器 u_i 也是有界的. 进而结合高增益观测器的设计, 总结得如果选择足够小的 κ_i, $\hat{x}_i$ 收敛于系统状态 x_i 的一个小邻域. 因此, x_i 是有界的. 因此, 闭环系统的所有信号都是一致最终有界的.

(2) 对于式 (7.1), 考虑 Lyapunov 函数

$$V_i = \frac{1}{2}\sum_{j=1}^{n}\hat{z}_{ij}^2. \tag{7.22}$$

V_i 的导数

$$\dot{V}_i = -\sum_{j=1}^{n}c_{ij}\hat{z}_{ij}^2 + \hat{z}_{in}\varepsilon(\hat{x}_i) - \hat{z}_{in}S(\hat{x}_i)^{\mathrm{T}}\tilde{W}_i, \tag{7.23}$$

其中, $c_{in} = 2c'_{in_0} + c'_{in_1}$, 且 $c'_{in_0}, c'_{in_1} > 0$. 容易验证如下不等式成立:

$$-c'_{in_0}\hat{z}_{in}^2 + \hat{z}_{in}^{\mathrm{T}}\varepsilon(\hat{x}_i) \leqslant -c'_{in_0}\hat{z}_{in}^2 + \epsilon|\hat{z}_{in}| \leqslant \frac{\epsilon^2}{4c'_{in_0}}, \tag{7.24}$$

$$-c'_{in_0}\hat{z}_{in}^2 - \hat{z}_{in}S(\hat{x}_i)^{\mathrm{T}}\tilde{W}_i \leqslant \frac{\|\tilde{W}_i\|^2\|S(\hat{x}_i)\|^2}{4c_{in_0}} \leqslant \frac{w_i^{*2}s^{*2}}{4c'_{in_0}}, \tag{7.25}$$

其中, s^* 定义见式 (2.21). 结合式 (7.24) 和式 (7.25), 式 (7.23) 可变为

$$\begin{aligned}\dot{V}_i &\leqslant -\sum_{j=1}^{n-1}c_{ij}\hat{z}_{ij}^2 + c'_{in_1}\hat{z}_{in}^2 + \frac{\epsilon^2}{4c'_{in_0}} + \frac{w_i^{*2}s^{*2}}{4c'_{in_0}} \\ &\leqslant -\frac{\omega_i}{2}\sum_{j=1}^{n}\hat{z}_{ij}^2 + \delta_i = -\omega_i V_i + \delta_i,\end{aligned}$$

其中, $\omega_i = \min\{2c_{i1}, \cdots, 2c_{i,n-1}, 2c'_{in_1}\}$; $\delta_i = \dfrac{\epsilon^2}{4c'_{in_0}} + \dfrac{w_i^{*2} s^{*2}}{4c'_{in_0}}$. 进一步, 式 (7.22) 满足

$$0 \leqslant V_i \leqslant \frac{\delta_i}{\omega_i} + V(0)\exp(-\omega_i t).$$

这表明给定一个常数 $\varrho_i > \sqrt{2\delta_i/\omega_i}$, 存在时间 T, 使得对 $\forall t \geqslant T$, $\hat{z}_{ij}$ 满足

$$|\hat{z}_{ij}| < \varrho_i, \ j = 1, \cdots, n.$$

通过选择足够大的 c_{in_0} 和 c'_{in_0}, 可以使得 δ_i 足够小. 进一步, 选择合适的 $c_{i1}, \cdots, c_{i,n-1}$ 和 c'_{in_1}, 使得 ω_i 不是任意小. 因此, δ_i/ω_i 可以任意小, 这就表明 ϱ_i 可以任意小. 结合式 (7.7), 很容易看出, x_{i1} 将跟踪到 $x_{d_{i1}}$. 因此, 通过选择合适的参数, 跟踪误差 $y_i - y_{d_i}$ 收敛到原点的一个小邻域. 结合式 (7.8) ~ 式 (7.12), 可得 $\hat{x}_{ij} - x_{d_{ij}}$ $j = 2, \cdots, n$ 是 $\hat{z}_{i1}, \cdots, \hat{z}_{i,j-1}$ 的线性组合. 因此, 存在一个正常数 $\Xi(\varrho)$, 使得 $|\hat{x}_{i,j} - x_{d_{ij}}| < \Xi(\varrho)$. 显然, 因为 ϱ 可以任意小, 所以 $\Xi(\varrho)$ 也可以任意小. 综上所述, $\hat{x}_i - x_{d_i}$ 在有限时间 T 内, 收敛于原点的一个小邻域.

(3) 经过时间 T 之后, 沿着联合轨迹 $\varphi_\zeta = \varphi_{\zeta_1} \cup \cdots \cup \varphi_{\zeta_N}$, 闭环系统式 (7.16) 可以表示如下:

$$\begin{cases} \dot{\hat{z}}_1 = -c_1 \hat{z}_1 + \hat{z}_2, \\ \dot{\hat{z}}_j = -\hat{z}_{j-1} - c_j \hat{z}_j + \hat{z}_{j+1}, \ j = 2, \cdots, n-1, \\ \dot{\hat{z}}_n = -\hat{z}_{n-1} - c_n \hat{z}_n - \varPhi_\zeta(\hat{x})^{\mathrm{T}} \tilde{W}_\zeta + \underline{\varepsilon}_\zeta, \\ \dot{\tilde{W}}_\zeta = \rho\left[\varPhi_\zeta(\hat{x})\hat{z}_n - \sigma \hat{W}_\zeta\right] - \gamma(\mathcal{L} \otimes I_{l_\zeta})\tilde{W}_\zeta \end{cases} \tag{7.26}$$

且

$$\dot{\tilde{W}}_{\bar{\zeta}} = \rho\left[\varPhi_{\bar{\zeta}}(\hat{x})\hat{z}_n - \sigma \hat{W}_{\bar{\zeta}}\right] - \gamma(\mathcal{L} \otimes I_{l_{\bar{\zeta}}})\tilde{W}_{\bar{\zeta}},$$

其中, $\underline{\varepsilon}_\zeta = \bar{\varepsilon}_\zeta - \Phi_{\bar{\zeta}}(\hat{x})^{\mathrm{T}} \tilde{W}_{\bar{\zeta}}$ 是当 $|\|\bar{\varepsilon}_{\zeta_1}\| - \|\bar{\varepsilon}\||$ 较小时的神经网络的逼近误差.

将式 (7.26) 改写为如下紧凑形式:

$$\begin{bmatrix} \dot{\hat{z}}_1 \\ \vdots \\ \dot{\hat{z}}_n \\ \dot{\tilde{W}}_{i\zeta} \end{bmatrix} = \left[\begin{array}{cc|c} \multicolumn{2}{c|}{\multirow{3}{*}{A}} & 0 \\ & & 0 \\ & & -\varPhi_\zeta(\hat{x})^{\mathrm{T}} \\ \hline 0 & \rho\Phi_\zeta(\hat{x}) & \gamma(\mathcal{L} \otimes I_{l_\zeta}) \end{array}\right] \begin{bmatrix} \hat{z}_1 \\ \vdots \\ \hat{z}_n \\ \tilde{W}_{i\zeta} \end{bmatrix} + \begin{bmatrix} 0 \\ 0 \\ \underline{\varepsilon}_\zeta \\ -\rho\sigma \hat{W}_\zeta \end{bmatrix} \tag{7.27}$$

其中,

$$A=\begin{bmatrix} -c_1 & 1 & & & \\ -1 & -c_2 & 1 & & \\ & -1 & \ddots & 1 & \\ & & -1 & -c_{n-1} & 1 \\ & & & -1 & -c_n \end{bmatrix}.$$

由于 ϵ 和 σ_i 可以任意小, 当 $\hat{W}_\zeta$ 一致有界时, $\|\bar{\varepsilon}_{\zeta_1}\|$ 和 $\|\rho\sigma\hat{W}_\zeta\|$ 也很小. 因此, 由引理 2.5 可知, 式 (7.27) 可以认为是一个扰动系统.

考察式 (7.27) 的标称部分

$$\begin{bmatrix} \dot{\hat{z}}_1 \\ \vdots \\ \dot{\hat{z}}_n \\ \dot{\tilde{W}}_{i_\zeta} \end{bmatrix}=\left[\begin{array}{cc|c} & & 0 \\ & A & 0 \\ & & -\Phi_\zeta(\hat{x})^{\mathrm{T}} \\ \hline 0 & \rho\Phi_\zeta(\hat{x}) & \gamma(\mathcal{L}\otimes I_{l_\zeta}) \end{array}\right]\begin{bmatrix} \hat{z}_1 \\ \vdots \\ \hat{z}_n \\ \tilde{W}_{i_\zeta} \end{bmatrix}. \tag{7.28}$$

记

$$B^{\mathrm{T}}(t)=\left[0_{Nl_\zeta\times N(n-1)},\ -\Phi_\zeta(\hat{x})\right]^{\mathrm{T}}.$$

结合 $\Phi(\hat{x})$ 的有界性, 很容易验证假设 2.1成立. 由于 $\rho A+A^{\mathrm{T}}\rho=\mathrm{diag}\{-2\rho c_1,\cdots,-2\rho c_n\}$ 是负定的, 很容易验证假设 2.2 成立. 根据引理 2.2 可得, 当如下不等式

$$\int_t^{t+T_0}\left[B(\tau)B(\tau)^{\mathrm{T}}+\gamma(\mathcal{L}\otimes I_{l_\zeta})\right]\mathrm{d}\tau\geqslant\eta I_{l_\zeta},\quad \forall t\geqslant t_0$$

也即

$$\begin{aligned}&\int_t^{t+T_0}\left[\Phi_\zeta(\hat{x}(\tau))\Phi_\zeta(\hat{x}(\tau))^{\mathrm{T}}+\gamma(\mathcal{L}\otimes I_{l_\zeta})\right]\mathrm{d}\tau\\ &\quad=\int_t^{t+T_0}\sum_{i=1}^{N}S_\zeta(\hat{x}_i(\tau))S_\zeta(\hat{x}_i(\tau))^{\mathrm{T}}+\gamma(\mathcal{L}\otimes I_{l_\zeta})\mathrm{d}\tau\geqslant\eta\end{aligned} \tag{7.29}$$

成立时, 式 (7.28) 是一致局部指数稳定的, 其中, η 是一个正数. 进一步, 由引理 2.7 可得, $S_\zeta(\hat{x}_i(t))$ $i=1,2,\cdots,N$ 满足合作持续激励条件. 最后, 由引理 2.3 可知, 不等式 (7.29) 成立.

对于式 (7.27), 由引理 2.5, 权值误差 $\tilde{W}_\zeta$ 指数收敛于 0 附近的一个小邻域. 这表明所有的权值向量 $\hat{W}_{i_\zeta}$ $(i=1,\cdots,N)$ 指数收敛于它们共同的最优权值 W_ζ 的某个小邻域[128], 即经过有限时间 T, 沿着轨迹 φ_ζ, 未知函数 $f(\hat{x}_i)$ 可以表示为

$$\begin{aligned}f(\hat{x}_i) =&S_\zeta(\hat{x}_i)^{\mathrm{T}}W_\zeta+\varepsilon_\zeta(\hat{x}_i)\\ =&S_\zeta(\hat{x}_i)^{\mathrm{T}}\hat{W}_{i_\zeta}-S_\zeta(\hat{x}_i)^{\mathrm{T}}\tilde{W}_{i_\zeta}+\varepsilon_\zeta(\hat{x}_i)\\ =&S_\zeta(\hat{x}_i)^{\mathrm{T}}\hat{W}_{i_\zeta}+\underline{\varepsilon}_\zeta(\hat{x}_i),\end{aligned} \tag{7.30}$$

其中, 由于 $\tilde{W}_{i_\zeta}$ 的收敛性, $\underline{\varepsilon}_{1_\zeta}(\hat{x}_i)=\varepsilon_\zeta(\hat{x}_i)-S_\zeta(\hat{x}_i)^{\mathrm{T}}\tilde{W}_{i_\zeta}$ 接近于 $\varepsilon_\zeta(\hat{x}_i)$. 选择 $\overline{W}_i=\mathrm{mean}_{t\in[t_1,t_2]}\hat{W}_i$, 式 (7.30) 可以改写为

$$f(\hat{x}_i) =S_\zeta(\hat{x}_i)^{\mathrm{T}}\overline{W}_{i_\zeta}+\varepsilon_\zeta(\hat{x}_i),$$

其中, $\underline{\varepsilon}_{2_\zeta}(\hat{x}_i)$ 是 $S_\zeta(\hat{x}_i)^{\mathrm{T}}\overline{W}_{i_\zeta}$ 作为函数逼进时的误差. 经过瞬态过程后, $\|\underline{\varepsilon}_{2_\zeta}(\hat{x}_i)\|-\|\underline{\varepsilon}_{1_\zeta}(\hat{x}_i)\|$ 很小. 此外, 根据径向基函数的局部性质, 在有限时间 T 内, 沿着轨迹 φ_ζ, $S_{\bar{\zeta}}(\hat{x}_i)$ 和 $\overline{W}_{i_{\bar{\zeta}}}$ 都很小. 因此, 整个径向基函数神经网络 $S(\cdot)^{\mathrm{T}}\overline{W}_i$ 可以逼近未知函数 $f(\cdot)$ 如下:

$$\begin{aligned}f(\hat{x}_i) =&S_\zeta(\hat{x}_i)^{\mathrm{T}}W_\zeta+\varepsilon_\zeta(\hat{x}_i)\\ =&S_\zeta(\hat{x}_i)^{\mathrm{T}}\hat{W}_{i_\zeta}+S_{\bar{\zeta}}(\hat{x}_i)^{\mathrm{T}}\tilde{W}_{i_{\bar{\zeta}}}+\underline{\varepsilon}_1(\hat{x}_i)\\ =&S(\hat{x}_i)^{\mathrm{T}}\hat{W}_i+\underline{\varepsilon}_1(\hat{x}_i)\\ =&S_\zeta(\hat{x}_i)^{\mathrm{T}}\overline{W}_{i_\zeta}+S_{\bar{\zeta}}(\hat{x}_i)^{\mathrm{T}}\overline{W}_{i_{\bar{\zeta}}}+\underline{\varepsilon}_2(\hat{x}_i)\\ =&S(\hat{x}_i)^{\mathrm{T}}\overline{W}_i+\underline{\varepsilon}_2(\hat{x}_i),\end{aligned} \tag{7.31}$$

其中, $\|\underline{\varepsilon}_1(\hat{x}_i)\|-\|\underline{\varepsilon}_{1_\zeta}(\hat{x}_i)\|$ 和 $\|\underline{\varepsilon}_2(\hat{x}_i)\|-\|\underline{\varepsilon}_{2_\zeta}(\hat{x}_i)\|$ 都很小. 可以看出, 在瞬态过程后, 沿着联合轨迹 φ_ζ, 未知函数 $f(\cdot)$ 可以通过 $S(\cdot)^{\mathrm{T}}\overline{W}_i$ 来逼近.

定理证毕. □

利用式 (7.14), 由定理 7.1 很容易得到以下推论.

推论 7.1 考虑由式 (7.1)、式 (7.2)、式 (7.6) 和式 (7.13) 组成的闭环系统式 (7.16). 对于由初始条件 $x_{d_i}(0)\in\Omega_{d_i}$, $\hat{W}_i(0)=0$ 出发的任意周期性轨迹 φ_{d_i} $(i=1,2,\cdots,N)$, 都有

(1) 闭环系统的所有信号一致有界的;

(2) 通过选择合适的参数, 跟踪误差 $y_i - y_{d_i}$ 收敛于 0 附近的一个小邻域;

(3) 经过瞬态过程后, 权重估计值 $\hat{W}_{i_\zeta}$ 收敛于其最优值 W_{i_ζ} 附近的一个小邻域; 沿着轨迹 φ_{i_ζ}, 对于具有期望误差水平为 ϵ 的未知函数 $f(\hat{x}_i)$ 具有 N 个几乎有相同的逼近 $S(\hat{x}_i)^{\mathrm{T}}\overline{W}_i$.

注 7.2 与推论 7.1 相比, 定理 7.1 主要的优点是每个智能体都能获得几乎相同的学习好的知识 $S(\cdot)^{\mathrm{T}}\overline{W}_i$, 沿着联合轨迹 φ_ζ, 对未知非线性动态函数 $f(\cdot)$ 进行建模. 原因在于, 通过多智能体之间的通信, 在一个小的误差界下, 所有神经网络的权值估计达到一致. 因此, 在未来的应用中, 每个智能体只需要存储一个常值的权值向量 $\overline{W}_i$, 而不需要对联合轨迹 φ_ζ 所覆盖的其他轨迹进行识别. 然而, 对于使用分散学习方案的多智能体系统则没有这种属性. 因为学习到的知识仅是对沿着自身轨迹的局部区域有效, 所以分布式合作学习获得的知识要比分布式学习获得知识的泛化能力好.

7.5 数值仿真

用一个例子来说明分布式合作学习方案对未知非线性系统的有效性和优越性. 考虑如下系统:

$$\begin{cases} \dot{x}_{i,1} = x_{i2}, \quad i = 1,2,3, \\ \dot{x}_{i,2} = x_{i,1}x_{i,2}\exp(-x_{i,1}^2) + u_i, \\ y_i = x_{i,1}, \end{cases} \tag{7.32}$$

其中, 假定光滑函数 $f(x_{i,1}, x_{i,2}) = x_{i,1}x_{i,2}\exp(-x_{i,1}^2)$ 是未知的, 且状态 $x_{i,2}$ 不可测. 参考轨迹 $x_{d_i} = [x_{d_{i1}}, x_{d_{i2}}]^{\mathrm{T}}$ 由如下 Duffing-Van del Pol 振荡器 [254] 给出:

$$\begin{cases} \dot{x}_{d_{i1}} = x_{d_{i2}}, \quad i = 1,2,3, \\ \dot{x}_{d_{i2}} = -p_{i,1}x_{d_{i1}} - p_{i,2}x_{d_{i1}}^3 + p_{i,3}x_{d_{i2}} - p_{i,4}x_{d_{i1}}^2 x_{d_{i2}} + q_i\cos(\omega t), \end{cases}$$

其中,

$$[p_{1,1}, p_{1,2}, p_{1,3}, p_{1,4}, q_1] = [0.5, 0.5, 0.1, 0.1, 0.5],$$

$$[p_{2,1}, p_{2,2}, p_{2,3}, p_{2,4}, q_2] = [0.5, 0.125, 0.1, 0.025, 1],$$
$$[p_{3,1}, p_{3,2}, p_{3,3}, p_{3,4}, q_3] = \left[0.5, \frac{1}{18}, 0.1, \frac{1}{90}, 1.5\right],$$

且 $\omega = 0.79$. 初始条件为 $x_{d_1}(0) = [0,0]^{\mathrm{T}}$, $x_{d_2}(0) = [2,2]^{\mathrm{T}}$ 和 $x_{d_3}(0) = [4,4]^{\mathrm{T}}$. 轨迹如图 7.1 所示.

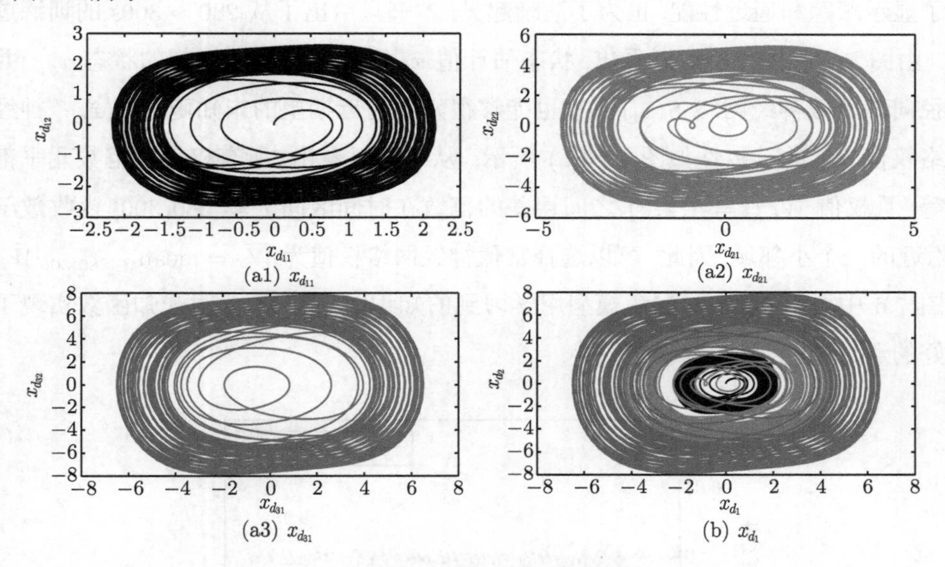

图 7.1 三个参考模型的轨迹和其联合轨迹

(a1)、(a2) 和 (a3) 为参考模型的轨迹; (b) 为其联合轨迹

由于 $x_{i,2}$ $(i = 1, 2, 3)$ 不可测, 给出高增益观测器

$$\begin{cases} \kappa_i \dot{\xi}_{i,1} = \xi_{i,2}, \\ \kappa_i \dot{\xi}_{i,2} = -b_{i,1}\xi_{i,2} - \xi_{i,1} + y_i, \end{cases}$$

其中, $\kappa_1 = \kappa_2 = \kappa_3 = 0.005$; $b_{i,1} = b_{i,2} = b_{i,3} = 1$ 且初始条件为 0. 状态估计 $\hat{x}_i = [x_{i,1}, \xi_{i,2}/\kappa_i]^{\mathrm{T}}$.

考虑如图 7.2 所示的固定通信拓扑图 $\mathcal{G}$, 将式 (7.13) 应用于式 (7.32). 选择节点数为 $l = 441$ 的径向基函数神经网络 $S(\hat{x}_i)^{\mathrm{T}}\hat{W}_i$, 中心 $\xi_j (j = 1, 2, \cdots, l)$ 均匀分布在 $[-8, 8] \times [-8, 8]$ 中, 宽度 $\eta = 0.8$. 其他参数选择为 $\rho = 5$, $\sigma = 0.001, c_{i,1} = 1, c_{i,2} = 3, \gamma = 1$. 式 (7.32) 的初始条件为 $x_1(0) = [0,0]^{\mathrm{T}}$, $x_2(0) = [2,2]^{\mathrm{T}}$,$x_3(0) = [4,4]^{\mathrm{T}}$, 神经网络的初始条件为 $\hat{W}_i(0) = 0$ $(i = 1, 2, 3)$.

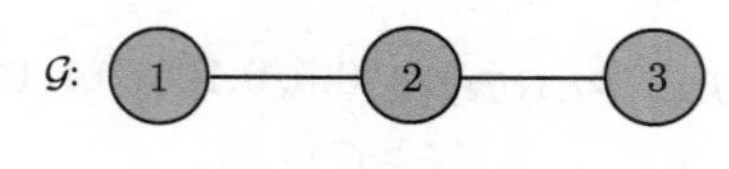

图 7.2　通信拓扑图 $\mathcal{G}$

仿真结果如图 7.3 ~ 图 7.12 所示. 由图 7.3 可以看出, 状态的估计误差较小. 为了显示跟踪和逼近性能, 也为了清晰起见, 本书只给出了从 280 ~ 300s 的训练过程. 由图 7.4 和图 7.5 可以看出, 状态估计值 $\hat{x}_i$ 可以跟踪到所期望的状态 x_{d_i}, 并且径向基函数神经网络 $S(x_i)^{\mathrm{T}}\hat{W}_i$ 也能够很好的逼近期望的未知函数 $f(\hat{x}_i)$. 神经网络权值 $\hat{W}_i$ 的一致性如图 7.13(a) 所示. 从中可以看出, 所有权值的范数几乎都相等, 且权值 $\hat{W}_i$ $(i = 1, 2, 3)$ 之间误差的范数在时间区间 $t = [280, 300]$ 内收敛于 0 附近的一个小邻域. 因此, 可以选择常值神经网络权值为 $\overline{W}_i = \mathrm{mean}_{t\in[280,300]}\hat{W}_i$. 从图 7.6 中可以看出, 对参考模型用学习到的知识 $S(\hat{x}_i)^{\mathrm{T}}\overline{W}_i$, 对未知函数实现了良好的逼近性能, 且跟踪误差较小.

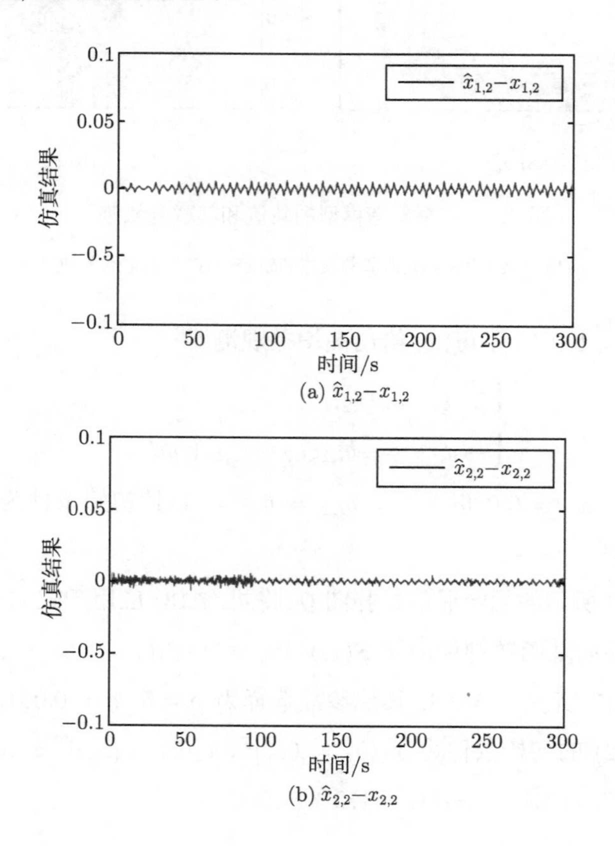

(a) $\hat{x}_{1,2}-x_{1,2}$

(b) $\hat{x}_{2,2}-x_{2,2}$

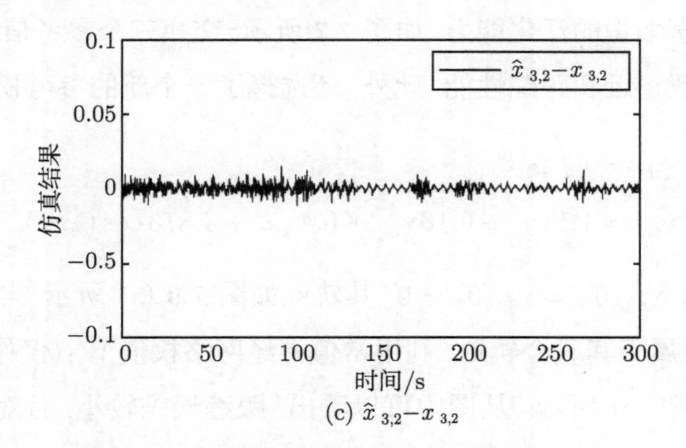

(c) $\hat{x}_{3,2}-x_{3,2}$

图 7.3 使用分布式合作学习方案的跟踪性能

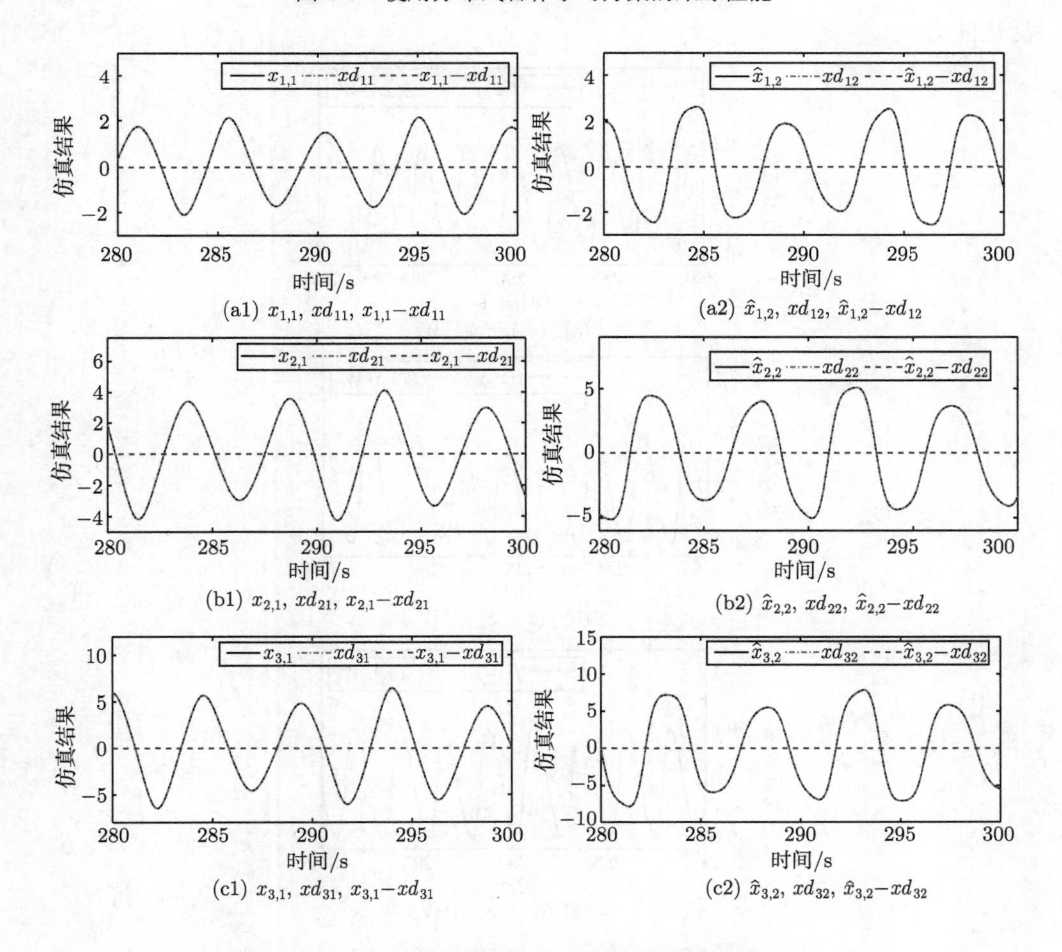

(a1) $x_{1,1}$, xd_{11}, $x_{1,1}-xd_{11}$

(a2) $\hat{x}_{1,2}$, xd_{12}, $\hat{x}_{1,2}-xd_{12}$

(b1) $x_{2,1}$, xd_{21}, $x_{2,1}-xd_{21}$

(b2) $\hat{x}_{2,2}$, xd_{22}, $\hat{x}_{2,2}-xd_{22}$

(c1) $x_{3,1}$, xd_{31}, $x_{3,1}-xd_{31}$

(c2) $\hat{x}_{3,2}$, xd_{32}, $\hat{x}_{3,2}-xd_{32}$

图 7.4 分布式合作学习方案估计状态的跟踪性能

为了验证所学知识的泛化能力, 如图 7.7 所示, 交换三个参考信号. 图 7.8 仍然显示了良好的函数逼近和跟踪性能. 此外, 还选择了一个新的参考模型:

$$\begin{cases} \dot{\chi}_{d_1} = \chi_{d_2}, \\ \dot{\chi}_{d_2} = 1.1\chi_{d_1} - 0.16\chi_{d_1}^3 + 0.4\chi_{d_2} + 4.875\cos(1.8t), \end{cases} \tag{7.33}$$

其中, 初始条件为 $\chi_{d_1}(0) = \chi_{d_2}(0) = 0$, 其轨迹如图 7.9 (a) 所示, 与上述三种输入信号极为不同, 但属于其联合轨迹. 利用常值神经网络权值 $\overline{W}_1$(仅作为参考), 仿真结果如图 7.9(b) 和 (c) 所示. 从图中可以看出, 跟踪误差较小, 且对未知函数逼近的性能仍然很好, 进一步说明了使用分布式合作学习方案学习到的知识具有较好的泛化能力.

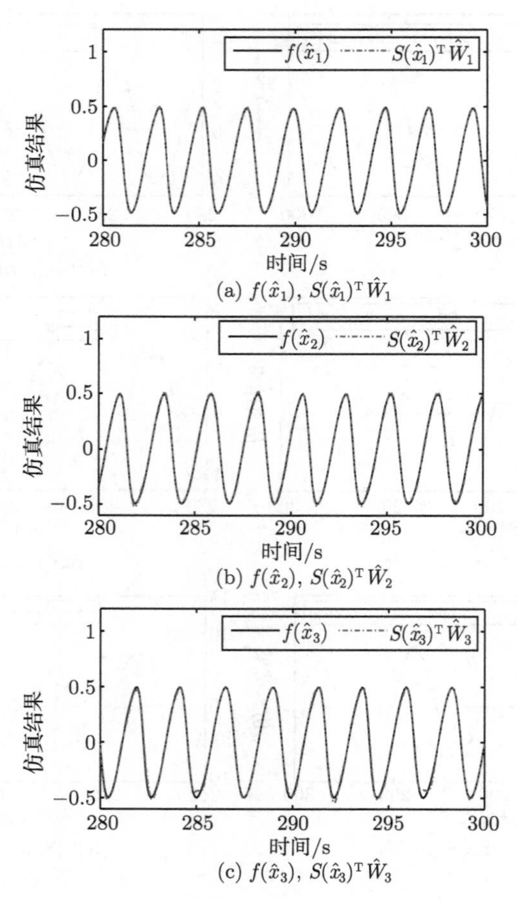

(a) $f(\hat{x}_1)$, $S(\hat{x}_1)^{\mathrm{T}}\hat{W}_1$

(b) $f(\hat{x}_2)$, $S(\hat{x}_2)^{\mathrm{T}}\hat{W}_2$

(c) $f(\hat{x}_3)$, $S(\hat{x}_3)^{\mathrm{T}}\hat{W}_3$

图 7.5　分布式合作学习方案估计函数的逼近性能

为了与分布式合作学习方案比较, 采用分散学习方案式 (7.14), 所有的参数和初始条件都保持不变, 神经网络权值学习过程如图 7.12(b) 所示. 从图中可以看出, 三个神经网络权值的范数是不同的. 学习用到的常值权值向量 $\overline{W}_i$ 仍取作 $\overline{W}_i = \mathrm{mean}_{t\in[280,300]}\hat{W}_i$, 按图 7.7 中的次序交换参考信号的顺序, 使用的信号模型为式 (7.33), 仿真结果分别如图 7.10 和图 7.11 所示. 可以看出, 分散学习方案对未知函数的逼近性能和跟踪误差均没有分布式合作学习方案好. 这些仿真结果充分展示了分布式合作学习方案的泛化能力要比分散学习方案要好.

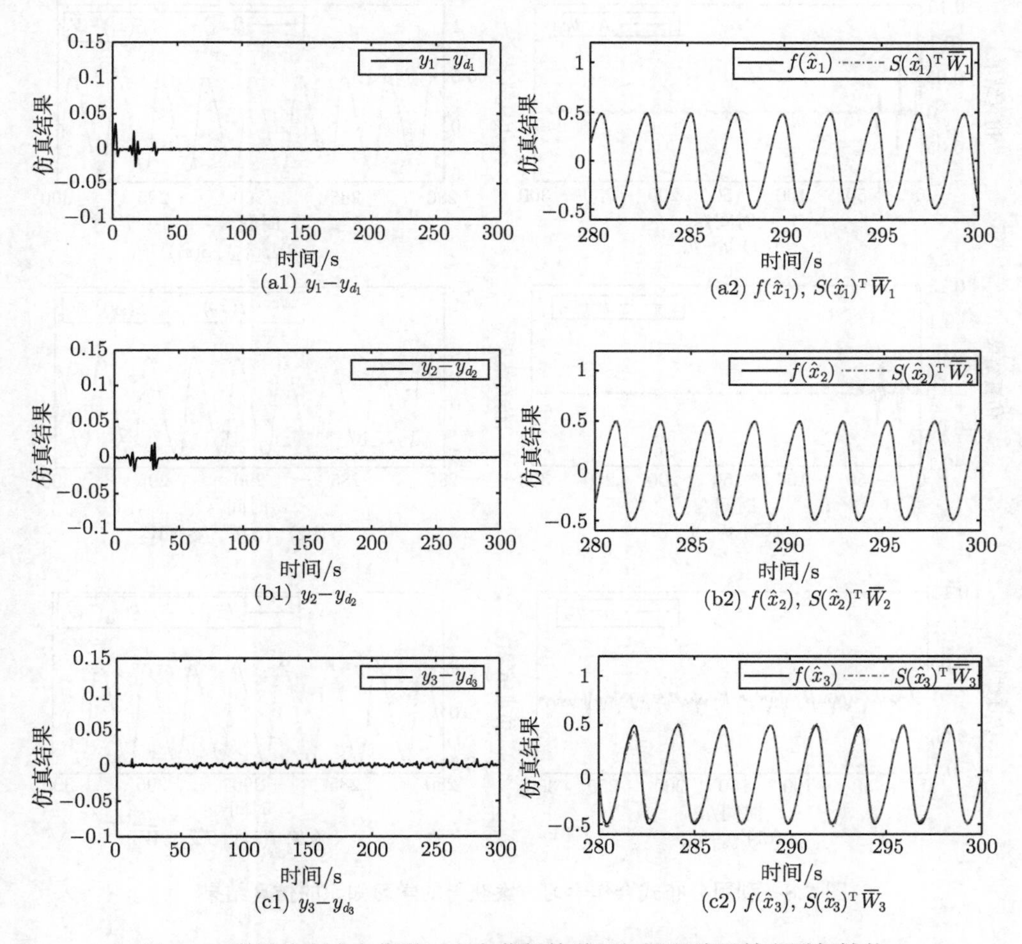

图 7.6 利用分布式合作学习方案获得的学习知识跟踪误差和近似性能

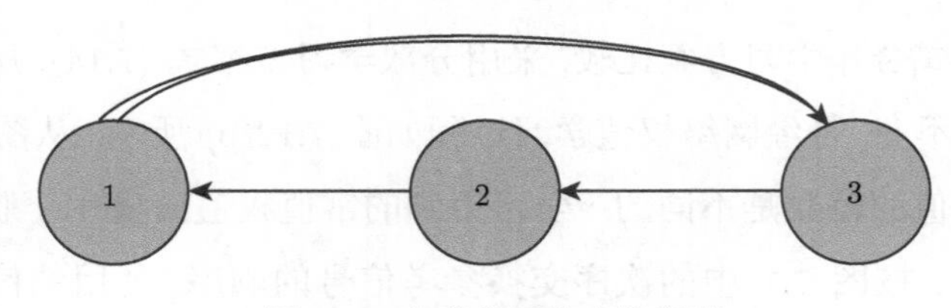

图 7.7 参考信号的交换顺序

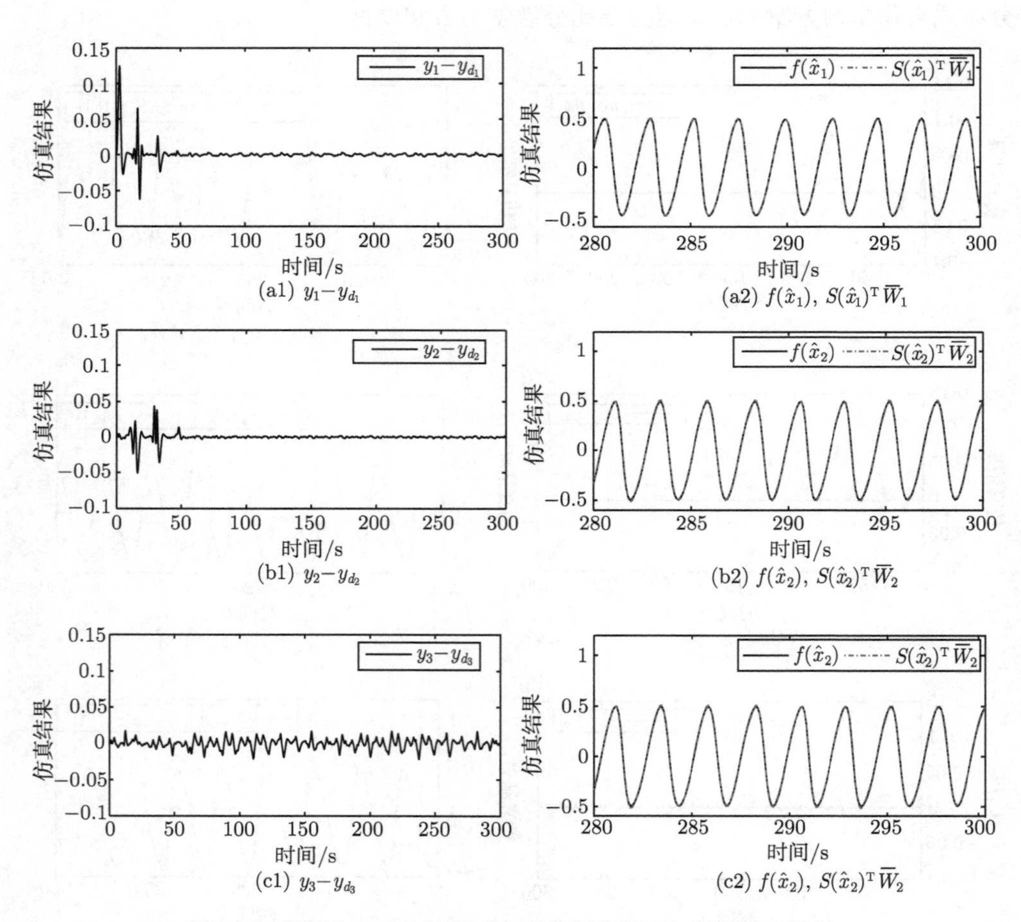

(a1) $y_1-y_{d_1}$ (a2) $f(\hat{x}_1)$, $S(\hat{x}_1)^{\mathrm{T}}\overline{W}_1$

(b1) $y_2-y_{d_2}$ (b2) $f(\hat{x}_2)$, $S(\hat{x}_2)^{\mathrm{T}}\overline{W}_2$

(c1) $y_3-y_{d_3}$ (c2) $f(\hat{x}_2)$, $S(\hat{x}_2)^{\mathrm{T}}\overline{W}_2$

图 7.8 利用分布式合作学习方案获得的学习知识的仿真结果

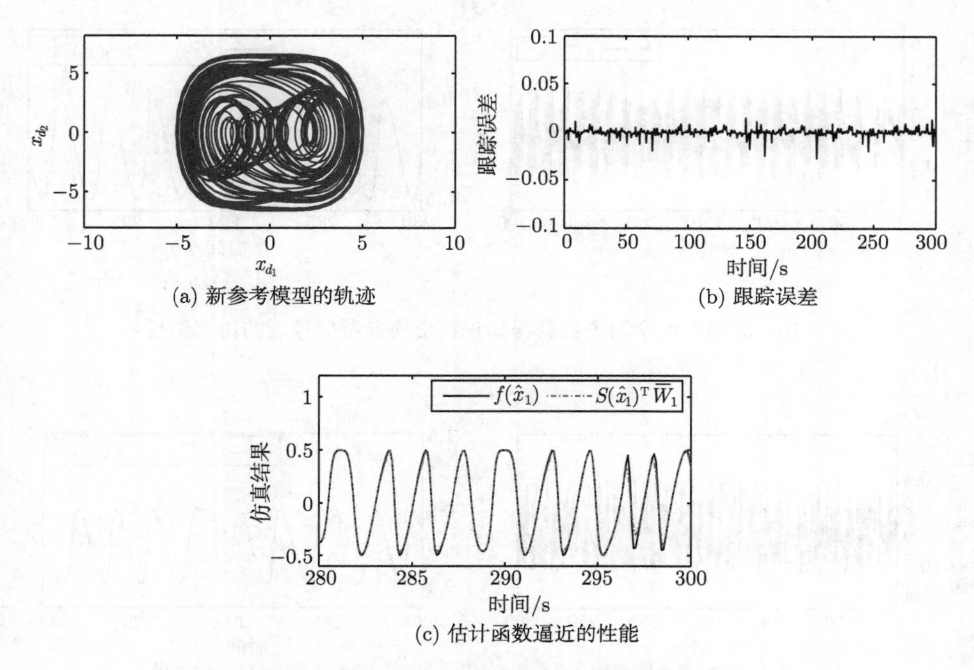

(a) 新参考模型的轨迹 (b) 跟踪误差

(c) 估计函数逼近的性能

图 7.9 新参考模型轨迹跟踪误差及仿真结果

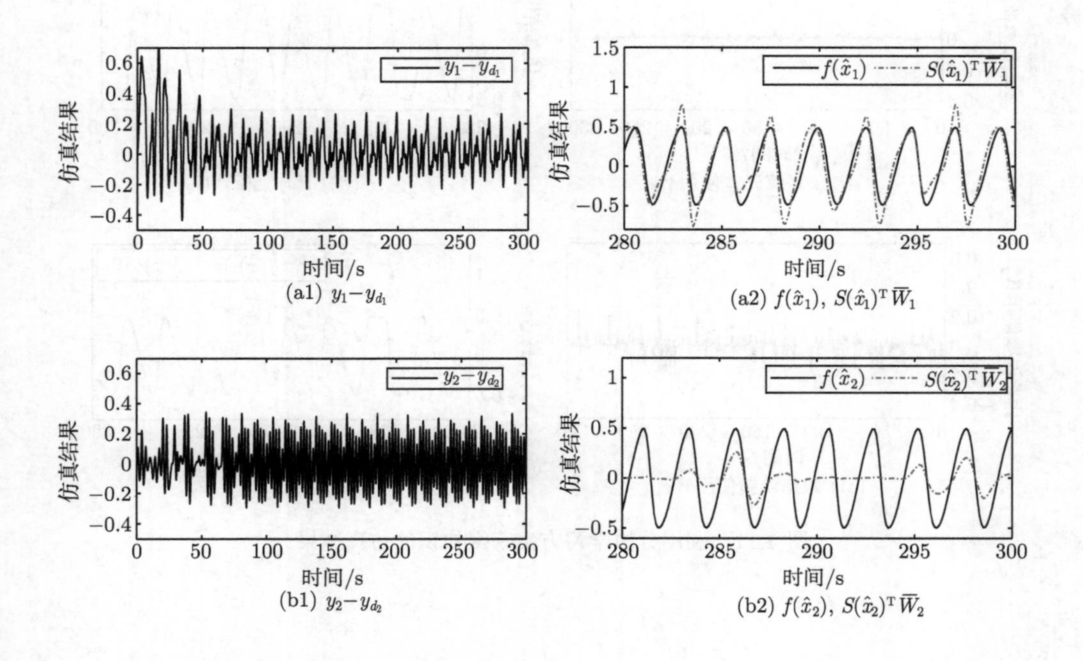

(a1) $y_1-y_{d_1}$ (a2) $f(\hat{x}_1)$, $S(\hat{x}_1)^{\mathrm{T}}\overline{W}_1$

(b1) $y_2-y_{d_2}$ (b2) $f(\hat{x}_2)$, $S(\hat{x}_2)^{\mathrm{T}}\overline{W}_2$

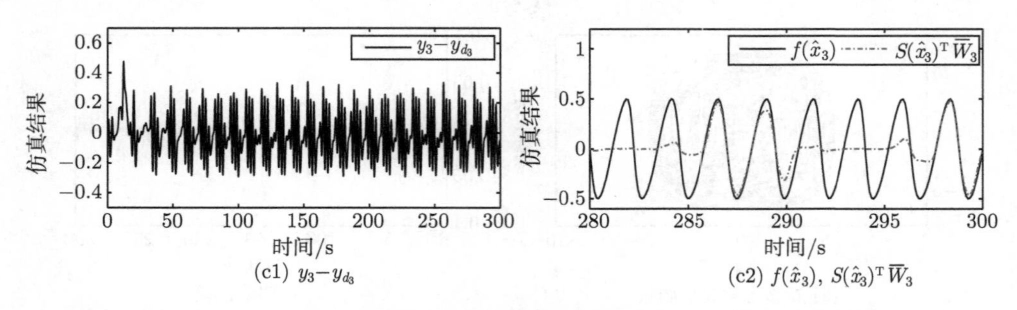

(c1) $y_3-y_{d_3}$　　(c2) $f(\hat{x}_3)$, $S(\hat{x}_3)^{\mathrm{T}}\overline{W}_3$

图 7.10　利用分散学习方案获得知识在交换参考信号后的仿真结果

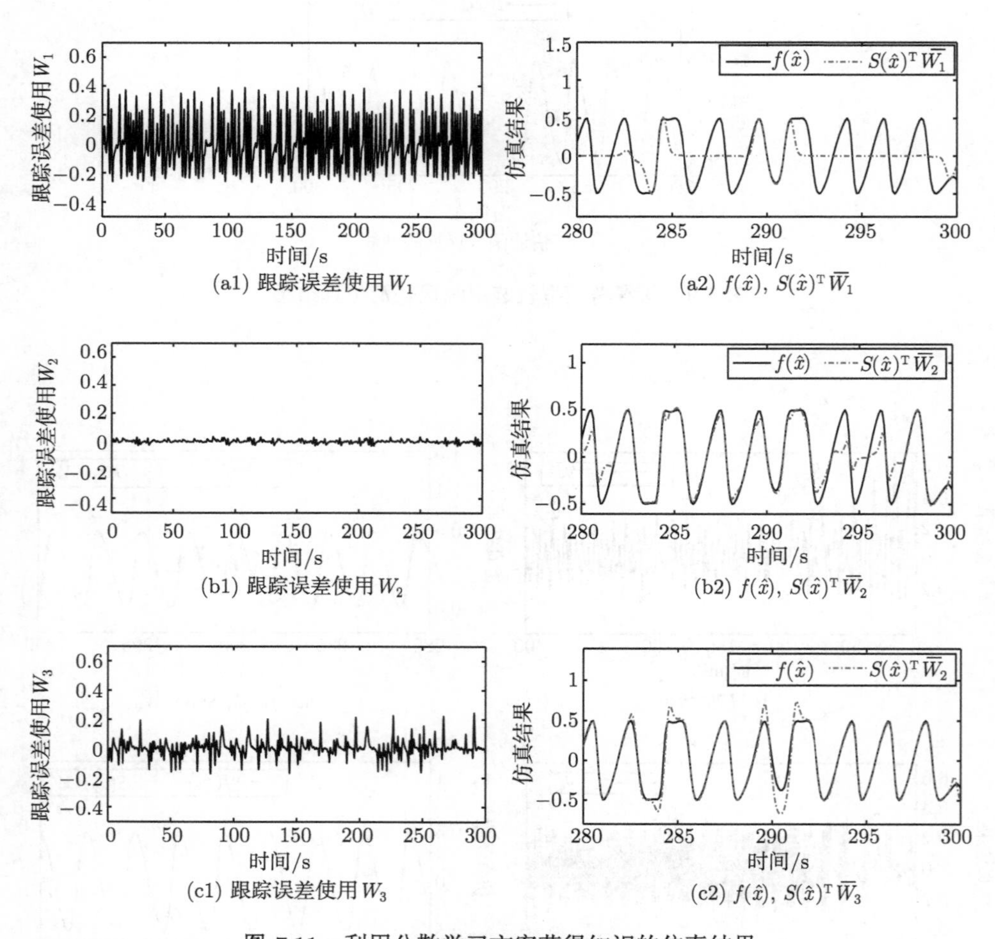

(a1) 跟踪误差使用 W_1　　(a2) $f(\hat{x})$, $S(\hat{x})^{\mathrm{T}}\overline{W}_1$

(b1) 跟踪误差使用 W_2　　(b2) $f(\hat{x})$, $S(\hat{x})^{\mathrm{T}}\overline{W}_2$

(c1) 跟踪误差使用 W_3　　(c2) $f(\hat{x})$, $S(\hat{x})^{\mathrm{T}}\overline{W}_3$

图 7.11　利用分散学习方案获得知识的仿真结果

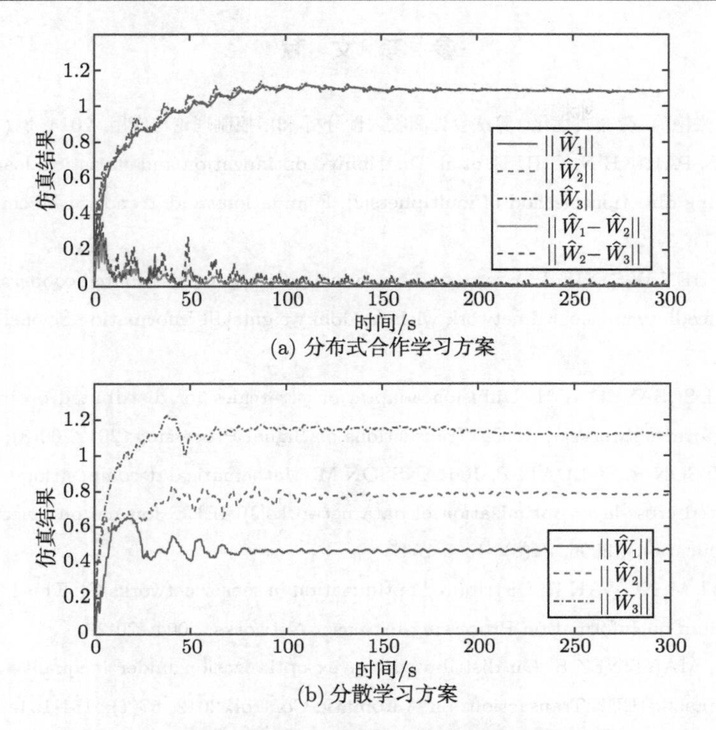

(a) 分布式合作学习方案

(b) 分散学习方案

图 7.12 通过学习方案获得的神经网络权值的一致性

7.6 本章小结

本章研究了基于输出反馈控制的分布式合作学习问题, 给出了基于观测器的分布式合作学习律, 其主要优点在于, 利用该方法得到的径向基函数神经网络模型的泛化能力要优于传统的控制策略, 原因是神经网络权值的最优值位于所有系统的联合轨迹内, 而不仅仅位于它自己的轨迹内.

参 考 文 献

[1] 洪奕光, 张艳琼. 分布式优化: 算法设计和收敛性分析 [J]. 控制理论与应用, 2014, 31(7): 850-857.

[2] BOYD S, PARIKH N, CHU E, et al. Distributed optimization and statistical learning via the alternating direction method of multipliers[J]. Foundations and Trends in Machine Learning, 2011, 3(1): 1-122.

[3] AI W, CHEN W S, XIE J. A zero-gradient-sum algorithm for distributed cooperative learning using a feedforward neural network with random weights[J]. Information Sciences, 2016, 373: 404-418.

[4] CHEN J S, SAYED A H. Diffusion adaptation strategies for distributed optimization and learning over networks[J]. IEEE Transactions on Signal Processing, 2012, 60(8): 4289-4305.

[5] JOHANSSON B, SOLDATI P, JOHANSSON M. Mathematical decomposition techniques for distributed cross-layer optimization of data networks[J]. IEEE Journal on Selected Areas in Communications, 2006, 24(8): 1535-1547.

[6] RABBAT M, NOWAK R. Distributed optimization in sensor networks[C]. Third International Symposium on Information Processing in Sensor Networks, 2004: 20-27.

[7] ZHU M, MARTINEZ S. On distributed convex optimization under inequality and equality constraints[J]. IEEE Transactions on Automatic Control, 2012, 57(1): 151-164.

[8] DUCHI J C, AGARWAL A, WAINWRIGHT M J. Dual averaging for distributed optimization: convergence analysis and network scaling[J]. IEEE Transactions on Automatic Control, 2012, 57(3): 592-606.

[9] LU J, TANG C Y. Zero-gradient-sum algorithms for distributed convex optimization: the continuous-time case[J]. IEEE Transactions on Automatic Control, 2012, 57(9): 2348-2354.

[10] GHARESIFARD B, CORTÉS J. Distributed continuous-time convex optimization on weight-balanced diaraphs[J]. IEEE Transactions on Automatic Control, 2014, 59(3): 781-786.

[11] WANG J, ELIA N. Control approach to distributed optimization[C]. In Allerton Conference on Communications, Control and Computing, 2011: 557-561.

[12] JAKOVETIC D, XAVIER J, MOURA J M F. Cooperative convex optimization in networked systems: Augmented Lagrangian algorithms with directed gossip communication[J]. IEEE Transactions on Signal Processing, 2011, 59(8): 3889-3902.

[13] LUO Z Q, YU W. An introduction to convex optimization for communications and signal processing[J]. IEEE Journal on Selected Areas in Communications, 2006, 24(8): 1026-1038.

[14] MATEI I, BARAS J S. Performance evaluation of the consensus-based distributed subgradient method under random communication topologies[J]. IEEE Journal of Selected Topics in Signal Processing, 2011, 5(4): 754-771.

[15] JOHANSSON B, KEVICZKY T, JOHANSSON M, et al. Subgradient methods and consensus

algorithms for solving convex optimization problems[C]. IEEE Conference on Decision and Control, 2008: 4185-4190.

[16] RAM S S, NEDIĆ A, VEERAVALLI V V. Incremental stochastic subgradient algorithms for convex optimization[J]. SIAM Journal on Optimization, 2009, 20(3): 691-717.

[17] NEDIĆ A, OZDAGLAR A. Distributed subgradient methods for multi-agent optimization[J]. IEEE Transactions on Automatic Control, 2009, 54(1): 48-61.

[18] JOHANSSON B, RABI M, JOHANSSON M. A randomized incremental subgradient method for distributed optimization in networked systems[J]. SIAM Journal on Control and Optimization, 2009, 20(3): 1157-1170.

[19] RAM S S, NEDIĆ A, VEERAVALLI V V. Stochastic incremental gradient descent for estimation in sensor networks[C]. In Conference Record of the Forty-First Asilomar Conference on Signals, Systems and Computers, 2008: 582-586.

[20] NEDIĆ A, BERTSEKAS D P. Incremental subgradient methods for nondifferentiable optimization[J]. SIAM Journal on Optimization, 2001, 12(1): 109-138.

[21] NEDIĆ A, BERTSEKAS D P. Convergence rate of incremental subgradient algorithms[J]. In Stochastic Optimization: Algorithms and Applications, 2001, 54: 223-264.

[22] RAM S, NEDIĆ A, VEERAVALLI V. Distributed stochastic subgradient projection algorithms for convex optimization[J]. Journal of Optimization Theory and Applications, 2011, 147(3): 516-545.

[23] NEDIĆ A, OZDAGLAR A. On the rate of convergence of distributed subgradient methods for multi-agent optimization[C]. IEEE Conference on Decision and Control, 2008: 4711-4716.

[24] NEDIĆ A, OLSHEVSKY A, OZDAGLAR A, et al. Distributed subgradient methods and quantization effects[C]. IEEE Conference on Decision and Control, 2008: 4177-4184.

[25] LOBEL I, OZDAGLAR A. Distributed subgradient methods for convex optimization over random networks[J]. IEEE Transactions on Automatic Control, 2011, 56(6): 1291-1306.

[26] LOBEL I, OZDAGLAR A. Convergence analysis of distributed subgradient methods over random networks[C]. In 46th Annual Allerton Conference on Communication, Control, and Computing, 2009: 353-360.

[27] NEDIĆ A, OZDAGLAR A, PARRILO P A. Constrained consensus and optimization in multi-agent networks[J]. IEEE Transactions on Automatic Control, 2010, 55: 922-938.

[28] YUAN D, XU S, ZHAO H, et al. Distributed primal-dual stochastic subgradient algorithms for multi-agent optimization under inequality constraints[J]. International Journal of Robust Nonlinear Control, 2013, 23: 1846-1868.

[29] LEE S, NEDIĆ A. Distributed random projection algorithm for convex optimization[J]. IEEE Journal of Selected Topics in Signal Processing, 2013, 7(2): 221-229.

[30] SRIVATAVA K, NEDIĆ A. Distributed asynchronous constrained stochastic optimization[J]. IEEE Journal of Selected Topics in Signal Processing, 2011, 5(4): 772-790.

[31] MATEI I, BARAS J S. A performance comparison between two consensus-based distributed optimization algorithms[R]. Washington DC: University of Maryland, College Park, 2012.

[32] SON S H, CHIANG M, KULKARNI S R, et al. The value of clustering in distributed estimation for sensor networks[C]. International Conference on Wireless Networks, Communications and Mobile Computing, 2005: 969-974.

[33] NEDIĆ A, OLSHEVSKY A. Distributed optimization over time-varying directed graphs[J]. IEEE Transactions on Automatic Control, 2015, 60(3): 601-615.

[34] RABBAT M G, NOWAK R D. Decentralized source localization and tracking[C]. The IEEE International Conference on Acoustics, Speech Signal Processing, 2004: 921-924.

[35] BERTSEKAS D P, TSITSIKLIS J N. Parallel and distributed computation: numerical methods[M]. Belmont: Athena Scientific, 1997.

[36] BERTSEKAS D P. Nonlinear programming[M]. Belmont: Athena Scientific, 1999.

[37] BERTSEKAS D P. Convex optimization theorey[M]. Belmont: Athena Scientific, 2009.

[38] NESTEROV Y. Introductory lectures on convex optimization: a basic course[M]. Norwell: Kluwer, 2004.

[39] BOYD S, VANDENBERGHE L. Convex optimization[M]. Cambridge: Cambridge University Press, 2004.

[40] TSITSIKLIS J N, BERTSEKAS D P, ATHANS M. Distributed asynchronous deterministic and stochastic gradient optimizaion algorithms[J]. IEEE Transactions on Automatic Control, 1986, 31(9): 803-812.

[41] OLFATI-SABER R, MURRAY R. Consensus problems in networks of agents with switching topology and time-delays[J]. IEEE Transactions on Automatic Control, 2004, 49(9): 1520-1533.

[42] GAO Y, WANG L. Sampled-data based consensus of continuous-time multi-agent systems with time-varying topology[J]. IEEE Transactions on Automatic Control, 2011, 56(5): 1226-1231.

[43] REN W, BEARD R W, MALAIN T W. Coordination variables and consensus building in multiple vehicle systems[J]. Lecture Notes in Control and Information Sciences, 2005, 309: 439-442.

[44] OLFATI-SABER R, FAX J, MURRAY R. Consensus and cooperation in networked multi-agent systems[J]. Proceedings of the IEEE, 2007, 95(1): 215-233.

[45] REN W, BEARD R W. Consensus seeking in multi-agent systems under dynamically changing interaction topologies[J]. IEEE Transactions on Automatic Control, 2005, 50(5): 655-661.

[46] NEDIĆ A. Asynchronous broadcast-based convex optimization over a network[J]. IEEE Transactions on Automatic Control, 2011, 56(6): 1337-1351.

[47] SHI G, JOHANSSON K H. Randomized optimal consensus of multi-agent systems[J]. Automatica, 2012, 48(12): 3018-3030.

[48] RABBAT M, NOWAK R. Quantized incremental algorithms for distributed optimization[J]. IEEE Journal on Selected Areas in Communications, 2005, 23(4): 798-808.

[49] LIU Q, WANG Z, HE X, et al. A survey of event-based strategies on control and estimation[J]. Systems Science and Control Engineering, 2014, 2(1): 90-97.

[50] MAHMOUD M, MEMON A. Aperiodic triggering mechanisms for networked control systems[J]. Information Sciences, 2015, 296: 282-306.

[51] ELLIS P. Extension of phase plane analysis to quantized systems[J]. IRE Transactions on Automatic Control, 1959, 4(2): 43-54.

[52] WANG X, LEMMON M D. Decentralized event-triggered broadcasts over networked control systems[C]. 11th international workshop on Hybrid Systems: Computation and Control, 2008, 4981: 674-677.

[53] WANG X, LEMMON M D. On event design in event-triggered feedback systems[J]. Automatica, 2011, 47(10): 2319-2322.

[54] WANG X, LEMMON M D. Event-triggering in distributed networked control systems[J]. IEEE Transactions on Automatic Control, 2011, 56(3): 586-601.

[55] GARCIA E, ANTSAKLIS P. Model-based event-triggered control with time-varying network delays[C]. 50th IEEE Conference on Decision and Control and European Control Conference, 2011: 1650-1655.

[56] EQTAMI A, DIMAROGONAS D V, KYRIAKOPOULOS K J. Event-triggered control for discrete-time systems[C]. The American control conference, 2010: 4719-4724.

[57] HEEMELS W, DONKERS M, TEEL A. Periodic event-triggered control for linear systems[J]. IEEE Transactions on Automatic Control, 2012, 58(4): 847-861.

[58] HEEMELS W, DONKERS M. Model-based periodic event-triggered control for linear systems[J]. Automatica, 2013, 49(3): 698-711.

[59] TABUADA P. Event-triggered real-time scheduling of stabilizing control tasks[J]. IEEE Transactions on Automatic Control, 2007, 52(9): 1680-1685.

[60] MENG X, CHEN T. Event-based stabilization over networks with transmission delays[J]. Journal of Control Science and Engineering, 2012, 2012: 1-8.

[61] MAZO M, TABUADA P. Decentralized event-triggered control over wireless sensor/actuator networks[J]. IEEE Transactions on Automatic Control, 2011, 56(10): 2456-2461.

[62] GARCIA E, CAO Y, YU H, et al. Decentralised event-triggered cooperative control with

limited communication[J]. International Journal of Control, 2013, 86(9): 1479-1488.

[63] GARCIA E, ANTSAKLIS P. Model-based event-triggered control for systems with quantization and time-varying network delays[J]. IEEE Transactions on Automatic Control, 2013, 58(2): 422-434.

[64] PENG C, YANG T. Event-triggered communication and H_∞ control co-design for networked control systems[J]. Automatica, 2013, 49(5): 1326-1332.

[65] PENG C, ZHANG J. Event-triggered output-feedback H_∞ control for networked control systems with time-varying sampling[J]. IET Control Theory & Applications, 2015, 9(9): 1384-1391.

[66] GUINALDO M, DIMAROGONAS D, JOHANSSON K, et al. Distributed event-based control strategies for interconnected linear systems[J]. IET Control Theory & Applications, 2013, 7(6): 877-886.

[67] GUINALDO M, LEHMANN D, SÁNCHEZ J, et al. Distributed event-triggered control for non-reliable networks[J]. Journal of The Franklin Institute, 2014, 351: 5250-5273.

[68] LIU D, HAO F. Decentralized event-triggered control strategy in distributed networked systems with delays[J]. International Journal of Control, Automation, and Systems, 2013, 11(1): 33-40.

[69] YU H, ANTSAKLIS P. Event-triggered output feedback control for networked control systems using passivity: achieving L_2 stability in the presence of communication delays and signal quantization[J]. Automatica, 2013, 49(1): 30-38.

[70] MENG X, CHEN T. Event based agreement protocols for multi-agent networks[J]. Automatica, 2013, 49(7): 2125-2132.

[71] DIMAROGONAS D V, FRAZZOLI E, JOHANSSON K H. Distributed event-triggered control for multi-agent systems[J]. IEEE Transactions on Automatic Control, 2012, 57(5): 1291-1297.

[72] FAN Y, FENG G, WANG Y, et al. Distributed event-triggered control of multi-agent systems with combinational measurements[J]. Automatica, 2013, 49(2): 671-675.

[73] SEYBOTH G S, DIMAROGNAS D V, JOHANSSON K H. Event-based broadcasting for multi-agent average consensus[J]. Automatica, 2013, 49(1): 245-252.

[74] ZHONG M, CASSANDRAS G C. Asynchronous distributed optimization with event-driven communication[J]. IEEE Transactions on Automatic Control, 2010, 55(12): 2735-2750.

[75] CHEN W S, REN W. Event-triggered zero-gradient-sum distributed consensus optimization over directed networks[J]. Automatica, 2016, 65: 90-97.

[76] KIA S S, CORTÉS J, MARTÍNEZ S. Distributed convex optimization via continuous-time coordination algorithms with discrete-time communication[J]. Automatica, 2015, 55: 254-264.

[77] KOKIOPOULOU E, FROSSARD P. Distributed classification of multiple observation sets by consensus[J]. IEEE Transactions on Signal Processing, 2011, 59(1): 104-114.

[78] LIU Y, HU Y H, PAN Q. Distributed, robust acoustic source localization in a wireless sensor network[J]. IEEE Transactions on Signal Processing, 2012, 60(8): 4350-4359.

[79] CHEN H, SEZAKI K. Distributed target tracking algorithm for wireless sensor networks[C]. 2011 IEEE International Conference on Communications, 2011: 1-5.

[80] INGELREST F, BARRENETXEA G, SCHAEFER G, et al. Sensorscope: application-specific sensor network for environmental monitoring[J]. ACM Transactions on Sensor Networks, 2010, 6(2): 1-32.

[81] PREDO J, KULKARNI S, POOR H V. Distributed learning in wireless sensor networks[J]. IEEE Signal Processing Magazine, 2006, 23(4): 56-69.

[82] PREDO J B, KULKARNI S, POOR H V. A collaborative training algorithm for distributed learning[J]. IEEE Transactions on Information Theory, 2009, 55(4): 1856-1871.

[83] XIAO L, BOYS S, LALL S. A scheme for robust distributed sensor fusion based on average consensus[C]. Fourth International Symposium on Information Processing in Sensor Networks, 2005: 63-70.

[84] FORERO P A, CANO A, GIANNNAKIS G B. Consensus-based distributed support vector machines[J]. Journal of Machine Learning Research, 2010, 11: 1663-1707.

[85] LOPES C G, SAYED A H. Incremental adaptive strategies over distributed networks[J]. IEEE Transactions on Signal Processing, 2007, 55(8): 4064-4077.

[86] FLOURI K, BEFERULL-LOZANO B, TSAKALIDES P. Distributed consensus algorithms for SVM training in wireless sensor networks[C]. 16th European Signal Processing Conference, 2008: 1-5.

[87] WANG S, CHUNG F L, WANG J, et al. A fast learning method for feedforward neural networks[J]. Neurocomputing, 2015, 149: 295-307.

[88] LIU Q, HUANG T. A neural network with a single recurrent unit for associative memories based on linear optimization[J]. Neurocomputing, 2013, 118: 263-267.

[89] SACRDAOANE S, WANG D, PANELLA M, et al. Distributed learning for random vector functional-link networks[J]. Information Sciences, 2015, 301: 271-284.

[90] SACRDAOANE S, WANG D, PANELLA M. A decentralized training algorithm for echo state networks in distributed big data applications[J]. Neural Networks, 2016, 78: 65-74.

[91] BEKKERMAN R, BILENKO M, LANGFORD J. Scaling up machine learning: parallel and distributed approaches[M]. Cambridge: Cambridge University Press, 2011.

[92] BI X, ZHAO X, WANG G, et al. Distributed extreme learning machine with kernels based on mapreduce[J]. Neurocomputing, 2015, 149: 456-463.

[93] XIN J, WANG Z, QU L, et al. A-ELM*: adaptive distributed extreme learning machine with mapreduce[J]. Neurocomputing, 2016, 174, 368-374.

[94] MACFEE A, BRYNJOLFSSON E, DAVENPORT T H, et al. Big data: The management revolution[J]. Harvard Business Reciew, 2012, 90(10): 60-68.

[95] ZHANG C Y, CHEN C P, CHEN D, et al. MapReduce based distributed learning algorithm for restricted Boltzmann machine[J]. Neurocomputing, 2016, 198: 4-11.

[96] GEOEGOPOULOS L, HASLER M. Distributed machine learning in networks by consensus[J]. Neurocomputing, 2014, 124: 2-12.

[97] MATEOS G, BAZERQUE J, GIANNAKIS G. Distributed sparse linear regression[J]. IEEE Transactions on Signal Processing, 2010, 58(10): 5262-5276.

[98] MOTA J, XAVIER J, AGUIAR P, et al. Distributed basis pursuit[J]. IEEE Transactions on Signal Processing, 2012, 60(4): 1942-1956.

[99] CHOUVARDAS S, SLAAVAKIS K, THEODORIDIS S. Adaptive robust distributed learning in diffusion sensor networks[J]. IEEE Transactions on Signal Processing, 2011, 59(10): 4692-4707.

[100] LORENZO P D, SAYED A H. Sparse distributed learning based on diffusion adaptation[J]. IEEE Transactions on Signal Processing, 2013, 61(6): 1419-1433.

[101] CATTOVELLI F S, SAYED A H. Diffusion lms strategies for distributed estimation[J]. IEEE Transactions on Signal Processing, 2010, 58(3): 1035-1048.

[102] CHEN J, TOWFIC Z, SAYED A. Dictionary learning over distributed models[J]. IEEE Transactions on Signal Processing, 2015, 63(4): 1001-1016.

[103] YING B, SAYED A H. Information exchange and learning dynamics over weakly connected adaptive networks[J]. IEEE Transactions on Information Theory, 2016, 62(3): 1396-1414.

[104] BOYD S, GHOSH A, PRABHAKAR B, et al. Randomized gossip algorithms[J]. IEEE Transactions on Information Theory, 2006, 52(6): 2508-2530.

[105] YANG Y, YUE D, XUE Y. Decentralized adaptive neural output feedback control of a class of large-scale time-delay systems with input saturation[J]. Journal of the Franklin Institute, 2015, 352(5): 2129-2151.

[106] WANG F, LIU Z, ZHANG Y, et al. Distributed adaptive coordination control for uncertain nonlinear multi-agent systems with dead-zone input[J]. Journal of the Franklin Institute, 2016, 353(10): 2270-2289.

[107] HOU Z G, CHENG L, TAN M. Decentralized robust adaptive control for the multiagent system consensus problem using neural networks[J]. IEEE Transactions on Systems, Man, and Cybernetics, Part B (Cybernetics), 2009, 39(3): 636-647.

[108] CHENG L, HOU Z G, TAN M, et al. Neural-network-based adaptive leader-following control

for multi-agent systems with uncertainties[J]. IEEE Transactions on Neural Networks, 2010, 21(8): 1351-1358.

[109] DAS A, LEWIS F L. Distributed adaptive control for synchronization of unknown nonlinear net-worked systems[J]. Automatica, 2010, 46(12): 2014-2021.

[110] ZHANG H, LEWIS F L. Adaptive cooperative tracking control of higher-order nonlinear systems with unknown dynamics[J]. Automatica, 2012, 48(7): 1432-1439.

[111] POLUCARPOU M. Stable adaptive neural control scheme for nonlinear systems[J]. IEEE Transactions on Automatic Control, 1996, 41(3): 447-451.

[112] GE S S, HANG C C, LEE T H, et al. Stable adaptive neural network control[M]. New York: Springer US, 2002.

[113] SESHAGIRI S, KHALIL H. Output feedback control of nonlinear systems using RBF neural networks[J]. IEEE Transactions on Neural Networks, 2000, 11(1): 69-79.

[114] CHOI J Y, FARRELL J. Adaptive observer backstepping control using neural networks[J]. IEEE Transactions on Neural Networks, 2001, 12(5): 1103-1112.

[115] CALISE A J, HOVAKIMYAN N, IDAN M. Adaptive output feedback control of nonlinear systems using neural networks[J]. Automatica, 2001, 37(8): 1201-1211.

[116] HUA C, GUAN X, SHI P. Robust output feedback tracking control for time-delay nonlinear systems using neural network[J]. IEEE Transactions on Neural Networks, 2007, 18(2): 495-505.

[117] ZHANG T, GE S. Adaptive neural control of MIMO nonlinear state time-varying delay systems with unknown dead-zones and gain signs[J]. Automatica, 2007, 43(6): 1021-1033.

[118] YANG C, GE S S, XIANG C, et al. Output feedback NN control for two classes of discrete-time systems with unknown control directions in a unified approach[J]. IEEE Transactions on Neural Networks, 2008, 19(11): 1873-1886.

[119] LI Y, YANG C, GE S S, et al. Adaptive output feedback NN control of a class of discrete-time MIMO nonlinear systems with unknown control directions[J]. IEEE Transactions on Systems, Man, and Cybernetics, Part B (Cybernetics), 2011, 41(2): 507-517.

[120] SARANGAPANI J. Neural network control of nonlinear discrete-time systems[M]. Boca Raton: CRC Press, 2006.

[121] CZRARNOWSKI I, JEDRZEJOWICZ P. A consensus-based approach to the distributed learning[C]. 2011 IEEE International Conference on Systems, Man, and Cybernetics, 2011: 936-941.

[122] HAN T T, GE S S, LEE T H. Adaptive neural control for a class of switched nonlinear systems[J]. Systems & Control Letters, 2009, 58(2): 109-118.

[123] CHEN W, LI J. Decentralized output-feedback neural control for systems with unknown inter-

connections[J]. IEEE Transactions on Systems, Man, and Cybernetics, Part B (Cybernetics), 2008, 38(1): 258-266.

[124] TONG S, LI Y, SHI P. Fuzzy adaptive backstepping robust control for SISO nonlinear system with dynamic uncertainties[J]. Information Sciences, 2009, 179(9): 1319-1332.

[125] TONG S, SUI S, LI Y. Adaptive fuzzy decentralized tracking fault-tolerant control for stochastic nonlinear large-scale systems with unmodeled dynamics[J]. Information Sciences, 2014, 289: 225-240.

[126] CHEN B, LIU X, LIU K, et al. Adaptive control for nonlinear MIMO time-delay systems based on fuzzy approximation[J]. Information Sciences, 2013, 222: 576-592.

[127] LIU Y J, WANG W. Adaptive fuzzy control for a class of uncertain nonaffine nonlinear systems[J]. Information Sciences, 2007, 177(18): 3901-3917.

[128] WANG C, HILL D. Learning from neural control[J]. IEEE Transactions on Neural Networks, 2006, 17(1): 130-146.

[129] HILL D, WANG C. Deterministic learning theory for identification, recognition, and control[M]. Boca Raton: CRC Press, 2009.

[130] DAI S L, WANG C, WANG M. Dynamic learning from adaptive neural network control of a class of nonaffine nonlinear systems[J]. IEEE Transactions on Neural Networks and Learning Systems, 2014, 25(1): 111-123.

[131] YUAN C, WANG C. Persistency of excitation and performance of deterministic learning[J]. Systems & Control Letters, 2011, 60(12): 952-959.

[132] WANG C, HILL D. Deterministic learning and rapid dynamical pattern recognition[J]. IEEE Transactions on Neural Networks, 2007, 18(3): 617-630.

[133] WANG C, CHEN T. Rapid detection of small oscillation faults via deterministic learning[J]. IEEE Transactions on Neural Networks, 2011, 22(8): 1284-1296.

[134] ZENG W, WANG C. Learning from NN output feedback control of robot manipulators[J]. Neurocomputing, 2014, 125(11): 172-182.

[135] REN W, CAO Y. Distributed coordination of multi-agent networks[M]. London: Springer London, 2011.

[136] LU J, TANG C Y, REGIER P, et al. Gossip algorithms for convex consensus optimization over networks[J]. IEEE Transactions on Automatic Control, 2011, 56(12): 2917-2923.

[137] JADBABAIE A, LIN J, MORSE A S. Coordination of groups of mobile autonomous nodes using nearest neighbor rules[J]. IEEE Transactions on Automatic Control, 2003, 48(6): 988-1001.

[138] TUNA S E. Sufficient conditions on observability Grammian for synchronization in array of coupled linear time-varying systems[J]. IEEE Transactions on Automatic Control, 2010,

55(11): 2586-2590.

[139] KOSKO B. Fuzzy systems as universal approximators[J]. IEEE Transactions on Computers, 1994, 43(11): 1329-1333.

[140] TZENG S T. Design of fuzzy wavelet neural networks using the GA approach for function approximation and system identification[J]. Fuzzy Sets and Systems, 2010, 161(19): 2585-2596.

[141] WANG L X, MENDEL J M. Generating fuzzy rules by learning from examples[J]. IEEE Transactions on Systems, Man, and Cybernetics, 1992, 22(6): 1414-1427.

[142] WANG L X, MENDEL J M. Fuzzy basis functions, universal approximation, and orthogonal least-squares learning[J]. IEEE transactions on Neural Networks, 1992, 3(5): 807-814.

[143] WANG L X, MENDEL J M. Fuzzy networks: what happens when fuzzy people are connected through social networks[C]. 2014 IEEE Symposium onFoundations of Computational Intelligence, 2014, 30-37.

[144] WANG L X, MENDEL J M. Fuzzy opinion networks: a mathematical framework for the evolution of opinions and their uncertainties across social networks[J]. IEEE Transactions on Fuzzy Systems, 2016, 24(4): 880-905.

[145] ZENG X J, SINGH M G. Approximation theory of fuzzy systems-SISO case[J]. IEEE Transactions on Fuzzy Systems, 1994, 2(2): 162-176.

[146] ZENG X J, SINGH M G. Approximation theory of fuzzy systems-MIMO case[J]. IEEE Transactions on Fuzzy Systems, 1995, 3(2): 219-235.

[147] ZHOU Q, SHI P, XU S, et al. Adaptive output feedback control for nonlinear time-delay systems by fuzzy approximation approach[J]. IEEE Transactions on Fuzzy Systems, 2013, 21(2): 301-313.

[148] SU X, WU, L, SHI P, et al. Model approximation for fuzzy switched systems with stochastic perturbation[J]. IEEE Transactions on Fuzzy Systems, 2015, 23(5): 1458-1473.

[149] ZADEH L A. Fuzzy logic computing with words[J]. IEEE transactions on Fuzzy Systems, 1996, 4(2): 103-111.

[150] JADBABAIE A, LIN J, MORSE A S. Coordination of groups of mobile autonomous agents using nearest neigbor rules[J]. IEEE Transactions on Automatic Control, 2003, 48(6): 988-1001.

[151] VICSEK T, CZIROK A, BEN-JACOB E, et al. Novel type of phase transition in a system of self-driven particles[J]. Physics Review Letters, 1995, 75(6): 1226-1229.

[152] REN W, BEARD R W, ATKINS E M. Information consensus in multivehicle cooperative control[J]. IEEE Control Systems Magazine, 2007, 27(2): 71-82.

[153] QU Z H. Cooperative control of dynamical systems[M]. London: Springer London, 2009.

[154] DEGROOT M H. Reaching a consensus[J]. Journal of the American Statistical Association, 1974, 69(345): 118-121.

[155] BORKAR V, VARAIYA P. Asymptotic agreement in distributed estimation[J]. IEEE Transactions on Automatic Control, 1982, 27(3): 650-655.

[156] REYNOLDS C W. Flocks, herds and schools: a distributed behavioral model[C]. The 14th Annual Conference on Computer Graphics and Interactive Techniques, 1987, 21(4): 25-34.

[157] MURRAY R. Consensus protocols for networks of dynamic agents[C]. The 2003 American Controls Conference, 2003, 2: 951-956.

[158] REN W. On consensus algorithms for double-integrator dynamics[J]. IEEE Transactions on Automatic Control, 2008, 53(6): 1503-1509.

[159] SHI G D, HONG Y G. Global target aggregation and state agreement of nonlinear multi-agent systems with switching topologies[J]. Automatica, 2009, 45(5): 1165-1175.

[160] MU S, CHU T, WANG L. Coordinated collective motion in a motile particle group with a leader[J]. Physica A: Statistical Mechanics and its Applications, 2005, 351(2): 211-226.

[161] OLFATI-SABER R. Flocking for multi-agent dynamic systems: algorithms and theory[J]. IEEE Transactions on Automatic Control, 2006, 51(3): 401-420.

[162] XIAO L, BOYD S. Fast linear iterations for distributed averaging[J]. Systems & Control Letters, 2004, 53(1): 65-78.

[163] YU W, CHEN G, WANG Z, et al. Distributed consensus filtering in sensor networks[J]. IEEE Transactions on Systems, Man, and Cybernetics, Part B: Cybernetics, 2009, 39(6): 1568-1577.

[164] PANTELEY E, LORIA A, TEEL A. Relaxed persistency of excitation for uniform asymptotic stability[J]. IEEE Transactions on Automatic Control, 2001, 46(12): 1874-1886.

[165] CHEN W, Wen C, HUA S, et al. Distributed cooperative adaptive identification and control for a group of continuous-time systems with a cooperative PE condition via consensus[J]. IEEE Transactions on Automatic Control, 2014, 59(1): 91-106.

[166] HASSAN K K. Nonlinear systems[M]. 3rd ed. Upper Saddle River: Prentice-Hall, 2002.

[167] CHEN W, HUA S, ZHANG H. Consensus-based distributed cooperative learning from closed-loop neural control systems[J]. IEEE Transactions on Neural Networks and Learning Systems, 2015, 26(2): 331-345.

[168] SLOTINE J J, LI W. Applied nonlinear control[M]. Upper Saddle River: Prentice-Hall, 1991.

[169] LORIA A, PANTELEY E. Uniformly exponential stability of linear time varying systems: revised[J]. Systems and Control Letters, 2002, 47(1): 13-24.

[170] RUDIN W. Principles of mathematical analysis[M]. New York: McGraw-Hill, 1964.

[171] BEHTASH S. Robust output tracking for non-linear systems[J]. International Journal of Control, 1990, 51(6): 1381-1407.

[172] RAM S S, VEERAVALLI V V, NEDIĆ A. Distributed and recursive parameter estimation in parametrized linear state-space models[J]. IEEE Transactions on Automatic Control, 2010, 55(2): 488-492.

[173] YANG D, LIU X, CHEN W S. Periodic event/self-triggered consensus for general continuous-time linear multi-agent systems under general directed graphs[J]. IET Control Theory & Applications, 2015, 9(3): 428-440.

[174] CHEN X, Hao F. Event-triggered average consensus control for discrete-time multi-agent systems[J]. IET Control Theory & Applications, 2012, 6(16): 2493-2498.

[175] NOWZARI C, CORTÉS J. Distributed event-triggered coordination for average consensus on weight-balanced digraphs[J]. Automatica, 2014, 68: 237-244.

[176] KIAA S S, CORTÉS J, MARTINEZB S. Distributed convex optimization via continuous-time coordination algorithms with discrete-time communication[J]. Automatica, 2015, 55: 254-264.

[177] TSITSIKLIS J N. Problems in decentralized decision making and computation[D]. Cambridge : Massachusetts Institute of Technology, 1984.

[178] RAM S, VEERAVALLI V, NEDIĆ A. Distributed and recursive parameter estimation in parametrized linear state-space models[J]. IEEE Transactions on Automatic Control, 2010, 55(2) : 488-492.

[179] NEDIĆ A, OZDAGLAR A. Subgradient methods in network resource allocation: rate analysis[C]. 42nd Annual Conference on Information Sciences and Systems, 2008 : 1189-1194.

[180] ZHU S, CHEN C, LI W, et al. Distributed optimal consensus filter for target tracking in heterogeneous sensor networks[J]. IEEE Transactions on Cybernetics, 2013, 43(6) : 1963-1976.

[181] MASAZADE E, RAJAGOPALAN R, VARSHNEY P, et al. A multiobjective optimization approach to obtain decision thresholds for distributed detection in wireless sensor networks[J]. IEEE Transactions on Systems, Man, and Cybernetics, Part B: Cybernetics, 2010, 40(2) : 444-457.

[182] BERTSEKAS D P. Incremental gradient, subgradient, and proximal methods for convex optimization: a survey[G]// SRA S, NOWOZIN S, WRIGHT S J. Optimization for machine learning. Cambridge : MIT Press, 2012.

[183] RABBAT M, NOWAK R. Distributed optimization in sensor networks[C]. The 3rd International Symposium on Information Processing in Sensor Networks, 2004 : 20-27.

[184] YANG B, JOHANSSON M. Distributed optimization and games: a tutorial overview[G]// BEMPORAD A, HEEMELS M, JOHANSSON M. Lecture notes in control and information sciences. London : Springer London, 2010.

[185] MOSK-AOYAMA D, ROUGHGARDEN T, SHAH D. Fully distributed algorithms for convex optimization problems[J]. SIAM Journal on Optimization, 2010, 20(6) : 3260-3279.

[186] ZHU M, MARITINEZ S. An approximate dual subgradient algorithm for multi-agent non-convex optimization[J]. IEEE Transactions on Automatic Control, 2013, 58(6) : 1534-1539.

[187] BLATT D, HERO A, GAUCHMAN H. A convergent incremental gradient method with a constant step size[J]. SIAM Journal on Optimization, 2007, 18(1) : 29-51.

[188] JOHANSSON B, RABI M, JOHANSSON M. A simple peer-to-peer algorithm for distributed optimization in sensor networks[C]. 46th IEEE Conference on Decision and Control, 2007 : 4705-4710.

[189] SUNDHAR RAM S, NEDIC A, VEERAVALLI V. Distributed stochastic subgradient projection algorithms for convex optimization[J]. Journal of Optimization Theory and Applications, 2010, 147(3) : 516-545.

[190] YUAN D, XU S, ZHAO H. Distributed primal-dual subgradient method for multiagent optimization via consensus algorithms[J]. IEEE Transactions on Systems, Man, and Cybernetics, Part B: Cybernetics, 2011, 41(6) : 1715-1724.

[191] ALBA E, TOMASSINI M. Parallelism and evolutionary algorithms[J]. IEEE Transactions on Evolutionary Computation, 2002, 6(5) : 443-462.

[192] BIAZZINI M, MONTRESOR A. P2poem: function optimization in P2P networks[J]. Peer-to-Peer Networking and Applications, 2013, 6(2) : 213-232.

[193] BIAZZINI M, MONTRESOR A. Gossiping differential evolution: a decentralized heuristic for function optimization in P2P networks[C]. IEEE 16th International Conference on Parallel and Distributed Systems (ICPADS), 2010 : 468-475.

[194] XIAO L, BOYD S. Fast linear iterations for distributed averaging[J]. Systems & Control Letters, 2004, 53(1): 65-78.

[195] KEMPE D, DOBRA A, GEHREK J. Gossip-based computation of aggregate information[C]. 44th Annual IEEE Symposium on Foundations of Computer Science, 2003 : 482-491.

[196] CHARALAMBOUS T, HADJICOSTIS C N. Average consensus in the presence of dynamically changing directed topologies and time delays[C]. 53rd IEEE Conference on Decision and Control, 2014 : 709-714.

[197] TSIANOS K I, RABBAT M G. The impact of communication delays on distributed consensus algorithms[J]. ArXiv Preprint, 2012:1207.5839.

[198] EBERHART R, KENNEDY J. A new optimizer using particle swarm theory[C]. The Sixth International Symposium on Micro Machine and Human Science, 1995 : 39-43.

[199] KENNEDY J, EBERHART R. Particle swarm optimization[C]. IEEE International Conference on Neural Networks, 1995 : 1942-1948.

[200] SHI Y, EBERHART R. A modified particle swarm optimizer[C]. IEEE World Congress on Computational Intelligence, 1998 : 69-73.

[201] EBERHART R, SHI Y, KENNEDY J. Swarm intelligence[M]. Burlington: Morgan Kaufmann, 2001.

[202] EBERHART R, SIMPSON P, DOBBINS R. Computational intelligence PC tools[M]. San Diego: Academic Press, 1996.

[203] DAHER A, RABBAT M, LAU V. Local silencing rules for randomized gossip[C]. International Conference on Distributed Computing in Sensor Systems and Workshops, 2011: 1-8.

[204] BARRERA J, COELLO C. Test function generators for assessing the performance of PSO algorithms in multimodal optimization[M]// Handbook of swarm intelligence. Berlin: Springer Berlin, 2011.

[205] ZHANG H, HUI Q. Multiagent coordination optimization: a control-theoretic perspective of swarm intelligence algorithms[C]. IEEE Congress on Evolutionary Computation, 2013: 3339-3346.

[206] CHEN C L P, ZHANG C Y. Data-intensive applications, challenges, techniques and technologies: A survey on big data[J]. Information Sciences, 2014, 275(11): 314-347.

[207] LYNCH C. Big dada: how do your data grow?[J]. Nature, 2008, 455(7209): 28-29.

[208] MADDEN S. From databases to big data[J]. IEEE Internet Computing, 2012, 16(3): 4-6.

[209] MARX V. Biology: the big challenges of big data[J]. Nature, 2013, 498(7453): 255-260.

[210] WU X, ZHU X, WU G, Q, et al. Data mining with big data[J]. IEEE Transactions on Knowledge and Data Engineering, 2014, 26(1): 97-107.

[211] MENDEL J M, KORJANI M M. On establishing nonlinear combinations of variables from small to big data for use in later processing[J]. Information Sciences, 2014, 280: 98-110.

[212] ADB-ELRADY E, MULGREW B. Filtering approaches to accelerated consensus in diffusion sensor networks[J]. International Journal of Communication Systems, 2014, 27(11): 3266-3279.

[213] CATTOVELLI F, SAYED A H. Diffusion LMS-based distributed detection over adaptive networks[C]. IEEE Conference Record of the Forty-Third Asilomar Conference on Signals, Systems and Computers, 2009: 171-175.

[214] CATTOVELLI F S, SAYED A H. Diffusion LMS algorithms with information exchange[C]. 11th Asilomar Conference on Circuits, Systems and Computers, 2008: 251-255.

[215] CATTOVELLI F S, SAYED A H. Diffusion LMS strategies for distributed estimation[J]. IEEE Transactions on Signal Processing, 2010, 58(3): 1035-1048.

[216] LOPES C G, SAYED A H. Diffusion least-mean squares over adaptive networks[C]. IEEE International Conference on Acoustics, Speech and Signal Processing, 2007, III: 917-920.

[217] LOPES C G, SAYED A H. Diffusion least-mean squares over adaptive networks: formulation and performance analysis[J]. IEEE Transactions on Signal Processing, 2008, 56(7): 3122-3136.

[218] SCARDAPANE S, WANG D, PANELLA M. Distributed learning for random vector functional-link networks[J]. Information Sciences, 2015, 301: 271-284.

[219] HUANG S, LI C. Distributed extreme learning machine for nonlinear learning over a network[J]. Entropy, 2015, 17(2): 818-840.

[220] PREDD J, KULKARNI S, VINCENT P. Distributed learning in wireless sensor networks[J]. IEEE Signal Processing Magazin, 2005, 23(4): 56-69.

[221] WEI E, OZDAGLAR A. Distributed alternating direction method of multipliers[C]. 51st IEEE Conference on Decision and Control, 2012, 5445-5450.

[222] XIAO L, BOYD S, KIM S J. Distributed average consensus with least-mean-square deviation[J]. Journal of Parallel & Distributed Computing, 2007, 67(1): 33-46.

[223] XIE B, HAN P, YANG F, et al. DCFLA: a distributed collaborative-filtering neighbor-locating algorithm[J]. Information Sciences, 2007, 177(6): 1349-1363.

[224] MU C, WANG D, HE H. Novel iterative neural dynamic programming for data-based approximate optimal control design[J]. Automatica, 2017, 81: 240-252.

[225] WANG D, HE H, LIU D. Improving the critic learning for event-based nonlinear H_∞ control design[J]. IEEE Transactions on Cybernetics, 2017, 1-12.

[226] WANG D, HE H, MU C. Intelligent critic control with disturbance attenuation for affine dynamics including an application to a microgrid system[J]. IEEE Transactions on Industrial Electronics, 2017, 64(6): 4935-4944.

[227] CHEN W, WEN C, HUA S, et al. Distributed cooperative adaptive identification and control for a group of continuous-time systems with a cooperative PE condition via consensus[J]. IEEE Transactions on Automatic Control, 2013, 59(1): 91-106.

[228] CHEN W, HUA S, GE S S. Consensus-based distributed cooperative learning control for a group of discrete-time nonlinear multi-agent systems using neural networks[J]. Automatica, 2014, 50(9): 2254-2268.

[229] CHEN W, HUA S, ZHANG H. Consensus-based distributed cooperative learning from closed-loop neural control systems[J]. IEEE Transactions on Neural Networks and Learning Systems, 2015, 26(2): 331-345.

[230] WANG D, MU C, LIU D. Data-driven nonlinear near-optimal regulation based on iterative neural dynamic programming[J]. Acta Automatica Sinica, 2017, 43(3): 366-375.

[231] AYSAL T C, COATES M J, RABBAT M G. Distributed average consensus with dithered quantization[J]. IEEE Transactions on Signal Processing, 2008, 56(10): 4905-4918.

[232] FEUER A, WEINSTEIN E. Convergence analysis of LMS filters with uncorrelated Gaussian data[J]. IEEE Transactions on Acoustics, Speech, and Signal Processing, 1985, 33(1): 222-230.

[233] CHEN T, CHEN H. Approximation capability to functions of several variables, nonlinear

functionals, and operators by radial basis function neural networks[J]. IEEE Transactions on Neural Networks,1995, 6(4): 904-910.

[234] CHEN W, GE S S, WU J. Globally stable adaptive backstepping neural network control for uncertain strict-feedback systems with tracking accuracy known a priori[J]. IEEE Transactions on Neural Networks and Learning Systems, 2015, 26(9): 1842-1854.

[235] CHEN X, SHEN W, DAI M. Robust adaptive sliding-mode observer using RBF neural network for lithium-ion battery state of charge estimation in electric vehicles[J]. IEEE Transactions on Vehicular Technology, 2016, 65(4): 1936-1947.

[236] LU G, REN L, KOLAGUNDA A, et al. Neural network shape: organ shape representation with radial basis function neural networks[C]. IEEE International Conference on Acoustics, Speech and Signal Processing, 2016: 932-936.

[237] SHETTY R P, SAIHYABHAMA A, BAI A A. Optimized radial basis function neural network model for wind power prediction[C]. IEEE 2016 Second International Conference on Cognitive Computing and Information Processing, 2017: 1-6.

[238] BLAKE C, MERZ C J. UCI repository of machine learning databases[G]. Irvine: University of California, 1998.

[239] ALI S, WU K, WESTON K, et al. A machine learning approach to meter placement for power quality estimation in smart grid[J]. IEEE Transactions on Smart Grid, 2016, 7(3): 1552-1561.

[240] ARENAS-GARCIA J, AEPICUETA-RUIZ L A, SILVA M T M. Combinations of adaptive filters: performance and convergence properties[J]. IEEE Signal Processing Magazine, 2016, 33(1): 120-140.

[241] CHAU M, CHEN H. A machine learning approach to web page filtering using content and structure analysis[J]. Decision Support Systems, 2008, 44(2): 482-494.

[242] LOU S, LI D W H, LAM J C, et al. Prediction of diffuse solar irradiance using machine learning and multivariable regression[J]. Applied Energy, 2016, 181: 367-374.

[243] HAN H, GU B, WANG T, et al. Important sensors for chiller fault detection and diagnosis from the perspective of feature selection and machine learning[J]. International Journal of Refrigeration, 2011, 34(2): 586-599.

[244] SZCZUREK A, MAZIEJUK M, MACIEJEWSKA M, et al. BTX compounds recognition in humid air using differential ion mobility spectrometry combined with a classifier[J]. Sensors and Actuators B: Chemical, 2017, 240: 1237-1244.

[245] ABRAROV S M, QUINE B M. Sampling by incomplete cosine expansion of the sinc function: application to the Voigt/complex error function[J]. Applied Mathematics and Computation, 2015, 258: 425-435.

[246] BORWEIN D, BORWEIN J M, LEONARD I E. L_p norms and the sinc function[J]. The

American Mathematical Monthly, 2010, 117(6): 528-539.

[247] CHUANG C C, SU S F, JENG J T, et al. Robust support vector regression networks for function approximation with outliers[J]. IEEE Transactions on Neural Networks, 2002, 13(6): 1322-1330.

[248] BROOKS TF, POPE D S, MARCOLINI M A. Airfoil self-noise and prediction[J]. National Aeronautics and Space Administration, Office of Management, Scientific and Technical Information Division, 1989: 1218.

[249] LOPEZ R, BALSA-CANTO E, OÑATE E. Neural networks for variational problems in engineering[J]. International Journal for Numerical Methods in Engineering, 2008, 75(11): 1341-1360.

[250] CHEN W, HUA S, GE S S. Consensus-based distributed cooperative learning control for a group of discrete-time nonlinear multi-agent systems using neural networks[J]. Automatica, 2014, 50(9): 2254-2268.

[251] CHEN W, HUA S, REN W, et al. Neural-network-based cooperative adaptive identification of nonlinear systems[C]. 2012 12th International Conference on Control Automation Robotics & Vision, 2012: 64-69.

[252] CHEN W, WU J. Consensus-based adaptive control for systems with different tracking tasks[C]. The 30th Chinese Control Conference, 2011: 6635-6639.

[253] CHOI J Y, FARRELL J. Adaptive observer backstepping control using neural networks[J]. IEEE Transactions on Neural Networks, 2001, 12(5): 1103-1112.

[254] NJAH A, VINCENT U. Chaos synchronization between single and double wells Duffing-Van del Pol oscillators using active control[J]. Chaos, Solitons & Fractals, 2008, 37(5): 1356-1361.